ニコラス・G・カー

篠儀直子 訳

オートメーション・バカ

先端技術がわたしたちにしていること

青土社

オートメーション・バカ　目次

オートメーション・バカ　先端技術がわたしたちにしていること

アンへ

目撃し
調整する
者も、車を運転する者もない
——ウィリアム・カーロス・ウィリアムズ

はじめに——オペレータへの警告

二〇一三年一月四日は新年最初の金曜日で、ニュース的には特に動きのない日だったが、この日連邦航空局は一枚の通知書を発表した。タイトルはなし。ただ「オペレータへの安全警告〔safety alert for operators〕」、略してSAFOとだけ呼ばれていた。簡潔で暗号めいた言葉が並んでいた。連邦航空局のウェブサイトに掲載されたほか、合衆国の航空会社と航空運輸業者のすべてに送られたその書類にはこうあった。「このSAFOは、適切な場合手動での操作を行なうよう、オペレータに奨励するものである」。航空局はすでに、墜落事故調査、事故報告、コックピットの調査などから、オートパイロット〔自動操縦〕などのコンピュータ・システムにパイロットが依存しすぎているとの証拠を集めていた。オートパイロットの多用は、「パイロットが、望ましくない状態から飛行機を素早く立て直す能力を低下させる」と航空局は警告していた。ざっくり言ってしまえば、飛行機と乗客を危険にさらしうるということだ。操縦ポリシーの問題として、オートパイロットよりも手動操縦に多くの時間を割くようパイロットを指導するようにと、航空会社に奨励する言葉でこの警告書は結ばれる[1]。

本書はオートメーションについての本である。かつてわれわれが自分でしていたことをやらせるために、コンピュータやソフトウェアを使うことについての本である。オートメーションのテクノロジーや経済学、ロボットやサイボーグやガジェットの未来のことも話には入ってくるが、そうしたことについての本ではない。オートメーションが人間にもたらす影響についての本なのである。パイロットが直面していた波が、いまやわれわれをも飲みこもうとしているのだ。仕事でもそれ以外でも、もっと作業を肩代わりしてくれるよう、そして日常的な行為においてももっと導いてくれるよう、われわれはコンピュータに期待している。何かきょう中にやらねばならないとなったら、われわれはたいていモニターの前に座るか、ラップトップを開けるか、スマートフォンを引っぱり出すか、何かネットにつながるものをひたいや手首にくっつけるかする。アプリを起動する。スクリーンに相談する。デジタル音声でアドバイスをもらう。われわれはアルゴリズムの知に従う。

コンピュータ制御によるオートメーションは、われわれの生活を楽にし、日常のこまごまとした仕事の負担を少なくしている。より少ない時間でより多くのことを成し遂げられることも多い——または、以前にはできなかったことをできることさえある。だが、オートメーションは必ず、隠された深い影響を与えるものだ。パイロットたちが学んだとおり、すべてがよい方向に働くわけではない。オートメーションはわれわれの仕事を、能力を、生活を損なうこともありうる。視野を狭め、選択肢を限定することもある。われわれを監視と操作の対象にすることもある。コンピュータがわれわれとつねにともにあり、親しく助けてくれる相棒となったいま、われわれのすることを、およびわれわれが誰であるかを、オートメーションがどのように変えているのかをはっきりと見定めることが、賢明であるように思われる。

第１章

乗客たち

一〇代のころのわたしの恥のひとつは、サイコ・メカニカルと呼ぶべきものだった。マニュアル運転をマスターするための格闘が、みなの知るところになったのである。運転免許を取得したのは、一六歳になって間もない一九七五年初めのことだった。前年の秋、ハイスクールのクラスメートたちとともに教習所のコースを取った。路上教習と、そののち恐るべき車両管理局で受ける運転技能試験では、教官が所有していたオートマティックのオールズモービルを使った。アクセルを踏み、ハンドルを回し、ブレーキを踏む。ややこしい操作——三回のターン、直線でのバック、縦列駐車——もあるが、学校の駐車場にパイロンを立ててちょっと練習すれば慣れることだ。

免許を取得し、旅立つ準備はできた。障害はあとひとつだけ。家で運転できる車が、スバル社製のマニュアルのセダンしかなかったのだ。わたしの父は、手取り足取りで子どもに何かを教えるというタイプではなく、一回だけわたしにレッスンを課した。ある土曜日の朝、父はわたしをガレージに連れていき、運転席にポンと座ると、わたしを横の助手席に座らせた。わたしの左手をシフトノブの上に置き、ギアチェンジをさせた。「これがファースト」。短い間《ま》。「セカンド」。短い間。「サード」。短い間。「フォース」。短い間。「こうすると」——手首が変な風にねじられた感じがした——「リバース」。わかったか、という目で見られ、どうすることもできずにうなずいた。「それからこうすると」——わたしの手首をぐりぐりさせて——「ニュートラル」。前進ギア四段の速度の違いを簡単に説明すると、父は自分のローファーの下にあるクラッチペダルを指差した。「ギアチェンジをするときは必ずこれを踏みなさい」。

それからわたしは、当時住んでいたニューイングランドの小さな街の路上で、自分を見世物にすることとなった。正しいギアを探そうとするたび車は跳ね上がり、クラッチを離すタイミングを間違えるたび前につんのめった。赤信号で止まるたびにエンストし、交差点のど真ん中でエンストした。坂道は恐怖だった。クラッチを離すのが早すぎるか遅すぎるかで、車は必ず坂を滑り落ち、バンパーが後ろの車にぶつかってやっと止まった。クラクションが鳴らされ、罵倒され、中指を立てられた。さらに苦痛だったのが、スバル車が黄色に塗られていたことだ——子ども用のレインコートや、派手なオスのオウゴンヒワみたいな色なのだ。車は否応なしに人目を惹き、わたしのドタバタは見過ごされようもなかった。

友だちということになっている連中からは、何の同情もなかった。彼らはわたしの格闘をネタにして、いつまでも爆笑した。そのなかのひとりは、わたしがギアチェンジをとちってギーッという音を立てるたび、後部座席から大喜びで「粉を一ポンド引いてくれ！」と叫んだ。また別のひとりは、エンジンがガタガタ言ってエンストすると、くすくす笑って「快調だな」と言った。「ノータリン〔spaz〕」という言葉が——当時はポリティカル・コレクトネスなんて言葉は、誰も聞いたことがなかった——何度も投げつけられた。シフトレバーを上手く扱えないのは、仲間たちに影で笑われるような事柄なのではないかとわたしは思った。隠喩的な意味が頭に浮かんでいたのである。一六歳なりの男としての誇りが、傷つけられた気がした。

だがわたしはしぶとくやりつづけ――ほかにどんな選択肢があったろう？――一週間か二週間すると、コツをつかみはじめた。ギアボックスも打ち解け、寛大になった。手足も喧嘩するのをやめ、協力しはじめた。じきに考えなくともギアチェンジができるようになった。ただそうなったのだ。車はもう、エンストすることも跳ね上がることもつんのめることもなくなった。坂道や交差点で冷や汗をかくこともなくなった。マニュアル変速とわたしはチームになったのである。両者はぴたりとかみ合った。自分の達成をひそかに誇りに思った。

それでもわたしはオートマ車が欲しくてたまらなかった。当時マニュアル車は、少なくとも子どもが運転するエコノボックスやおんぼろ車には結構多かったけれど、すでに時代遅れのもの、お古のものというイメージになっていた。かび臭く、ちょっぴり古くさいものに見えていたのである。「オートマティック」があるときに、誰が「マニュアル」を欲しがるだろう？ お皿を手で洗うのと、食器洗浄機に突っこむのと同じくらい違う。結局その願いがかなえられるまで、そう長くはかからなかった。免許を取ってから二年後、夜遅くに運転していての不注意から、わたしはスバル車を完全に壊してしまい、その後間もなく、クリーム色で2ドアで中古の、フォード社製ピントに乗ることとなったのだ。これはまったくクソみたいな車だが――ピントは二〇世紀アメリカ製造業のどん底を象徴する車だと言う人もいる〔発売後、構造上の欠陥が大問題になった〕――わたしにとっては、オートマ車というだけで充分その埋め合わせになっていた。

わたしは生まれ変わった。クラッチから解き放たれた左足は、レジャーに付随するものとなった。街なかをゆっくり走りながら、チャーリー・ワッツ〔ローリング・ストーンズのドラマー〕がスネアを叩く音に、あるいはジョン・ボーナム〔レッド・ツェッペリンのドラマー〕がバスドラムを叩く音に合わせて、軽快にリズムを取ることもあった――これまた最新の雰囲気を出していたこととして、ピントには8トラックのデッキが備えつけられていた――が、たいていの場合は、ダッシュボード下の左隅に伸ばされ、まどろんでいた。右手はドリンクホルダーになった。わたしは更新され、最新になったというだけでなく、解放された気分になっていた。

長続きはしなかった。やることが少なくなったという喜びは確かにあったが、薄れていったのだ。新たな感情が入りこんできた――「退屈」である。誰に対しても、自分に対してさえも認めたくはなかったけれど、シフトレバーとクラッチペダルが懐かしくなりはじめていた。それらが与えてくれた、コントロールと関与の感覚が恋しかった――できるだけ勢いよくエンジンをよみがえらせる能力、クラッチを離したりレバーをつかんだりする感触、低速ギアに切り替えるときのちょっとしたスリル。オートマ車はわたしを運転手ではなく、乗客の気分にさせた。腹が立ってきた。

そこから突っ走ること三五年、二〇一〇年一〇月九日朝のこと。グーグル社社内開発者でドイツ生まれのロボット工学者、セバスチアン・スランは、驚くべき報告をブログにポストした。グーグル社が「自動運転する車」を開発したというのだ。グーグル本社の駐車場をとろとろ走る、不格好なプロトタイプではない。誓って道交法にかなった車――正確に言えばプリウス――であり、スランによれば、カリフォルニアとネヴァダの路上を、すでに一〇万マイル以上走行しているというのだ。すでにハリウッド・ブールヴァードもパシフィック・コースト・ハイウェイも走り、ゴールデンゲイト・ブリッジを行き来し、タホー湖の周りもぐるっと回っていた。フリーウェイを走る車に交じり、交通量の多い交差点を渡り、ラッシュアワーの渋滞のなかをのろのろ前進していた。衝突を避けるため大きくハンドルを切ったこともあった。それらをみなこの車は、自分でやっていたのだ。人間の手助けなしに。おどけた謙虚さでスランは書く。「ロボット工学研究史上初めてではないかと思う」(1)。

自動運転する車を作ったこと自体は大事件ではない。エンジニアもちょっとした技術職人も、少なくとも一九八〇年代以来、ロボット自動車や遠隔操作自動車を作ってきた。だがそのほとんどは、垢抜けないおんぼろ品だった。その使用は閉鎖されたトラックでの試験走行や、歩行者も警察もいない、砂漠など人里離れた場所でのレースやラリーに限られていた。しかし、スランの報告が明らかにしたことに、グーグルカーは違っていた。交通史とオートメーション史の両者においてこれが画期的だったのは、複雑に荒れ狂うカオスのような現実世界を進んでいくことができる点だった。レーザー距離測定機とレーダー・ソナー送信機、モーション・ディテクター（動作検知器）、ビデオカメラ、GPS受信機を備えたこの車は、周囲の状況を詳細に感知できる。向かっている先を見ることができる。そして、流れこんでくる情報すべてをただちに――「リアルタイム」で――処理することで、搭載されたコンピュータはアクセルやハンドル、ブレーキを、実際の道路を運転するのに必要な速度と繊細さで動かすことができ、また、ドライバーが遭遇するあらゆる不測の出来事にもスムーズに反応することができる。グーグル社の抱える自動運転車の一団は、いまや一〇〇万マイル近くの走行を成し遂げており、大きな事故は一度だけである。二〇一一年、シリコンヴァレー本社近くで五台の玉突き事故を起こしたのだが、さほど重要なことではない。ただちにグーグル社が出した声明によれば、それは

「人間がマニュアル運転をしていたときに」起こったのだから。(2)

自動運転車がわれわれを仕事場へ送迎してくれたり、子どもたちをサッカーの試合へ運んでくれたりするまでには、まだ行かねばならない道のりがある。グーグル社は、二〇一〇年代の終わりまでには商品として発売したいと述べているが、それはおそらく希望的観測だろう。この車が装備するセンサー・システムはいまなおとんでもなく高価であり、屋根の上に搭載されたレーザー装置だけでも八万ドルはする。雪や枯葉に覆われた道を進んだり、予想外の迂回指示に対処したり、工事現場の交通整理員や警官による手信号を解読したりなど、技術的に克服せねばならないことも多く残っている。非常に高性能なコンピュータでさえ、路上に転がっているとりたてて危険性のないもの(つぶれた紙箱など)と、危険な障害物(釘が突き出しているベニヤ板など)とを見分けるのはまだ難しい。なかでも最も厳しいのは、運転手のいない車が直面するだろうさまざまな法的・文化的・倫理的障害だ。たとえば、コンピュータが運転する車が人を負傷させる、ないし死亡させる事故を起こした場合、罪や責任は誰が負うのだろう? 車の所有者? 自動運転システムをインストールした製造業者? ソフトウェアを作成したプログラマー? こうした厄介な問題が片づくまで、完全自動運転車がショウルームを飾ることはないだろう。

にもかかわらず前進は続く。グーグル社の試走車のハードウェアやソフトウェアの多くが、未来世代の自動車やトラックに搭載されるだろう。同社が自動運転車開発プロジェクトを公にして以来、世界の主要自動車メーカーのほとんどが、同様の企画を進行中だと明らかにしている。その目的はいまのところ、完全な走るロボットを作り出すというよりは、安全性と利便性を高めるオートメーション要素を開発・洗練し、人々を新車購入へ向かわせようというものだ。わたしが初めてスバル車のエンジンキーを回したとき以来、運転のオートメーション化は長い道のりをたどってきた。現在の自動車は電子ガジェットが満載だ。マイクロチップとセンサーがクルーズコントロールを、アンチロック・ブレーキ・システムを、空転や横滑りを防止するシステム（トラクションコントロールとスタビリティコントロール）を制御しており、ハイエンドのモデルにおいては、無段変速機、駐車補助システム、衝突回避システム、アダプティヴヘッドライト、ダッシュボードのディスプレイにも使われている。ソフトウェアはとっくにわれわれと道路とのあいだの緩衝装置になっている。われわれは車をコントロールしているというよりは、車をコントロールするコンピュータに対して電子的インプットを行なっているのだ。

これからの年月のなかで、運転に関するほかにも多くの側面についての責任が、人からソフトウェアへと移行するだろう。インフィニティやメルセデス、ボルボなどの高級車メーカーは、止まっては進みを繰り返す状況のなかでも作動する、レーザー補助のアダプティヴクルーズコントロールを搭載したモデルを送り出している。コンピュータ制御によるそのステアリング・システムは、レーンの中央に車体をキープしてくれる。緊急時には自動的に急ブレーキもかかる。もっと進んだ制御システムの導入に乗り出しているメーカーもある。電気自動車のパイオニア、テスラモーターズは、野心あふれる最高経営責任者、イーロン・マスクの言葉によると、「走行距離の九〇パーセントを処理することのできる」自動運転システムを開発中だ。(3)

グーグル社の自動運転車の出現が揺るがしているものは、運転とは何かという概念だけにとどまらない。コンピュータやロボットには何ができ、何ができないかについての考え方も、変更を余儀なくされているのだ。この一〇月の運命の日が訪れるまで、重要なスキルの多くは、オートメーションの範囲外にあると思われていた。コンピュータには多くのことができるが、全部をできるわけではない。二〇〇四年に発表されて大きな影響を与えた書物、『新たなる分業——次のジョブ・マーケットをコンピュータはいかに創出しつつあるか〔*The New Division of Labor: How Computers Are Creating the Next Job Market*〕』のなかで、経済学者のフランク・レヴィとリチャード・マーネインは、以下のように説得的に主張した。ソフトウェア・プログラマーが人間の才能を複製することには実際的な限界がある。とりわけ感覚認識やパターン認識、概念的知識に関わることについてはそうである。彼らがその実例として特に挙げたのが、押し寄せる視覚的信号を即座に解釈し、予期せぬ方向への変化を含め、絶えず変化する状況に順応しつづけることが求められる、路上での車の運転であった。どうやってそのような偉業を成し遂げているか、われわれは自分ではほとんどわからないので、運転に関わるあらゆる複雑さや不可解さや偶然性を、コンピュータに対する命令のセットへ、ソフトウェア・コードの並びへと、プログラマーが還元できると考えるのはばかげているように思われていた。「こちらへ向かってくる車列を横切って左折することには非常に多くのファクターが含まれるため、運転手の行動を複製できる動作規則を想定するのは困難だ」と、レヴィとマーネインは書いている。ハンドルがこれからも人間の手にしっかりと握られたままであるだろうことは、彼らにとっても、ほかのほとんどの人々にとっても、確かなことのように思われた。(4)

コンピュータの能力を測るに際し、経済学者や心理学者は長年、知に関する二つの基本的分類に依拠してきた。暗黙知〔tacit knowledge〕と形式知〔explicit knowledge〕である。暗黙知はしばしば手続き的知識〔procedural knowledge〕とも呼ばれ、考えることなしにわれわれが行なうすべての事柄を指している。たとえば自転車に乗ること、飛んできたボールを捕ること、本を読むこと、車を運転すること。これらは生まれつきのスキルではない――学習する必要があるし、得意な人もいればそれほどでもない人もいる――けれど、単純なレシピで表わせるものでもない。交通量の多い交差点を車で左折する際、感覚刺激を処理し、時間と距離を見積もり、手足の動きを調整するなど、脳のさまざまな領野が活動していることを神経学の研究は明らかにしている。(5) だが、この左折に関わるすべてのことを文書にするよう求められてもできないだろうし、少なくとも一般化や抽象化に頼らざるをえない。この能力は神経系の奥深くに、意識的な精神活動の範囲外にあるのだ。その知的処理は意識せずとも行なうことができる。

状況を評価し、それに関する判断を素早く行なう能力の多くは、暗黙知というこの曖昧な領域に由来している。クリエイティヴなスキル、芸術的なスキルのほとんどもここにある。形式知は、宣言的知識〔declarative knowledge〕という呼び名でも知られるが、こちらは書き表わすことのできる事柄である。たとえばパンクしたタイヤを交換すること、折り紙でツルを折ること、二次方程式を解くこと。それらは、明確に分かれた諸段階へと分解可能なプロセスだ。文章で、ないし口頭で、やり方を人に説明することができる――まずこれをやって、次にこれをして、その次にこれを、と。

ソフトウェア・プログラムというのは本質的に、正確に書き下された命令のセット――まずこれをやって、次にこれをして、その次にこれを――なのだから、コンピュータは形式知に基づくスキルは複製できるけれど、暗黙知から来るスキルとなると得意ではないものだとわれわれは思いこんでいる。言い表わしようのないものをどうやってコードの並びへと、アルゴリズムの厳格で段階的な命令群へと翻訳するのだろうか？　形式知と暗黙知のあいだの境界線はざっくりしたものだが――われわれの能力の多くはこの両側にまたがっている――オートメーションの限界を定義し、またそれによって、人間だけが行ないうる領域を明確にするには、非常に役立つものと思われていた。コンピュータの埒外にあるものだと、レヴィとマーネインが規定した複雑な仕事――車の運転のほかに、教育や医学的診断が挙げられている――は、頭脳労働と肉体労働が組み合わさっているが、みな暗黙知に基づくものだ。

グーグルカーは、人間とコンピュータとの境界線をリセットする。以前のプログラミング上の諸革新が行なったよりも、さらにドラマティックで決定的なリセットだ。オートメーションの限界に関するわれわれの想定が、つねにある種のフィクションでしかなかったことをそれは語っている。思っているほどわれわれは特別な存在ではないのだ。暗黙知と形式知の区分は、心理学の領域ではいまなお有用であるけれど、オートメーションについての議論においては、妥当性の多くを失っている。

だからといって、コンピュータはいまや暗黙知を手にしているとか、われわれと同じように思考するようになっているとか、人間のできることをじきに全部できるようになるだろうとかいうことではない。どれも違う。人工知能は人間の知能ではない。人間は精神《マインドフル》があるが、コンピュータは精神《マインドレス》がないのだ。頭脳によるのであれ身体によるのであれ、骨の折れるタスクを行なう場合、コンピュータは、手段ではなく目的を複製する。左折するとき、運転手のいない車は直感とスキルの泉を汲み出しているのではなく、プログラムに従っている。だが、戦略が異なっている一方で、その結果は実際上は同じである。命令に従い、確率を計算し、データの送受信を行なう際のコンピュータの超人的速度が意味することは、われわれが暗黙知をもって行なう複雑なタスクの多くを、彼らは形式知を使って遂行できるだろうということだ。コンピュータ独特のこの力は、場合によっては、われわれが暗黙知によるスキルだと考えているものを、われわれ自身よりも上手く遂行することを可能とする。コンピュータ制御の車が走る世界では、信号も「止まれ」の標識も必要ない。データを連続的に高速でやり取りすることで、どんなに交通量の多い交差点でも、こういった車はスムーズに走行できる——ちょうど今日のコンピュータが、インターネットのハイウェイやバイウェイ(脇道)において、想像もできないほどの量のデータパケットの流れを制御しているようなものだ。われわれの頭脳のなかでは言い表わしようのなかったものも、マイクロチップの回路のなかでは完全に言い表わせるものになるのである。

われわれが人間独自のものだと思っていた認知的能力の多くは、まったくそうではなかったことがわかる。いったん速さを身に着けてしまえば、コンピュータは、パターンを認識し、判断を行ない、経験から学習するというわれわれの能力を模倣しはじめる。われわれがこの教訓を最初に学んだのはさかのぼって一九九七年のこと、一〇億の手を五秒で比較して選択できるIBM社のチェス専用スーパーコンピュータ、ディープ・ブルーが、世界チャンピオン、ガルリ・カスパロフを破ったときだった。環境から一〇〇万もの事柄を読み取って一秒で処理するグーグル社のインテリジェント・カーの登場で、われわれはこの教訓を再び学びつつある。人間が行なう非常に知的な事柄の多くは、実際には脳を必要としないのだ。高度に訓練された専門家による知的能力も、運転手の左折同様、もはやオートメーションの手から逃れることができない。その証拠は至るところにある。あらゆる種類の創造的作業、分析的作業が、ソフトウェアによって媒介されつつあるのだ。医師は診断を行なうのに、建築家は建物を設計するのに、弁護士は証拠の価値を見極めるのにコンピュータを使う。音楽家は楽器演奏のシミュレーションを行ない、だめな音を修正するのにコンピュータを使う。教師は学生を教え、レポートを評価するのにコンピュータを使う。コンピュータは、これらの専門職に完全に取って代わるわけではないが、その多くの側面を乗っ取っている。そして確かに、これらの仕事の行なわれ方を変えつつある。

コンピュータ化されているのは職業だけではない。副業や趣味もだ。スマートフォンやタブレットなど、小型で手軽で、ときにウェアラブル（着用可能）でさえあるコンピュータが普及したおかげで、われわれはソフトウェアの力を借り、日常のこまごまとした仕事や余暇の多くを持ち歩くことができる。アプリを起動して、買い物や料理、運動を手伝ってもらう。さらには伴侶を見つけることや、子どもを育てることまでも助けてもらえる。移動するのにGPSによるターンバイターン方式〔交差点や曲がり角などで、進行方向を音声や矢印で伝え、表示する方式〕の指示に従う。人づき合いを維持したり、気持ちを表現したりするのにSNSを使う。何を見たり読んだり聴いたりしたらいいか、レコメンデーションエンジンからアドバイスをもらう。グーグルや、アップル社のSiriに、疑問に答えてもらったり問題を解決してもらったりする。物理的な意味でも社会的な意味でも、世界を移動し、操作し、理解するための、万能ツールにコンピュータはなりつつある。今日、スマートフォンを置き忘れたり、ネットにつながることができなくなったとき、何が起こるか考えてみればよい。デジタルの助けがないと、まったく無力に感じてしまうだろう。実際、デューク大学教授で文学を教えるキャサリン・ヘイルズは、二〇一二年の著作『われわれはどう思考するか〔*How We Think*〕』のなかで次のように述べている。「コンピュータがダウンしたり、インターネットに接続できなくなったりすると、わたしは途方に暮れ、どうしたらよいかわからなくなり、仕事ができなくなる——それどころか、両手が切り落とされたかのような思いさえする」[6]。

コンピュータへの依存具合には戸惑うこともあるが、たいていの場合われわれはそれを歓迎している。最新のすごいガジェットやアプリをわれわれは賞賛し、見せびらかしたくてたまらない——しかもその理由は、便利でスタイリッシュだからというだけではない。コンピュータ・オートメーションにはどこか魔法のようなところがある。バーで流れている何だか思い出せない曲を、iPhone が特定してくれるのを見るのは、以前の世代には想像もできない経験だろう。鮮やかな色彩でペイントされた工業ロボットの一団が、ソーラーパネルやジェットエンジンを苦もなく組み立てていくさまは、秒単位・ミリ単位で振り付けられた、精巧な重金属バレエを見るかのようだ。グーグルカーに乗った人々は、そのスリルはほとんど別世界のようだったと言う。この世のものである彼らの脳には、その経験を処理するのが非常に難しかったというのだ。今日われわれは確かに、素晴らしき新世界に足を踏み入れつつあるように思われる。それはコンピュータとオートメーションがわれわれに仕え、負担を軽減し、望みをかなえ、時にはただ一緒にいてくれるトゥモローランドである。じきにわれらがシリコンヴァレーの魔術師たちは、ロボット運転手だけでなくロボットメイドも登場すると確約してくれるだろう。さまざまな品が3Dプリンタで作られ、無人機で配達されるだろう。『宇宙家族ジェットソン』〔西暦三〇世紀を舞台にしたSFホームコメディTVアニメ、米国で一九六二－六三、八五、八七年に制作・放映〕の世界が、いや少なくとも『ナイトライダー』〔一九八二年から八六年にかけて放映された米国のTVドラマ〕の世界が、われわれを手招きしている。

畏怖の念に打たれずにいるのは難しい。懸念せずにいるのも難しい。グーグル社製の「ママたいへん、人が乗ってないよ！」的なプリウスの派手さと比べたら、オートマ車など些細なものと思われるかもしれないが、後者は前者の先駆けであり、全面的オートメーションへと向かう小さな一歩なのであって、わたしは、シフトレバーを取り上げられたあとの自分の落胆を思い出さずにはいられない――いや、責任の所在を明確にするならば、シフトレバーを取り上げてくれるよう頼んだあとの落胆をだ。オートマ車の便利さがわたしにちょっとした欠落の気分を、あるいは労働経済学者が言いそうな言葉を使えば、ちょっとした不完全活用〔underutilized〕の気分を与えたとすれば、自分の車の完全な乗客になってしまったときは、どんな気分になるのだろう？

オートメーションの厄介な点は、われわれが自分でやることを犠牲にしてまで必要としているわけではないものまでも、それがしばしば与えてくれることだ。なぜそうなのか、そしてなぜわれわれがこの取り引きを受け入れたがるのかを知るためには、特定の認知バイアス――思考における誤り――が、いかに知覚をゆがめうるかを見る必要がある。労働と余暇についての価値評価となると、心の眼は正しくものを見られないのだ。

心理学教授で、一九九〇年の著作『フロー体験　喜びの現象学』で知られるミハイ・チクセントミハイが記述した現象のひとつに、彼自身が「労働のパラドクス」と呼ぶものがある。彼がこれを最初に認識したのは一九八〇年代、シカゴ大学の同僚ジュディス・ルフェーヴルとの共同研究においてだった。その実験ではシカゴ一帯の五つの企業から、ブルーカラーとホワイトカラー、熟練と非熟練合わせて一〇〇名の労働者が集められ、各人には一週間にわたり一日七回、ランダムなタイミングで鳴るようプログラムされたポケットベル（当時携帯電話はまだ贅沢品だった）が与えられた。ベルが鳴るごとに、被験者は短いアンケートに回答する。その瞬間に従事していた活動や直面していた課題、使用していたスキルを記述し、そのときの心理状態を、やる気、満足度、没頭度、創造性などの点から簡潔に述べるのである。チクセントミハイが「経験サンプリング」と命名したこの手法の意図は、仕事中やオフのときに人々がどのように時間を使うか、そしてその活動が彼らの「経験の質」にどんな影響を与えるかを知ることだった。

結果は驚くべきものだった。人々は余暇のときよりも労働中のほうが、自分のしていることにより満足し、より幸福な気持ちでいたのである。自由な時間のときは、退屈し、不安を感じる傾向にあった。けれども労働を好きなわけではなかった。仕事中は休みたいという強い欲求を表わし、オフのあいだは、いちばんしたくないことは仕事に戻ることだと感じていた。「余暇中よりも労働中のほうがはるかにポジティヴな感情を持っているのに、なお人々は、余暇中ではなく労働中に「何か別のことをしたい」と述べるという、パラドキシカルな状況が存在している」と、チクセントミハイとルフェーヴルは言う。[7] どんな活動が自分を満足させ、どんな活動が不満をもたらすかを、われわれはまるでわかっていないのだとこの実験は明らかにする。何かをやっている真っ最中でさえ、その心理的影響を正確に判断できていないようなのだ。

これらはより一般的な苦しみの徴候であり、心理学者はこれに「欲求ミス《ミスウォンティング》」という詩的な名前を授けている。好まないものを欲し、欲していないものを好む傾向がわれわれにはある。「起こってほしいと望んでいたものがわれわれを幸福にせず、望んでいなかったものが幸福にする場合、われわれは間違った欲求を持っていたのだと述べるのが正当なように思われる」と、認知心理学者のダニエル・ギルバートとティモシー・ウィルソンは言う。[8] そして、暗い気分にさせるような数多くの研究が明らかにすることによれば、われわれは永遠に間違った欲求を持ちつづけるのだ。労働と余暇についての判断を誤る傾向に関しては、社会的な側面もある。チクセントミハイとルフェーヴルが実験で発見したとおり、およびわれわれのほとんどが経験で知っているとおり、人々は真に感じていることよりも、社会的な約束事――この場合は、「働いて」いる状態よりも「暇で」ある状態のほうが、より望ましく、ステイタスの高いものだという根深い考え方――に従う傾向にある。「言うまでもなく、現実の状況に対するこうした盲目性は、個人の幸福にとっても社会の健全性にとっても不幸な結果をもたらすだろう」と、チクセントミハイとルフェーヴルは結論する。ゆがんだ認識に基づいて行動するのだから、人々は「ポジティヴな経験をまるで与えてくれない活動をより多く行ない、最もポジティヴで強烈な感情の源泉となる活動を回避しようとする」だろう。[9] これはよき生活のためのレシピとは言えそうもない。

気晴らしや娯楽のために従事する活動よりも、報酬のために行なう労働のほうが、本質的にすぐれているというわけではない。まったく違う。退屈で自分の価値を下げてしまうような仕事はたくさんあるし、刺激的で充足感を与えてくれる趣味や娯楽もたくさんある。だが仕事は、放任されているときには失われてしまうある枠組みを、われわれの時間に課してくれる。労働時、われわれは、人間が最も満足を感じる種類の活動への従事を余儀なくされる。われわれが最も幸福であるのは、困難なタスクに没頭しているときだ。そのタスクとは、明確なゴールを持っていて、われわれの才能を発揮させてくれるだけでなく、それを伸ばすよう挑んでくるものである。仕事の――チクセントミハイの用語を用いるなら――フローに没入すると、われわれは気を散らすものを退け、日常生活にとり憑いている不安や心配事を超越してしまう。普段はあちこちに逸れる注意力が、やっていることに固定される。「活動も運動も思考も、必然的に途切れることなく続く。自分の全存在が関与し、スキルが最大限に活用される」とチクセントミハイは説明する。[10] このような深い没入状態は、タイルを貼ることから合唱団で歌うこと、オフロードバイクでのレースに至るまで、あらゆる種類の活動によって生み出されうる。フローに乗るためには、必ずしも賃金を稼ぐ必要はない。

けれどもたいてい、仕事をしていないとき規律はたるみ、精神はさまよう。早く給料を使って楽しみたいと、労働日が終わるのを待ち焦がれるものの、われわれのほとんどは余暇時間を無駄遣いしてしまう。重労働を避け、難しい趣味に従事することもほとんどない。テレビを見るか、ショッピングモールへ行くか、フェイスブックにログインするかだ。怠惰になる。それから退屈していらいらする。外向きの関心すべてから切り離されて注意は内面に向かい、しまいにはエマソンが自意識の牢獄と呼んだものへと閉じこめられる。つまらなく見えるものであっても、仕事のほうが「実際のところ、自由時間を楽しむよりも容易だ」とチクセントミハイは言う。なぜなら仕事には、「人が関与し、集中してわれを忘れるよう促進する」ゴールと難題が、「ビルトイン」されているからだ。[11] だが、われわれをあざむく精神は、われわれにそのようには思わせない。機会さえあればわれわれは、労働の過酷さから自身を解放しようとする。われわれはみずからを無為の刑に処す。

われわれがオートメーションに夢中になることに、何の不思議があろうか？　せねばならない仕事の量を減らすことを申し出、より多くの安楽と快適さ、便利さで生活を充たすと約束することで、コンピュータをはじめとする労働節約テクノロジーは、苦役と感じているものから解放されたいという、われわれの切実な、しかし誤った欲求にアピールしている。仕事場において、速度と効率を上げることにオートメーションが注力していること――それは利潤上の動機によって規定されているのであって、人間の幸福に関する他のいかなる関心ともほとんど関係はない――は多くの場合、仕事から複雑性を取り除き、難しさを軽減し、かくして、仕事が促進する没頭度をも軽減する効果をもたらす。オートメーションは人々の責任の範囲を狭める。ついには、人間の仕事の大部分はコンピュータスクリーンの監視である、ないしはスクリーン上の指定された枠内へのデータ入力であるという状態にまですることがある。高度な訓練を受けたアナリストや、他のいわゆる知的労働者でさえ、その仕事は、判断行為をデータ処理のルーティンへと変える決定支援システムによって制限されている。日常生活でわれわれが使うアプリやプログラムにも同じ効果がある。難しい、もしくは時間のかかるタスクをこれらが引き受けたり、あるいは単純にそのタスクの面倒さを減らしたりすることで、スキルを試してくれる活動、達成感や満足感を与えてくれる活動に従事することが、われわれには少なくなっている。まったくもって多くの場合、オートメーションはわれわれを、解放した気持ちにしてくれるものから解放してしまう。

ポイントは、オートメーションは悪いものだということではない。オートメーションと、その先駆者である機械化《メカニゼーション》は、何世紀にもわたって前進してきたのであり、その結果われわれの状況は、全般的に大きく改善されてきた。オートメーションは賢く使えば、われわれを骨の折れる労働から解放し、もっとやりがいと充足感のある試みへと駆り立ててくれる。問題は、オートメーションについて合理的に考えたり、その意味を理解したりするのが難しいということだ。「もういい」とか「ちょっと待って」とか言うタイミングがいつであるかがわれわれにはわからない。経済的にも感情的にも、カードはオートメーションに有利なように切られている。労働を、人間から機械やコンピュータへと移管することの恩恵は、見出すのも測定するのも簡単だ。企業は資本投資を数多く行ない、オートメーションによる恩恵を、国際決済通貨単位で計算できる――労働コストの削減、生産性の向上、処理と反応速度の高速化、利潤の増大。個人の生活においても、コンピュータが時間を節約し、面倒を避けてくれる例を数多く指摘できる。そして労働よりも余暇を、努力よりも安楽さを好む先入観のおかげで、われわれはオートメーションの恩恵を過大評価している。

損害を明確に指摘するのは難しい。コンピュータが特定の仕事を時代遅れにしていること、それで仕事を失った人々もいることはわかっているが、歴史が示唆するところによれば、およびほとんどの経済学者が予想するところによれば、雇用減少は一時的なものであり、長期的には、生産性を高めるテクノロジーが魅力的な新職業を作り出し、生活水準を引き上げるだろうということだ。個人の損害についてはさらに曖昧だ。努力や没頭の減少や、主体性と自律性の弱体化、スキルの微妙な低下を、どう測定できるというのか？　できはしない。それらははっきりとせずつかみどころのない、失くしてしまうまでほとんど気づかれないものであって、またそうなってしまってもなお、喪失を具体的に語るのが困難なたぐいのものである。だが損害は現実だ。どのタスクをコンピュータに手渡し、どれを自分たちの元に置いておくかについて、われわれが行なった選択、または行なわなかった選択は、単なる実際的・経済的な選択ではない。倫理的選択なのだ。われわれの生活の本質を、および世界のなかでのわれわれの居場所を、これらの選択はかたちづくっている。オートメーションはわれわれを、あらゆる問いのなかでも最も重要な問いと直面させる――すなわち、「人間」とは何を意味するのか、という問いだ。

チクセントミハイとルフェーヴルは、人々の日常生活についての研究によって、また別のことも発見している。被験者たちが報告した余暇活動のなかで、フロー感覚を最も多く生み出したのは、車の運転だったのである。

第２章

門の脇のロボット

一九五〇年代初めのこと、イギリスの風刺雑誌『パンチ』の人気政治漫画家、レスリー・イリングワースは、暗く予兆的な一枚のスケッチを描いた。秋の嵐の日と思われる暗がりのなかで、ひとりの労働者が、得体の知れない工場を戸口から不安げに覗き見ている。片手には小さな道具を握り、もう一方の手は固くこぶしを握っている。工場のぬかるんだ庭の向こうにある正門を彼は見つめる。「働き手募集」と書かれた看板の横には、肩幅の広い、巨大なロボットがそびえ立っている。その胸にはブロック体で麗々しく「オートメーション」と書かれている。

このイラストレーションは時代のしるし、西洋社会にしみわたっていた新たな不安の反映だった。一九五六年、これは薄いながらも大きな影響を与えた、ある書物の口絵としてリプリントされる。その書物とは、ケンブリッジ大学工学教授のロバート・ヒュー・マクミランの書いた『オートメーション──敵か味方か？〔*Automation: Friend or Foe?*〕』だった。最初のページでマクミランは、穏やかではない問いを提示する。「われわれはみずからの創造物に破壊される危険にさらされているのだろうか？」彼の説明によれば、ここで言及されているのはおなじみの「無制限な「ボタン戦争」の危機」ではない。彼が語っているのは、あまり論じられない、しかしひっそりと進行している脅威──「全文明国の平時産業生活において、急速に拡大しつつあるオートマティック装置の役割」であった。(1) 以前の機械が「人間の筋肉に取って代わった」のと同様、これらの新しい装置は「人間の脳に取って代わる」

ことになりそうだ。高賃金のよい仕事をこれらが引き継いでしまうことで、失業が広がり、紛争や社会的大変動に——ちょうど一世紀前、カール・マルクスが予見したような事態に——つながるのではないか。[2]

だが、必ずしもそうはならないだろうとマクミランは続ける。もし「正しく適用されれば」オートメーションは経済的安定と豊かさをもたらし、人類を苦役から解放するだろう。「わたしの望みは、この新種のテクノロジーによって最終的に、アダムの呪いが人類の肩から下ろされることである。いまや機械をオートマティックにコントロールする実践的技術が考案されているのだから、機械は実際、人類の主人ではなく奴隷になるだろう」。[3]オートメーション・テクノロジーが恵みであろうが災いであろうが、ひとつ確かなことがあるとマクミランは予言する——そのテクノロジーは産業と社会において、これまでになく大きな役割を果たすであろう。「高度に競争的な世界」の経済的使命が、そのことを避けがたいものとする。[4]人間よりもロボットのほうが、速く、安く、よりよく仕事をするのなら、その職はロボットが得ることになるだろう。

「われわれは、われわれの機械の兄弟姉妹である」と、テクノロジー史研究者のジョージ・ダイソンはかつて述べた。[5]きょうだい関係というのはひどく緊張をはらむものであるが、われわれとテクノロジー的親族との関係もそうである。われわれは自分たちの機械を愛している——役に立つからというだけでなく、つき合いやすく、さらには美しいとさえ思えるからだ。見事に作られた機械のなかには、われわれの深い欲望のかたちを見て取れる。世界とその働きを理解したいという欲望。自然の力を自分たちの目的へと向かわせたいという欲望。何か新しいもの、何かわれわれ自身が生み出したものを宇宙につけ加えたいという欲望。畏怖されたい、驚かせたいという欲望。独創的な機械は驚異と誇りの源泉だ。

だが機械は醜くもある。そしてわれわれは機械のなかに、われわれが大事にしているものへの脅威を感じ取る。機械のなかには人間の力が流れているかもしれないが、その力を行使しているのは、たいていこのからくりを所有している産業家や資本家であって、機械を動かして賃金を得ている人々ではない。冷たくて心を持たない機械が定められたルーティンに従うさまに、われわれは社会の暗い可能性のイメージを見る。異質な宇宙に機械が何か人間的なものをもたらすのだとすれば、それは人間世界に何か異質なものをもたらすだろう。数学者で哲学者のバートランド・ラッセルが、このことを一九二四年にずばりと書き表わしている。「機械は美しいから崇拝され、力を授けてくれるから価値あるものとされる。醜いから憎まれ、奴隷制を押しつけるから嫌悪される」[6]。

ラッセルのコメントが示唆するとおり、自動機械に対するマクミランの見解に表われた緊張――機械はわれわれを破壊するか救うか、解放するか隷属させるかである――には、長い歴史がある。同じ緊張は、二世紀以上前の産業革命に始まる、工場の機械に対する大衆の反応にも表われていた。われわれの先祖の多くは生産の機械化を祝福し、これを進歩の象徴、繁栄の保証と見たのだが、機械が自分たちから職を奪い、さらには魂までをも奪うのではないかと懸念する人たちもいたのである。以来テクノロジーは、急速な、時に混乱する変化の歴史をたどってきた。発明家や企業家たちの創意のおかげで、新しく、いっそう精巧で、いっそう有能な機械が、一〇年も待たずに必ず登場する。だがこの素晴らしい創造物、われわれ自身の手と頭脳が生み出したものに対し、われわれの思いはつねにアンビヴァレントである。それはあたかも、機械を見つめるときにわれわれが、ぼんやりとであれ、自分自身にある何か信用できないものを見ているかのようなのだ。

自由主義経済の基本的テキストで、一七七六年に発表した自身の代表的著作である『国富論』のなかで、アダム・スミスは、「労働を迅速にし、節約する」ために製造業者が導入する、さまざまな「よくできた機械」を賞賛している。機械化は、「ひとりの人間が多数の人間の仕事を行なう」ことを可能とするため、工業生産量を飛躍的に増大させるだろうと彼は予言する。(7) 工場主はより多くの利潤を上げ、またそれを投資して業務を拡大するだろう――もっと工場を建て、もっと機械を買い、もっと人を雇うだろう。各機械によって労力が節約されることは、労働者にとって悪いことであるどころか、長期的には実際、労働への需要を刺激することになるだろう。

他の思想家たちもスミスの評価を引き継ぎ、拡張した。彼らは次のように予言した。労働節約設備が可能とする高い生産性のおかげで、職は増大し、賃金は上がり、商品価格は下がるだろう。労働者の懐には余分なお金が入り、彼らを雇用している製造業者が送り出す商品を買うのに、そのお金を使うだろう。すると産業の拡張にさらに多くの資本が提供される。このようにして機械化は有徳なサイクルの開始を促進する。社会の経済的成長を加速し、その富を拡大して広め、スミスが「便利と贅沢」と呼んだものを人々にもたらすだろう。(8) 経済における霊薬としてテクノロジーを見るこの考え方は、幸福にも産業化の歴史の初期に生み出されたようであり、これは経済理論における定説となった。初期の資本家だけでなく、同時代の学者たちにとっても説得力のある考えだったのだ。社会改良家の多くは機械化に喝采し、都市民衆を貧困と強制労働から救い出す最良の希望だと見なした。

経済学者や資本家、社会改良家には長期的に見る余裕があったろう。当の労働者たちはといえばそうではなかった。一時的な労力節約でさえ、彼らの生活を現実に、即座におびやかした。工場に新しい機械が導入されれば多くの人々が職を追われ、残った他の者たちも、熟練を要する面白い仕事を、レバーを引いたりペダルを踏んだりという退屈な仕事と交換せざるをえなかった。一八世紀から一九世紀前半に至るまで、熟練労働者たちは、職と仕事とコミュニティを守るため、新しい機械の破壊を行なった。「機械打ち壊し」と呼ばれるようになるこの運動は、テクノロジーの進歩に対する攻撃というだけにはとどまらなかった。職人たちが自分たちの生活——それは彼らが実践する職能と強く結びついていた——を守り、経済的・市民的自律性を確保するために行なった団結行動だったのである。歴史家マルコム・トミスは、暴動について書かれた当時の文献に基づきこう述べている。「労働者たちが特定の機械を嫌っていたとすれば、それは機械であるからとか新しいからとかいう理由ゆえではなく、その機械の使われ方のせいであった」[9]。

機械打ち壊しは、やがてイングランド中部に一八一一年から一六年にかけて吹き荒れた、ラッダイト運動と呼ばれる反乱へと至る。地域で小規模に組織された家内工業世界が破壊されるのを怖れた織工やメリヤス工が、大きな織物工場が織機や靴下編み機を導入するのを阻止すべく、ゲリラ団を結成した。ラッダイトたち——反逆者たちのこの新たな呼び名は、レスターの伝説的機械破壊者、ネッド・ラダムから取られていた——は工場を夜襲し、多くの場合、新設備を破壊した。何千もの英国兵の投入が余儀なくされ、兵士たちは武力でこの反乱を鎮圧した。多くの労働者が殺され、また別の者たちは投獄された。
ラッダイトをはじめとする機械破壊者たちは、機械化のペースを遅くしたという点でそこそこの成功は収めたが、決して機械化を止めたわけではなかった。機械はじきに工場で当たり前の存在となり、工業生産と競争において不可欠のものとなったため、その使用に抵抗することは、不毛な行為と見られるようになった。機械に対する不信感は残っていたものの、新たなるテクノロジー体制に、労働者たちは不承不承従わざるをえなくなった。

ラッダイトの敗北から数十年後、機械化に関する見方が社会のなかで深刻に二分されていることを、非常に強力かつ影響力のあるかたちで表現したのがマルクスだった。著作のなかでマルクスは、工場機械に対し、悪魔的で寄生的な意思を頻繁に与え、これを「生きた労働力を支配して汲み尽くす」「死んだ労働」だと書いた。労働者は「生命なき機械」の「単なる生きた付属物」となる。[10] 一八五六年に行なったあるスピーチのなかには、次のような暗い予言的発言もあった。「われわれの発明と進歩の結果、物質的諸力には知的生活が授けられ、人間の生活が物質的諸力へとおとしめられるのではないかと思われる」。[11] だがマルクスは機械の「極悪非道な影響」だけを語っていたわけではない。メディア学者のニック・ダイアー＝ウィザフォードが語るように、マルクスは「その解放可能性」にも気づき、賞賛していた。[12] 先に述べたのと同じスピーチのなかでマルクスはこのように言う。近代の機械には「人間の労働を短縮し、実らせる素晴らしい力」がある。[13] 機械によって狭い専門から解放された労働者は、「完全に発達した」個人としての可能性を実現することが可能となり、「さまざまな活動様式」のあいだを、したがって「さまざまな社会的機能」のあいだを移動することができるようになるかもしれない。(14) 正当な手——資本家というよりは労働者の手——にわたれば、テクノロジーはもはや抑圧のくびきではない。持ち上げてくれる土台、自己実現のための課題になるのだ。

機械を解放者として見る見方は、二〇世紀が近づくにつれ、西洋文化においてより強く支持されるようになっていった。アメリカ産業の機械化を賞賛する一八九七年の文章のなかで、フランスの経済学者エミール・ルヴァスールは、新テクノロジーが「労働者階級」にもたらした恩恵を数え上げている。テクノロジーは労働者の賃金を上げると同時に彼らが支払う商品価格を下げ、大きな物質的安心を労働者に与えた。工場の改装を促進し、産業革命初期を特徴づける邪悪な工場に比べ、もっと清潔で明るく、一般的により快適な仕事場を作り上げた。何より重要なこととして、工場の働き手が行なう仕事の種類を向上させた。「作業の厄介さは減り、大きな力の必要なことはすべて機械がやってくれるようになった。労働者は、筋肉ではなく知性を使う監督者となった」。機械を動かさねばならないことについて、労働者がなお不満を持っていることにもルヴァスールは気づいていた。「[機械が]たいへんな注意力を継続的に要求することを彼らは批判する」と彼は書く。労働者たちは、機械が「作り方は知っているものの、いつも同じひとつの動作しかできない機械へと、人間を変えておとしめてしまう」と責めている。だが彼はそれを、視野の狭い批判だとして退ける。機械を手に入れたことがどれほど素晴らしいことであるか、労働者たちは単にわかっていないのだ。(15)

芸術家や知識人のなかには、身体の生産的労働よりも頭脳の想像的労働のほうが本質的にすぐれていると信じ、テクノロジーのユートピアが生まれつつあると考える者たちもいた。オスカー・ワイルドは、ルヴァスールとほぼ同時期に発表されたエッセイのなかで、まったく違う読者を対象としつつも、機械が苦役を軽減するだけでなく消滅させてしまうだろう日を予見した。「知的でない労働、単調で退屈な労働、忌まわしいことに関する労働、不快な状況をともなう労働は、すべて機械が行なわねばならない」と彼は書く。「機械的奴隷制、機械の奴隷制に、世界の未来はかかっているのだ」。機械が奴隷の役割を引き受けることは、ワイルドにとっては決定済みだったようである。「これこそが機械の未来であることにまったく疑いの余地はなく、地主が眠っているあいだに木が育つのと同様、人類が面白おかしく過ごし、教養ある余暇――労働ではなくこれこそが人類の目的である――を楽しみ、美しいものを作り、美しいものを読み、賞賛と喜びをもって世界について思索するあいだ、必要な労働、不快な労働はすべて、機械がやるようになるだろう」(16)。

一九三〇年代の大恐慌が、この熱狂に歯止めをかけた。狂騒の二〇年代《ローリング・トゥエンティーズ》に「マシーン・エイジ」として讃えられるようになったものに対する厳しい批判の声を、経済的破綻があと押しした。職を奪う機械とその所有者である強欲な企業家に対し、労働組合や宗教団体、論陣を張る編集者や絶望した市民――みなが反対運動を行なった。「機械は失業という現象を生じさせたわけではないが、ちょっとしたいらだちの種から人類有数の災厄へと、これを押し上げたのだ」と、ベストセラー本『人類と機械〔*Men and Machines*〕』の著者は書く。彼は続けてこのように言う。「これから先われわれは、よりよく生産できるようになればなるほど、より多く解雇される」かのように思われる(17)。カリフォルニア州パロアルトの市長はハーバート・フーヴァー大統領に手紙を書き、工業テクノロジーという「フランケンシュタインの怪物」、「われわれの文明を食い尽くす」呪いに対して、何か行動を起こしてくれるよう懇願した。[18] 政府みずから人々の恐怖をあおることもあった。ある政府機関が発行した報告書のひとつには、工場機械は「野生動物のように危険」だと書かれていた。その筆者が言うには、制御されないまま進歩が加速したため、その結果に対応できない状態へと、社会は慢性的に陥ったというのである。[19]

だが大恐慌は、機械のパラダイスというワイルドの夢を完全に消し去ったわけではなかった。いくつかの点でこれは、ユートピア的進歩観をより鮮明で、より必要なものとしたのである。機械を敵と見なせば見なすほど、われわれは機械に仲間になってほしいと願う。一九三〇年、イギリスの偉大な経済学者ジョン・メイナード・ケインズはこう書いた。「われわれは、そんな病名は聞いたこともないという読者もいるだろう新しい病に悩まされている。だがその人々も、今後この病について頻繁に耳にすることになるだろう――その病とはすなわち、**テクノロジー的失業**〔technological unemployment〕である」。人間が行なう価値ある仕事を新たに経済が生み出す能力を、機械が仕事を引き受ける能力は追い越してしまっている。だが、ここでケインズは読者に念を押す。この問題は、単なる「一時的不適合」の徴候でしかない。成長と繁栄は戻ってくるだろう。ひとりあたりの収入は増加するだろう。そしてじきに、機械というわれらが奴隷の器用さと効率のよさのおかげで、仕事の心配をする必要もまるでなくなるだろう。一〇〇年後の二〇三〇年までに、テクノロジーの進歩が人類を「生存のための闘争」から解放し、「経済的至福というわれわれの目標」へと至らしめることは、まったくありうることだとケインズは考えていた。機械はわれわれの仕事をさらに行なうようになるだろうが、それはもはや心配や絶望の種ではなくなるだろう。そのころには、物質的富を全員に分配する方法が見出されているはずだ。唯一残る問題は、終わりなき余暇時間のよき使用法を考え出すこと――「骨折る」よりも「楽しむ」よう、われわれに教えることだけだ。[20]

われわれはまだ骨折っており、二〇三〇年までにこの惑星に経済的至福が降臨することはおそらくあるまい。だが、一九三〇年の暗い日々には希望ゆえに目がくらんでしまっていたのだとしても、経済の見とおしについて、ケインズは基本的に正しかった。大恐慌は確かに一時的なものだった。成長は回復し、職は戻り、収入は上がり、企業はよりよい機械をさらに買いつづけた。経済的均衡は、いつもどおり不完全かつ脆弱なかたちで立ち直った。アダム・スミスの有徳なサイクルは回りつづけていた。

一九六二年には、ジョン・F・ケネディ大統領がウェストヴァージニアでの演説で、以下のように宣言するに至る。「われわれは信じる。人間を労働から追い出す機械を新たに発明する才能があるなら、その人間を労働へと戻らせる才能もまた人間にはあるだろう」[21]。「われわれは信じる」という出だしからしてケネディ的である。シンプルな言葉が繰り返されて反響する。人間、労働、才能、人間、労働、才能、人間。ドラムのようなリズムが続いていき、感動的な結論――「労働へと戻らせる」――に必然性の空気をまとわせる。ケネディの言葉は聴衆に、物語の結末のように聞こえたろう。だがこれが結末ではなかった。ひとつの章の終わりではあったが、新たな章がすでに始まっていたのである。

テクノロジー的失業への不安が再び持ち上がっている。とりわけ合衆国ではそうだ。一九九〇年代初めの不況時には、ゼネラルモーターズやIBM、ボーイングなどの有名企業が、大規模な「リストラ」で何万もの労働者を解雇し、新たなテクノロジー、とりわけ安価なコンピュータと賢いソフトウェアが、中産階級の職を奪ってしまうのではという恐怖が巻き起こった。一九九四年、社会学者のスタンリー・アロノウィッツとウィリアム・ディファジオが共著書『職なき未来〔*The Jobless Future*〕』を発表し、「労働節約テクノロジーによる変化」は、「ブルーカラーにおいてもホワイトカラーにおいても、低賃金で一時的な、福利厚生のない職が増え、工場やオフィスにおけるきちんとした正規の職が減っている傾向」と関連があるとした[22]。翌年、ジェレミー・リフキンによる不穏な書、『大失業時代』が登場する。コンピュータ・オートメーションの勃興によって「第三次産業革命」が開始されたとリフキンは宣言する。「今後、新しくより精巧なソフトウェア・テクノロジーが、文明を労働者なき世界へと近づけていくだろう」。社会はターニングポイントに差しかかったのだと彼は書く。コンピュータは「大失業をもたらし、もしかすると世界的恐慌をももたらす」かもしれないが、現代資本主義の教義をわれわれが進んで書き直すならば、「余暇の多い生活へとわれわれを解放」してくれるかもしれない[23]。この二冊をはじめとするこの種の書物は論争を巻き起こしたが、テクノロジーによる失業への恐怖は、またしてもあっという間に消え失せる。一九九〇年代半ばから後半にかけての経済復興は、やがて華々しいドットコムバブルへと至り、大量失業という黙示録的予言から人々の注目は逸らされていった。

一〇年後、二〇〇八年の大不況が始まると、これまでにない強さで不安は戻ってきた。二〇〇九年半ば、破綻から気まぐれに回復したアメリカ経済は、再び成長しはじめた。企業収益は持ち直した。

資本投資は不況前のレベルに戻った。株価も上昇した。だが雇用は回復しようとしなかった。回復が安定するまで新規雇用を控えるのは珍しいことではないが、今回の差し止めは果てしなく思われた。雇用創出はこれまでになく遅々として進まず、失業率は頑固なまでに高いままだった。理由の説明を求め、犯人捜しを始めた人々は、いつもの容疑者にたどり着く――労働節約テクノロジーだ。

二〇一一年後半、MITのふたりの有名研究者、エリック・ブリニョルフソンとアンドルー・マカフィーが短い電子書籍『機械との競争〔*Race Against the Machine*〕』を発表し、職場のテクノロジーが新規雇用の必要性を大幅に削減する可能性を無視したとして、経済学者と政策立案者を非難した。何世紀にもわたって機械が雇用を支えてきたという「経験的事実」は、「不快な秘密を隠蔽している」とふたりは書く。「テクノロジーの進歩によって全員が、あるいはほとんどの人間が、自動的に恩恵をこうむるという経済的法則は存在しない」。ブリニョルフソンもマカフィーも、決してテクノロジー嫌悪者ではない――コンピュータやロボットが、長期的に見て生産性を向上させ、人々の生活を改善する可能性について、彼らは「きわめて楽観的」でありつづけている――にもかかわらず、テクノロジー的失業は現実であり、広まっており、しかもさらに悪化するだろうと強く主張している。人類は機械との競争に敗北しつつあるのだとふたりは警告する。(24)

この電子書籍は、枯れ草に投げられたマッチのようなものだった。経済学者のあいだで激烈な、時に辛辣な議論を巻き起こし、じきにジャーナリストの注目を惹くこととなった。大恐慌のあと使われなくなっていた「テクノロジー的失業」の語が、新たに人々の心をつかんだ。二〇一三年初頭、テレビ番組『60ミニッツ』は「機械の行進〔March of the Machines〕」というコーナーを放送し、倉庫や病院、法律事務所、製造工場で、いかに新たな機械が労働者に代わって使用されているかを検証した。スティーヴ・クロフト記者は「アメリカ経済に莫大な生産性と富で貢献しているハイテク産業が、雇用の面では驚くほどまったく貢献していない」と嘆いた。[25] 番組の放送後間もなく、AP通信のチームが、高い失業率が続いていることに関し、三部から成る報告書を発表した。その陰鬱な結論は次のとおり――雇用は「テクノロジーによって抹消」されている。AP通信の記者たちは、SF作家が以前から「われわれがみずからの衰退を設計し、自分たちの機械に取って代わられる未来を警告」していたことを指摘し、「その未来がやって来た」と宣言する。[26] 今世紀の終わりには失業率は七五パーセントにも達するだろうという、あるアナリストの予言も引用されている。[27]

こうした予想を却下するのは簡単だ。彼らの警告的な口調は、一八世紀以来繰り返し聞かれたものである。経済的下降が生じるたび、職を食い尽くすフランケンシュタインの怪物の亡霊が出現する。それから景気サイクルが谷を越え、職が戻ってくると、怪物は檻に戻り、不安は収まる。けれども今回、経済はいつものようには行っていない。厄介な新しい力学が働いているかもしれないことを、積み重なる証拠が示している。ブリニョルフソンとマカフィーに加え、何人もの有力経済学者たちが、テクノロジーによる生産性の向上は職と賃金上昇をもたらすという、彼らの大事にしてきた学問的前提を疑いはじめている。彼らの指摘によれば、この一〇年のあいだ、合衆国の生産性は過去三〇年で最速のペースで向上し、企業収益は過去半世紀間例を見なかったレベルに到達し、設備投資も急増している。これだけそろえば雇用は大規模に創出されるはずだ。なのに国全体の雇用数はほとんど増加していない。経済成長と雇用は「先進国において分岐している」と、ノーベル賞受賞者の経済学者マイケル・スペンスは言う。そして彼によれば、その主たる理由はテクノロジーにある。「規格化された肉体労働を機械やロボットが肩代わりすることは、製造業と物流業における継続的な、そしておそらく加速している強力な傾向である。一方、情報処理においては、コンピュータ・ネットワークがホワイトカラーの規格的仕事を肩代わりしている」[28]。

近年、ロボットをはじめとするオートメーション・テクノロジーに多額の投資がされていることは、一時的な経済状況、とりわけ、経済成長を刺激しようとする政治家や中央銀行の現在の努力が反映されているのかもしれない。利率の低さと、資本投資への積極的な税制優遇策のおかげで、そうでなければ購入しないだろう労働節約につながる設備やソフトウェアを、企業が買うようになっているというのはあるだろう[29]。だがもっと深い、もっと前からの傾向が働いているようなのだ。二〇一一年から一三年までバラク・オバマ大統領の経済諮問委員会委員長を務めたプリンストン大学の経済学者、アラン・クルーガーは、不況以前でさえ「合衆国経済は雇用を充分には創出していなかった。とりわけ中産階級の雇用についてはそうであり、製造業における雇用も驚くべき速さで減少していた」と指摘する[30]。それ以来、状況は悪くなる一方だった。少なくとも製造業に関しては、雇用はなくなったわけではなく、ただ賃金の低い国へと移動しただけだと思われるかもしれない。しかしそうではないのだ。世界的に製造業の雇用者数はここ数年減少しつづけている。この産業を支える原動力である中国においてさえそうである。その一方、製造業全体の生産量は急増している[31]。経済成長が新たな製造業の職を創出するより速く、機械が工場労働者に取って代わりつつあるのだ。工業ロボットが安価で精巧になればなるほど、失われた職と追加される職との数の差は間違いなく広がるだろう。GE社やアップル社などの企業が、製造業の仕事を合衆国にもたらしつつあるというニュースさえ、ほろ苦いものに感じられる。そうした仕事が戻ってきた理由のひとつは、そのほとんどが人間なしでできるものだからなのだ。「今日、工場のフロアにはほとんど人がいない。なぜなら、ソフトウェアを搭載した機械が仕事のほとんどをやっているからだ」と、経済学教授のタイラー・コーエンは伝える。[32] 労働者を雇っていないなら、企業は労働コストを心配する必要もない。

工業経済――機械の経済――は最近の現象である。登場してわずか二世紀半、歴史の秒針のひと目盛り分にしかならない。このような限定的な経験から、テクノロジーと雇用との関係について決定的な結論を引き出そうとするのはおそらく軽率だろう。資本主義の論理は、科学とテクノロジーの進歩の歴史と結び合わさった場合、生産プロセスから最終的に労働を取り去るかもしれない。機械は労働者と違い、資本家の投資の見返りを、分け与えるよう要求したりしない。病気にもならないし、有給休暇も期待しないし、年ごとの給与の増額を要求することもない。資本家にとってみれば労働は問題であり、この問題を解決してくれるのが進歩なのだ。テクノロジーが雇用を消し去るのではという恐怖は、非合理的なものであるどころか、「きわめて長期的には」実現する運命にあるのだと、高名な経済史家ロバート・スキデルスキーは主張する。「遅かれ早かれ、われわれから職はなくなるだろう」。[33]

きわめて長期的というのはどのくらいの長さなのだろう？　われわれにはわからないが、一部の国々にとっては「居心地悪いほどにすぐ」のことかもしれないとスキデルスキーは警告する。[34] 近いうちには、近代テクノロジーのインパクトは、全体の雇用数よりも、職の分配において感じられるようになるかもしれない。産業革命の時代、肉体労働の機械化によって多くのよい職が破壊されたが、これはまた中産階級における、多くの新しい職業カテゴリーの創出にもつながったのだった。より大きく、より広範囲にわたる市場を相手にするようになるにつれ、企業は監督者や会計士、デザイナーや販売業者を数多く雇うようになった。教師や医師、法律家、司書、パイロットなど、あらゆる種類の専門職への需要が増大した。労働市場の構成は決して不変ではなく、テクノロジーや社会の傾向に応じて変化する。だが、そうした変化が必ず労働者の利となったり、中産階級を拡大してくれるという保証はない。コンピュータがホワイトカラーの職を引き継ぐようプログラムされたことにより、専門職の多くは低賃金の職へ、あるいは常勤職から非常勤へと移動することを余儀なくされている。

　近年の不況で失われた職のほとんどが高賃金業種のものだったのに対し、不況後に創出された雇用の四分の三は低賃金部門である。二〇〇〇年以後の合衆国における「信じがたく弱々しい経済成長」の原因を研究したＭＩＴの経済学者、デイヴィッド・オーターは、ＩＴ（情報テクノロジー）が「職の分配を非常に変化させ」、収入や富の不均衡を拡大していると結論した。「飲食業には職が豊富にあり、金融業にも職が豊富にある一方、中庸の賃金、中庸の収入の職が減少している」[35]。新たなコンピュータ・テクノロジーにより、さらに多くの経済部門にオートメーションが広がれば、この傾向は加速し、中産階級の空洞化と、高収入の専門職の失業がさらに進むだろう。これまたノーベル賞受賞者である経済学者、ポール・クルーグマンは指摘する。「スマートな機械はＧＤＰを増大させるかもしれないが、人々に対する需要は減少させる――スマートな人々に対する需要をだ。するとわれわれがいま目にしているのは、前例なく豊かになりながらも、その利得がすべてロボットの所有者の元に生じている社会なのかもしれない」[36]。

不吉なニュースばかりではない。二〇一三年後半、合衆国経済に活気が出てくると、建設や医療などのいくつかの部門で雇用が強化され、高収入専門職にも明るい兆しが見えてきた。労働者への需要は、かつてほど緊密にではないとしても、依然景気サイクルと結びついている。コンピュータとソフトウェアの使用の増加は、それ自体、多くの起業機会だけでなく、新しい魅力的な職種もいくつか作り出している。けれども、歴史的基準に照らしてみれば、コンピュータ関連の仕事に雇用されている人々の数はいまだそれほど多くはない。われわれ全員がソフトウェア・プログラマーやロボット工学者になれるわけではない。われわれ全員がシリコンヴァレーに引きこもって、しゃれたスマートフォン・アプリを作って大もうけできるわけではない(*)。平均賃金が停滞し、企業収益が増加しつづけているとなれば、もうけはおそらく、幸運な少数者の元へと流れこみつづけているのだろう。そしてケネディの確信に満ちた言葉は、ますます疑わしく聞こえるようになるだろう。

なぜ今回は違っているのだろう? 実際のところ何が変わって、新テクノロジーと新規雇用との昔からのリンクが断ち切られたのだろう? その問いに答えるためには、レスリー・イリングワースの漫画に描かれた、門の脇に立つ巨大なロボットに立ち返る必要がある——オートメーションという名のロボットに。

「オートメーション」という語が登場したのはかなり最近のことである。わかっているかぎり、これが最初に口にされたのは一九四六年、フォード・モーター・カンパニーのエンジニアたちが、アセンブリー・ライン に新しく設置した機械を説明するのに、何か言葉を作り出す必要を感じてのことだった。ある日のミーティングで、フォード社副社長が次のように言ったとされている。「そのオートマティック・ビジネスについてもっと教えてくれたまえ。その——その——「オートメーション」のことをだ」[37]。フォード社の工場は、機械化され、精巧な機械がライン上のすべての作業を簡潔にこなしていることですでに有名だった。しかし、部品や仮組立て品を次の機械へと運ぶのは、いまだ工場従業員が行なわねばならなかった。まだ労働者が生産のペースをコントロールしていたのである。一九四六年に導入された設備はこれを変えた。部品の扱いや受け渡しの機能を機械が引き継ぎ、組立てプロセス全体が自動的に進むようになった。仕事の流れの変化は、工場のフロアにいる者たちにとっては重大なものと思われなかったかもしれない。だがこれは重大なことだった。複雑な工業プロセスをコントロールする者が、労働者から機械へと移ったのだから。

この新語はあっという間に広まった。二年後、フォード社の機械についての記事のなかで、『アメリカン・マシニスト〔*American Machinist*〕』誌の書き手はオートメーションのことを「ラインの全体も

* しばしば指摘されるとおり、インターネットは、ほとんど資本投資をすることなく、みずからの個人的独創性のみで金をもうける機会を人々に開いた。eBay で中古品を、Etsy で手製の品を売ることもできる。空いている部屋を Airbnb で貸し出すこともできれば、自分の車を Lyft でタクシーにすることもできる。TaskRabbit で臨時の仕事を見つけることもできる。だが、そうしたささやかな事業で小銭を稼ぐことは簡単だが、中産階級の収入を稼ぐようにまでなる人たちはまれだ。かなりの金は、売り手と買い手、貸し手と借り手とをつなぐ、オンライン交換所を管理するソフトウェア会社に流れこんでいる。その交換所はそれ自体高度にオートメーション化されているので、従業員をほとんど必要としない。

しくは部分が、コントロールルームのボタンひとつで動かされ、生産設備が見事なタイミングで連続して動き、労働の各パートを機械装置が行なうようにする技法」だと定義した。[38] オートメーションがさらに多くの産業や生産プロセスに導入され、文化のなかで隠喩的重みを帯びるようになると、その定義はもっと拡散していった。「この「オートメーション」という新語ほど、数多くの目的や嫌悪にかなうようねじ曲げられた言葉は近年ない」と、一九五八年にハーヴァード大学のある経営学教授は不満をもらした。「この語はテクノロジー的決起の呼びかけとして、製造業の目標として、エンジニアの課題として、広告スローガンとして、労働運動の旗印として、およびテクノロジーの不吉な進歩のシンボルとして用いられてきた」。それから彼は自身による、きわめて実用的な定義を提示する。「オートメーションとは、その工場や産業、場所において、以前存在していたよりも著しくオートマティックなものを単に意味する」[39]。オートメーションは、ものや技術というよりも、むしろ力なのだ。特定の稼働モードというよりも、進歩の表われなのである。その影響の説明や予言は、必然的に暫定的なものとなる。テクノロジーにおける多くのトレンドがそうであるように、オートメーションはいつも古いと同時に新しく、前進するたびに新たな価値づけを必要とする。

フォード社のオートメーション設備が登場したのが、第二次世界大戦終結直後だったのは偶然ではない。近代オートメーション・テクノロジーがかたちを取りはじめたのは戦争中のことだった。一九四〇年にナチス・ドイツがイギリスへの空襲を開始したとき、英米の科学者たちは、緊急かつきわめて困難な課題に直面した——上空高く飛び回る爆撃機を、地上にある無骨な対空砲から発射される重たいミサイルで、どうやったら撃ち落とせるのか？　正確にねらいを定める——飛行機の現在の場所に対してではなく、将来占めるだろう場所に対して——ために必要な知的計算と物理的調整はあまりに複雑で、敵機がまだ射程距離内にあるうちにこれを行なうのは、兵士には無理なことだった。死すべき運命にあるものにできることではなかったのである。ミサイルの軌道は、レーダー・システムから送られてくるトラッキング・データと、飛行機のコースの統計的予想とを用いて計算機によって計算される必要があり、それからその計算結果が、発射のガイドとなるよう、対空砲の照準メカニズムに自動的に送りこまれねばならないと科学者たちは考えた。さらにその照準は、前の発射の成否に応じて継続的に調整される必要がある。

砲兵部隊の立場から言えば、自分たちの仕事が、新世代の自動兵器に応じて変化せねばならないということになる。そしてそれは実際に変化した。砲兵たちはじきにトラック内部の暗い部屋でスクリーンの前に座り、レーダー・ディスプレイ上の表示からターゲットを選ぶようになった。職務内容とともにアイデンティティも変わった。ある歴史家の記述によれば、彼らはもはや「兵士」ではなく、「世界の表象を読み取り、操作する技術者」と見なされるようになったのである。(40)

連合国の科学者たちが作り出した対空砲のなかには、現在のオートメーション・システムを特徴づけるすべての要素を見ることができる。第一に、システムの核には、非常に速度の速い計算機——コンピュータがある。第二に、外的環境、現実世界をモニターし、重要なデータをコンピュータに送る感知メカニズム(この場合はレーダー)がある。第三に、人間の補助があるとないとに関わらず、実際の作業を行なう物理的装置の運動をコンピュータが制御するための、コミュニケーション・リンクがある。そして最後に、フィードバックのメソッドがある——エラーを修正したり環境の変化を埋め合わせたりできるよう、指示の結果に関する情報に立ち返るのである。感覚器官、計算する脳、物理的運動を制御するメッセージの流れ、学習のためのフィードバック・ループ。これがオートメーションの真髄、ロボットの真髄だ。そしてこれはまた、生物の神経系の真髄でもある。類似は偶然ではない。人間に成り代わるため、オートメーション・システムはまず人間を、少なくとも人間の能力のいくらかの側面を複製する必要があるのだから。

自動機械は第二次世界大戦前からあった。産業革命のそもそもの原動力となったジェイムズ・ワットの蒸気機関には、出力を一定に保つための独創的なフィードバック装置——遠心調速機——が組みこまれていた。出力が上がると、二個の金属製の重りが回転して遠心力が発生し、それによってレバーが引かれ、蒸気バルブが閉じる。そうして出力の上がりすぎが抑えられる。フランスで一八〇〇年ごろに発明されたジャカード織機は、スチール製のパンチカードによってさまざまな色の糸の動きを制御し、複雑な模様を自動的に織り出すものだった。一八六六年にイギリスのJ・マクファーレン・グレイという技師が特許を取った蒸気船操舵装置は、舵輪を動かし、歯車を用いたフィードバック・システムを通じて、舵の角度を調整して航路を維持することができた。[41] だが処理速度の速いコンピュータなど、反応の鋭敏な電子制御装置の発達により、機械の歴史には新たな章が開かれる。オートメーションの可能性は格段に広がった。連合国の自動対空砲のための予測アルゴリズム作成に参加した、数学者のノーバート・ウィーナーが一九五〇年の著書『人間機械論』で述べるとおり、一九四〇年代の進歩によって開発者やエンジニアは「個々の自動メカニズムをばらばらにデザイン」していた状態を超えることになった。兵器を念頭にデザインしながらも、「きわめて多様な種類の自動メカニズムを構築する一般的方針」を、新テクノロジーは誕生させたのである。それは「新たなオートマティック・エイジ」への道を開いたのだった。(42)

進歩と生産性の追求のほかに、オートマティック・エイジへの推進力はもうひとつある。政治だ。戦後数年間の時代は、激しい労働闘争によって特徴づけられる。アメリカのほとんどの製造業部門で経営陣と組合が戦っていて、その緊張関係が最も激しかった部門のなかには、冷戦にあたり連邦政府が軍事設備や兵器を増強するのに不可欠なものも多くあった。ストライキやサボタージュは日常茶飯事だった。ピッツバーグにあったウェスティングハウス社のあるひとつの工場では、ストによる操業停止が、一九五〇年だけで八八回あった。多くの工場では、会社の経営者よりも組合幹部のほうが、操業に関し大きな力を持っていた──支配権は労働者にあったのだ。軍や産業のプランナーから見れば、オートメーションは、パワー・バランスを指揮者側に移行させる手段だった。「人間なき機械〔Machines without Men〕」と題された、一九四六年発行の『フォーチュン』誌のカバー・ストーリーは、電子的に制御された機械が「人間のメカニズムよりもはるかにすぐれている」ことが明らかになるだろうと宣言する。とりわけそれは、機械が「いつも労働条件に満足しており、賃金上昇を決して要求しない」からである。(43)経営とエンジニアリングの有力コンサルタント会社、アーサー・D・リトル社のある重役は、オートメーションの出現は、事業の「人間労働者からの解放」を予告するものだと書いた。(44)

オートメーション設備のおかげで、事業主や経営陣は、労働者、なかでも熟練労働者の必要性を削減できただけでなく、個々の機械やアセンブリー・ラインの電子的プログラムを通じ、生産の速度とフローをテクノロジーでコントロールすることもできるようになった。フォード社の工場で、ラインのペースのコントロールがオートメーション設備に移ったとき、労働者は自律性を多大に失ったのである。一九五〇年代なかばには、操業計画を立てることにおいて、労働組合の役割は大幅に減少していた。(45) ここからわかることはおそらく重要だ——オートメーション・システムにおいて、権力は、プログラミングをコントロールする者たちに集中する。

次に何が起こるかを、ウィーナーは異様な明瞭さで予見していた。オートメーションのテクノロジーは、誰も予想していなかったほどの速さで進歩することになるだろう。コンピュータはより速く、より小さくなるだろう。電子コミュニケーションと記録システムの速度とキャパシティは幾何級数的に増大するだろう。世界を見聞きし、感じるセンサーの敏感さはいや増していくだろう。ロボットは「人間の眼に補助された人間の手の作業を、より完璧に近く複製する」ようになるだろう。新しい装置やシステムの製造コストは、みな急落するだろう。ずっと多くの分野で、オートメーションの使用は可能となり、経済的となるだろう。そして、コンピュータは論理的機能を実行するようプログラムできるのだから、オートメーションは肉体労働の範囲を超え、頭脳労働の範囲にまで——分析、判断、決定の領域にまで——到達するだろう。コンピュータ搭載の機械は、銃のような物質ばかりを操作する必要はない。情報を操作することもできるだろう。「この段階から先、すべてが機械によって動いていくだろう。(中略) 機械は肉体労働とホワイトカラー労働の、どちらかをえり好みすることはない」とウィーナーは書く。遅かれ早かれオートメーションが、大恐慌という災難を「楽しいジョーク」に見せてしまうほどの「失業状態」を作り出すだろうことは、彼にとっては明白だったようであ

る。(46)

ウィーナーが以前に発表したもっと専門的な論考、『サイバネティックス――動物と機械における制御と通信』同様、『人間機械論』はベストセラーとなった。テクノロジーの行く末に関する、この数学者の不穏な分析は、一九五〇年代の知的空気の一部となった。この一〇年間に登場したオートメーションについての文章や本の多くは、この分析に触発されたり学んだりしたものであり、ロバート・ヒュー・マクミランの薄い書物もこれに含まれている。老境に差しかかったバートランド・ラッセルは、一九五一年発表のエッセイ「人間は必要か」のなかで、「文明の開始以来の、世界の動きの根本的前提を、われわれはいくらか変えねばならないだろう」ことを、ウィーナーの著作は明らかにしたと書いている。(47) ウィーナーは、カート・ヴォネガットが一九五二年に発表した最初の長編、ディストピア的風刺小説の『プレイヤー・ピアノ』のなかにも、忘れられた予言者として少しだけ登場している。この小説のなかで、厳密にオートメーション化された世界に対して若いエンジニアが起こす反乱は、最終的に大々的な機械破壊へと至る。

すでに原水爆によって震撼させられていた大衆にとって、ロボットによる侵略は、終末論的とまでは言わないとしても、脅威とは思われていたかもしれない。しかし、オートメーション・テクノロジーは、一九五〇年代にはまだ萌芽の状態だった。その究極的な影響は、思いつき程度のものやSFのなかでは想像されえただろうが、実際に経験されるのはまだまだ先のことだった。一九六〇年代、オートメーション装置のほとんどは、戦後フォード社のアセンブリー・ラインにあった、プリミティヴなロボット・アームにまだ似ていた。大きくて、高価で、冴えてもいなかった。ほとんどは単一の機能の反復しかできず、動きの調整も、わずかな数の基本的な電子的指示に応じるものだけだった。その指示とはたとえば、「速度を上げろ」「速度を下げろ」「左に動け」「右に動け」「つかめ」「放せ」といったものである。並外れて正確ではあったものの、その能力は限られていた。工場のなかで特徴もなくひたすら働き、また、考えなしに急に動いたりするため、とおりかかった人間に怪我をさせないようしばしば檻のなかに入れられている彼らは、世界を征服するようには決して見えなかった。行儀よく仕事を行なう家畜と同じようなものと見られていた。

だがロボットをはじめとするオートメーション・システムには、以前の純粋な機械からくりにはない大きな利点があった。ソフトウェアで動くため、特急「ムーアの法則」に飛び乗ることができたのである。コンピュータ自体の進歩を特徴づけることになる、あらゆる急速な前進――プロセッサの速度、プログラミング・アルゴリズム、ストレージとネットワークのキャパシティ、インターフェイス・デザイン、極小化などにおける前進――から、このシステムは恩恵を受ける可能性があった。そしてウィーナーが予言したとおり、そのとおりのことが起こったのである。ロボットの感覚は鋭くなった。頭脳も素早く、柔軟になった。会話も流暢になった。学習能力も増大した。一九七〇年代初めには、切断や溶接、組み立てなど、柔軟性と器用さを必要とする生産作業も引き継ぐようになっていた。七〇年代終わりには、飛行機を造るだけでなく飛ばすこともしていた。その後、物理的現前から解放されて純粋なコードのロジックへと姿を変えると、多数の専門的ソフトウェア・アプリケーションを通じ、ビジネスの世界へと広まった。ホワイトカラーが請け負う頭脳労働へと参入したわけだが、完全に取って代わることもあったものの、たいていは助手としてだった。

ロボットは一九五〇年代には工場の門の脇に立っていたかもしれない。だがわれわれの命令に応じてオフィスや店舗、家へと上がりこんだのは、ごく最近のことである。今日、ウィーナーが「判断代行型」と呼んだタイプのソフトウェアが、机の上からポケットのなかへと入ってきたことで、われわれが何を行ない、どのようにそれを行なうかを変化させるという、オートメーションの真の可能性をわれわれはついに経験しつつある。すべてがオートメーション化されつつある。もしくは、ネットスケープの開発者でシリコンヴァレーの大物、マーク・アンドリーセンの言葉によれば、「ソフトウェアが世界を食い尽くしつつある」[48]。

これは、ウィーナーの著作から学ばれるべき最も重要な教訓であるかもしれない――そしてさらに言えば、労働節約機械の長い動乱の歴史から。テクノロジーは変化する。しかも人間よりも速く。コンピュータがムーアの法則に従って疾走していく横で、われわれの先天的能力は、ダーウィンの法則に従ってカメのようにのろのろと這っている。ロボットがさまざまなかたちを取りうるものであり、地面にもぐるヘビや大空を颯爽と飛ぶ猛禽類、海を泳ぐ魚に至るまで、あらゆるものを複製しうるのに対し、われわれは基本的に、昔ながらの曖昧な身体に縛られている。これが意味しているのは、機械がわれわれを進化の流れのなかで葬ろうとしているということではない。最も強力なスーパーコンピュータであっても、意識を持たないという点ではハンマー同然なのだから。われわれのソフトウェアとわれわれのロボットが、われわれの導きによって、われわれにまさる――より速く、より安く、よりよく働く――ための方法を新たに見つけるだろうということ、それこそがこれの意味することなのだ。そして、第二次世界大戦時の対空砲の砲兵たちと同様、われわれは自身の労働と行動とスキルを、われわれが頼りにする機械の能力と作業とに適応させることが迫られるだろう。

第３章

オートパイロットについて

二〇〇九年二月一二日夜、コンチネンタル・コネクションのコミューター便が、荒天のなか、ニュージャージー州ニューアークからニューヨーク州バッファローへと向かっていた。現在の民間航空便の例にもれず、当機のパイロットふたりも、一時間ほどのフライトのあいだ、やるべきことはあまりなかった。フロリダ在住の気さくな四七歳の機長、マーヴィン・レンスロウは、手動操縦で離陸を行ない、ボンバルディアＱ４００ターボプロップ旅客機を無事空の上へと導くと、オートパイロットに切り替えた。操縦室をともにしていたのはシアトル在住で新婚の二四歳、副操縦士のレベッカ・ショーで、ふたりは、コクピットにある五つの大きなＬＣＤスクリーンに映し出される、コンピュータからの情報を注視していた。管制官とのあいだで幾度か無線のやり取りもした。お決まりの事柄のチェックも行なった。とはいえ、ターボプロップ機が一万六千フィートの上空を北西へ向かうほとんどの時間、ふたりはあれこれ——家族、仕事、同僚、お金について——楽しく話をしていたのだった。[1]

バッファロー空港が近づき、Ｑ４００はランディングギアとフラップを出して着陸態勢に入ったが、そのとき、機長の操縦桿が騒々しく震えはじめた。揚力を失って、空気力学上失速する恐れがあることを知らせる、失速警報装置が作動したのだ（＊）。失速警報作動時にそうプログラムされているとおり、オートパイロットは停止され、機長が操縦を引き継いだ。機長の行動は素早かったが、やるべきことのまさに正反対を行なってしまった。操縦桿を前に倒すことで機首を下げ、速度を上げるのではなく、操縦桿を引いて機首を上げ、速度を下げてしまったのだ。自動失速回避装置が介入し、操縦桿を前に倒そうとしたが、機長はさらに力強く引いてしまった。失速を止めるどころか悪化させてしまったのである。制御を失ったQ400はきりもみし、急降下した。「落ちる！」と機長が言った直後、飛行機はバッファロー郊外の民家に突っこんだ。

搭乗していた四九名全員と、地上にいたひとりが死亡したこの墜落事故は、決して起こるはずのないものだった。国家運輸安全委員会の調査では、Q400の機体に問題があったことを示す証拠は見つからなかった。着氷はあったが、冬期のフライトとしては通常の範囲内だった。除氷装置も適切に作動しており、他のシステムもそうだった。レンスロウは二日前からやや過密気味のフライト・スケジュールをこなしており、ショーは風邪をひいていたが、どちらの操縦士も、コクピット内ではきちんと眼を覚まし、明晰な状態だったように思われた。ふたりとも充分な訓練を積んでおり、失速警報装置の作動に驚いたとしても、失速の回避に必要な調整を行なうための時間と高度はたっぷりあった。委員会は、事故の原因は操縦士のミスだと結論した。レンスロウもショーも、失速が差し迫っていることの「明白なしるし」に気づかなかったのであり、この見落としには「モニタリング能力の顕著な消耗」が表われている。調査報告によると、警報が作動したとき、機長の反応は「自動的であるはずだったが、彼の行なった不適切なインプットはその訓練に見合わない」ものであり、「驚きと混乱を

＊　用語について：失速〔stall〕という言葉は通常エンジン出力の減少を指すが、航空機の場合、翼の揚力の不足を指す。

呈している」。コンチネンタルのためにこのフライトを受託運航していた航空会社、コルガン・エアの重役は、操縦士たちは緊急時の「状況認識」を欠いていたようだと認めた。[2] クルーが適切に行動していれば、おそらく安全に着地していただろう。

バッファローでの墜落事故だけでは終わらなかった。気味が悪いほどよく似た、しかもはるかに多くの死者を出す事故が、数か月後に起こったのである。五月三一日夜、エールフランスのエアバスA330が、パリへ向かってリオデジャネイロを発った。[3] 離陸から約三時間後、大西洋上で嵐に巻きこまれる。着氷によって速度計の表示に誤りが出はじめたため、オートパイロットは解除された。副操縦士のピエール＝セドリック・ボナンは、狼狽しつつ操縦桿を引いた。A330は機首を上げ、失速警報が大きな音を立てて鳴りはじめたが、まったく無視してボナンは操縦桿を引きつづけた。急角度で上昇すれば、飛行機は速度を失う。速度計が再び作動し、正しい数値を表示しはじめた。速度が下がりすぎていることは、この時点で明らかだったはずだ。だがボナンはなおも間違った操縦を続け、さらなる速度低下を招いた。機は失速し、墜落しはじめる。ボナンが操縦桿から手を放しさえすれば、A330は機体を立て直していただろう。だが彼はそうしなかった。乗務員たちは、のちにフランスの調査報告書が「状況を認知したうえでコントロールすることの、全面的喪失」と呼んだ状態にあった。[4] 痛ましい状態がさらに数秒続いたのち、デイヴィッド・ロバートという別のパイロットが操縦を代わったが、もう遅すぎた。三分のあいだに機は一万三千フィート以上も降下していた。

「こんなことありえない」とロバートが言った。

「じゃあどうなってるというんだ」と、いまだ狼狽しているボナンが言った。

その三秒後、機体は海面に叩きつけられた。乗員・乗客二二八名全員が死亡した。

オートメーションが人間にどんな影響をもたらすかを知りたければ、第一に見るべきは右に挙げた事例である。政府や軍の航空機関だけでなく、航空会社や飛行機製造会社も、きわめて積極的かつ巧緻に、労働を人間から機械へと移している。自動車デザイナーが今日コンピュータでやっていることを、飛行機デザイナーは何十年も前にやっていた。そしてコクピット内でのたったひとつのミスは、何十何百もの生命と、何百万ドルもの損失につながるので、オートメーションの影響に関する心理学的・行動学的調査に、公私問わず膨大な資金がつぎこまれてきたのだった。何十年ものあいだ、オートメーションが操縦士のスキルと知覚、思考、行動にもたらす影響を、科学者とエンジニアたちは研究してきた。人とコンピュータとが共同して活動するとどうなるかについて、われわれが知ることの多くはこれらの研究から来ている。

自動飛行の物語は一〇〇年前、一九一四年六月一八日のパリに始まる。どの文献にあたってもその日は快晴で、完璧な青空は見世物の背景にうってつけだった。市北西郊外のアルジャントゥイユ橋近く、セーヌ川の堤防に、安全飛行のために開発された最新技術を競う航空競技会〔Concours de la Sécurité en Aéroplane〕を見物しようと、大観衆が集まった。[5] およそ六〇の飛行機と飛行士が参加し、見事な技術と装置を披露した。その日のプログラムのラスト、カーチスC－2複葉機を操縦したのは、ローレンス・スペリーという名のハンサムなアメリカ人、コクピットでその後ろに座っていたのはフランス人整備士のエミール・カシャンだった。大観衆の上をとおり過ぎ、審判席に近づいたとき、スペリーは操縦桿から手を離して両手を上げた。群衆から歓声が上がった。飛行機が自力で飛んでいる！

それはまだほんの序の口だった。ぶんぶんと飛び回ったあと、もう一度審判席上を通過する際、彼は再び両手を上げた。しかし今回彼は、カシャンにコクピットの外へ出てもらい、翼間支柱をつかみながら右の下翼上を歩かせた。フランス人整備士の体重で一瞬右に傾いた機体は、スペリーの助けを借りることなくすぐさま立ち直った。歓声はいっそう大きくなった。スペリーはもう一周飛んだ。三回目に審判席に近づいたとき、右翼上にカシャンがいただけでなく、スペリー自身も左翼上に出ていた。誰もコクピットにいない状態で、C－2はしっかりと、ほんとうに飛んでいた。観衆も審判も、驚きのあまり口がきけなかった。スペリーは大賞――五万フラン――を獲得し、翌日彼の顔はヨーロッパ中の新聞の第一面を飾った。

カーチスC－2のなかにあったのが、世界最初のオートパイロットだった。「ジャイロスコピック・スタビライザー」（ジャイロスタビライザー）として知られ、二年前スペリーと、その父親であるアメリカの有名なエンジニアにして実業家、エルマー・A・スペリーとが共同で開発したものだった。この装置は二つのジャイロスコープを、ひとつは水平に、もうひとつは垂直に、飛行士の座席の下部に搭載したもので、プロペラの裏側にある風力発電機から動力を得ていた。ジャイロスコープは一分間に何千回も回転し、その三つの回転軸――横軸にとっての上下動、縦軸にとっての横揺れ、垂直方向にとっての偏揺《かた》れ――で、飛行機の向きを驚くべき正確さで感知することができた。意図された態勢から機体が逸れると、ジャイロスコープ付属の金属製ブラシが装置のフレームの接点に触れ、回路を形成する。飛行機の操縦翼——主翼についている補助翼、尾翼についている方向舵と昇降舵——を操作するモーターに電流が流れこむ。操縦翼は自動的に動いて問題を修正し、機体を立て直す。水平のジャイロスコープは翼を安定させてキール〔竜骨〕を水平に保ち、垂直のジャイロスコープは操縦を受け持つ。

ジャイロスコープを用いたオートパイロットが商業航空に導入されるまでには、米軍の支援を得ての、およそ二〇年にわたる試験と改善が必要だった。だが導入されたとき、このテクノロジーはこのうえなく奇跡的なものに思われた。一九三〇年、『ポピュラー・サイエンス』誌は、オートパイロットを搭載した飛行機——「原動機を三つ搭載した巨大なフォード」——が、オハイオ州デイトンからワシントンDCまでの三時間の飛行を、「人間の助けなしに」行なった様子を興奮して書きつづった。「客室には四人の男がくつろいで座っていた。しかし操縦室には誰もいない。自動車のバッテリーとほとんど変わらない大きさの金属製の飛行士が、操縦桿を握っていたのだ」[6]。三年後、ワイリー・ポストという名の勇敢なアメリカ人飛行士が、「メカニカル・マイク〔整備士マイク〕」と名づけたスペリー社のオートパイロットの助けを借りて、初の世界一周単独飛行を成功させると、マスコミは、航空史における新時代の始まりだと書きたてた。『ニューヨーク・タイムズ』は次のように報じた。「星のない夜、あるいは霧のなかを、ほとんど鳥のような方向感覚と人間のスキルだけで、飛行士が何時間も針路を保った時代は終わった。未来の商業飛行はオートマティックになるだろう」[7]。

ジャイロスコープによるオートパイロットの登場は、軍事と輸送において航空機の役割が大拡張することの布石となった。この装置は、飛行機を安定させ、針路を保つために必要だった肉体労働のほとんどを引き継ぎ、操縦桿やペダル、ケーブル、滑車と悪戦苦闘しつづけることから操縦者を解放した。長時間のフライトによる疲労を軽減しただけではない。それは操縦者の手を、眼を、さらには最も重要なこととして頭脳を解放し、他のもっと繊細な作業をできるようにしたのだ。操縦者はより多くの装置を扱い、より多くの計算を行ない、より多くの問題を解決し、そして一般的に、仕事についてもっと分析的かつ創造的に考えられるようになった。墜落のリスクは低くなり、より高く、より遠くまで飛べるようになった。かつてであれば陸上にいなければならなかった天候のときでも飛び立てるようになった。そして、以前であれば無謀だと、あるいは単に不可能だと思われていたような複雑な作業も行なえるようになった。オートパイロットが飛行を助けてくれるようになってから、乗客を運ぶのであれ爆弾を落とすのであれ、パイロットは以前よりも格段に多芸で価値ある存在となったのだ。乗る飛行機も変わった。より大きく、速く、はるかに複雑になった。

自動操縦と自動安定飛行のための装置は一九三〇年代に急速に進歩する。この時代、物理学において空気力学の理解が進み、エンジニアは気圧計や気圧制御装置、ショック・アブソーバーなどを導入してオートパイロット装置を改善した。最大のブレイクスルーは一九四〇年、スペリー社が初の電子的モデル、A－5を導入したときである。真空管を用いてジャイロスコープからの信号を増幅するA－5は、より素早く、より正確に調整と修正を行なうことができた。また、速度と加速を感知し、それらの変化に対応することもできた。最新の爆撃照準テクノロジーと電子オートパイロットとの組み合わせは、第二次世界大戦時の連合軍の軍事行動にとって、大きな恵みとなった。

戦争終結後間もない一九四七年九月のある夜に、米国空軍が行なった実験飛行は、オートパイロットの到達点を明らかにするものだった。空軍のテストパイロット、トマス・J・ウェルズ大尉は、七名のクルーとともにC-54スカイマスター輸送機を、ニューファンドランドの滑走路へ向かって徐行運転していた。そして操縦桿から手を放し、ボタンを押してオートパイロットを起動すると、コクピットにいた同僚のひとりがのちに語ったところによれば「座席にからだをうずめ、両手を膝に置いた」[8]。飛行機はひとりでに離陸し、フラップやスロットルを自動的に調整した。空中に浮かび上がってしまうと自分で車輪をしまった。それから、クルーが「機械の脳」と呼ぶもののなかにプログラムされていた一連の「シーケンス」に従いながら、自力で大西洋を横断した。シーケンスはそれぞれ、特定の高度や飛行距離に応じていた。乗員たちはルートも目的地も知らされていなかった。機は、地上や船上の無線標識からの信号をモニタリングすることで、自分の針路を保っていた。翌日の明け方、C-54はイギリスの海岸に到達した。オートパイロットに制御されたまま機体は降下していき、車輪を出し、オックスフォードシャーにある英国空軍基地の滑走路に機首の向きをぴたりと合わせると、完璧な着陸を行なった。そこでウェルズ大尉は膝から手を放し、機体を停止させた。

スカイマスターによる画期的飛行の数週間後、イギリスの航空雑誌『フライト』の書き手が、この出来事の意味を考察した。飛行機に「ナビゲーターや通信士、フライト・エンジニア（機関士）を乗せる必要性」を、新世代のオートパイロットは必然的に「捨て去る」だろうと彼は書く。機械のせいで、これらの職は冗長な存在になるだろう。パイロットについては、そこまで不要ではないように思われると彼は言う。少なくとも予見しうる範囲の未来においては、彼らはまだコクピットで必要な存在だろう。その役割は「さまざまな計器を監視して、全部上手く行っているかどうかを確認する」ことだ。[9]

C－54の大西洋横断から四〇年後の一九八八年、ヨーロッパの国際協同会社エアバス・インダストリーが、A320旅客機を導入した。一五〇席のこの旅客機は、初代モデルのA300より小さくなっていたが、保守的でやや冴えないものだった前のモデルとは違い、驚くべき飛行機だった。真にコンピュータ制御化されたと言える最初の民間旅客機であり、のちのあらゆる飛行機デザインの先駆けだった。操縦室は、ワイリー・ポストにもローレンス・スペリーにも理解不能なものだったろう。長年飛行機のコクピットを特徴づけていた、アナログのダイアルや計器が全部取り払われていた。その代わりに、ブラウン管タイプのガラススクリーンが六つ、風防ガラスの下に設置されて輝いていた。このディスプレイには、機に搭載されたコンピュータ・ネットワークから送られる、最新のデータや数値が映し出された。

A320の特徴は、モニターに覆われた操縦室――パイロットからは「グラスコクピット」と呼ばれた――だけではなかった。フライトに必要な情報を伝えるのにCRT（ブラウン管）スクリーンを用いることは、その一〇年以上前に、NASAのラングレー研究所の技術者たちが開発しており、ジェット機製造会社も、旅客機にスクリーンを搭載することを一九七〇年代後半には始めていた。[10] A320をほんとうに特別なものとしていたのは――そしてアメリカの作家でありパイロットであるウィリアム・ランガウィーシュの言葉によれば、これを「ライト兄弟の飛行機以来、最も大胆な民間機」[11]にしていたものは――デジタル・フライ・バイ・ワイヤ・システムだった。A320の登場以前、民間機は機械入力で動いていた。胴体と翼のなかにはケーブルや滑車、歯車が、油圧パイプやポンプ、バルブとともに張りめぐらされていた。パイロットが操作する操縦装置――操縦桿、スロットルレバー、ラダーペダル――は、機体の向きや速度に関わる可動部分に、機械システムによって直接つながっていた。パイロットが動作を起こせば、機体は反応した。

自転車を止めるときはブレーキレバーを握り締める。するとブレーキワイヤーが引っぱられてキャリパーが狭まり、これによってタイヤのリムにパッドが押しつけられる。要するに、手からコマンド――停止せよという信号――を送っているのであり、このコマンドの入力を、ブレーキ・メカニズムが車輪まで伝えているのだ。そして、コマンドが受け取られたという手ごたえを手が感じ取る。キャリパーの抵抗が、リムに対するパッドの締めつけが、路上で車輪がスリップするのが、ブレーキレバーから伝わってくる。かなりスケールは小さくなるが、これこそがまさに、パイロットが機械的に飛行機を操縦するときの手ごたえだ。パイロットは機械の一部となって、その動作と反応を身体で感じ取る。機械に彼らの意思が行きわたる。人間と機械とがこのように深くからみ合うことこそが、飛行のスリルをもたらす根本的要素であった。有名な飛行士作家のアントワーヌ・ド・サン＝テグジュペリが、郵便機を操縦していた一九二〇年代を回想し、「最初は、人間を自然の大問題から切り離す手段であるかのように思われる機械が、実際には、彼をより深くその大問題に飛びこませる」[12]と書いたとき、念頭にあったのはこうしたことであったろう。

A320のフライ・バイ・ワイヤ・システムは、パイロットと飛行機との触覚的リンクを断ち切った。人間によるコマンドと機械によるレスポンスとのあいだに、デジタル・コンピュータを挿入したのだ。コクピットでパイロットがスティックを動かしたり、ノブを回したり、ボタンを押したりすると、その命令は変換器を通じて電気的信号へと翻訳される。信号はワイヤをとおって瞬時にコンピュータへと送られ、コンピュータは、ソフトウェア・プログラムのステップ・バイ・ステップ・アルゴリズムに従い、パイロットの希望をかなえるのに必要なさまざまな機械的調整を計算する。それからコンピュータは、機体の可動部分の動作を統制するデジタル・プロセッサに、自身の指示を送る。機械的動きがデジタル信号に取って代わられたのに応じ、コクピットのデザインも変わった。ケーブルを引いたり、作動液を圧縮したりしていた、両手でつかむ重々しい操縦桿は、A320ではパイロットの座席横に設置され、片手で扱うことのできる「サイドスティック」に置き換えられた。正面のコンソールには、たくさんの小さなLEDディスプレイとともにノブが並び、パイロットはこれを回して、速度や高度、方向をコンピュータにインプットする。

A320の導入ののち、飛行機の物語とコンピュータの物語はひとつになった。ハードウェアとソフトウェア、電子的センサー、操縦装置、ディスプレイ・テクノロジーにおけるすべての進歩が民間航空機の設計のなかでこだまし合い、飛行機メーカーと航空会社は、オートメーションを先へ先へと進めていった。今日の旅客機において、機体の安定と針路を保つオートパイロットなど、数あるコンピュータ・システムのひとつに過ぎない。エンジン出力はオートスロットルがコントロールしている。フライト・マネジメント・システムがGPS受信機などのセンサーから位置データを集め、この情報を用いて航路を定めたり調整したりしている。近くに他の飛行機がいないか、衝突回避システムが空をスキャンして調べる。かつてはパイロットが書類として持ち歩いていた図面なども、電子フライトバッグがデジタル・コピーを蓄積してくれている。ほかにもまだ多くのコンピュータが、着陸用の車輪を出し入れしたり、ブレーキを作動させたり、客室内の気圧を調整したりなど、かつて乗務員の手にまかされていたさまざまな作業を行なっている。コンピュータをプログラムしたり、そのアウトプットをモニターするのには、パイロットは現在、電子飛行計器システムが送り出すデータをディスプレイした、カラフルで大きなフラット・スクリーンと、キーボードやキーパッド、スクロールホイールなどのインプット・デバイスを使っている。今日の飛行機においてコンピュータ・オートメーションは「あまねく広がっている」のだと、航空学教授で人間工学のエキスパートであるドン・ハリスは言う。操縦室は「空飛ぶ巨大コンピュータのインターフェイスだと考えられる」[13]。

そして、ハイテクのグラスコクピットに身をうずめ、スペリーやポストやサン＝テグジュペリの亡霊のかたわらで空を駆け抜ける、現代の飛行少年、飛行少女たちはどうなったのだろう？　言うまでもなく、商業パイロットという職からは、ロマンスと冒険のオーラが失われてしまった。操縦桿とペダルを操り、感覚で飛ぶ男たちは、いまや現実ではなく伝説の存在となっている。今日の旅客機の典型的なフライトの場合、パイロットが操縦装置を操作するのは合計三分――離陸時に一、二分と、着陸時にまた一、二分だ。残りの時間はまるまる、スクリーンをチェックしたりデータを打ちこんだりするのに使われる。「われわれは、オートメーションがパイロットの仕事のコントロールを助ける道具だった世界から、飛行機の第一の操縦システムである地点にまで来てしまった」と、飛行安全財団代表のビル・ヴォスは言う[14]。航空研究者で連邦航空局のアドヴァイザーであるヘマント・バーナは次のように書く。「オートメーションが高度になるにつれ、パイロットの役割は、オートメーションのる。

監視者または監督者へとシフトしている」[15]。旅客機のパイロットはコンピュータ・オペレータになったのだ。そしてそれが、航空やオートメーションの専門家たちの現在の考えによれば、問題なのである。

ローレンス・スペリーは一九二三年、飛行中にイギリス海峡に墜落して死亡した。ワイリー・ポストは一九三五年、アラスカに墜落して死亡した。アントワーヌ・ド・サン゠テグジュペリが死亡したのは一九四四年、地中海上で消息を絶ったときだった。航空史初期、夭折は飛行士の職業的宿命のようなものだった。ロマンスと冒険は高くつくのだ。乗客の死亡事故も驚くべき頻繁さで起こっていた。航空産業が形成された一九二〇年代、米国のある航空雑誌の出版社は、「経験の浅いパイロットが操縦することで、乗客が死亡する事故が日々数多く起こっている」として、フライトの安全性の向上を政府に求めた[16]。

空の旅が命がけだった時代は、ありがたいことに過ぎ去った。いまでは安全であり、そして航空産業に関わるほぼすべての人々は、その理由のひとつがオートメーションの進歩だと考えている。機体設計の改善や、安全のための決まりごと、乗務員の訓練、管制室によるコントロールなどと並び、フライトの機械化とコンピュータ化は、事故数と死者数を何十年にもわたり、急速かつ着実に減少させてきた。欧米では、旅客機墜落事故はきわめてまれなものとなっている。二〇〇二年から一一年までの一〇年間に、合衆国の民間旅客機に搭乗した七〇億以上の人々のうち、事故で亡くなったのはわずか一五三名、一〇〇万人にふたりの割合である。これに対して、一九六二年から七一年までの一〇年間、搭乗者一三億名のうち亡くなったのは一六九六名、割合にして一〇〇万人につき一三三名にものぼった。[17]

だがこの明るい話には、暗い注がついている。墜落事故全体の数の減少は、最近の「際立って新しいタイプの事故」の登場を覆い隠してしまっていると、ジョージ・メイソン大学心理学教授にして、オートメーションの世界的権威であるラジャ・パラスラマンが述べているのだ。[18] フライト中、搭載されたコンピュータ・システムが意図されたとおりに働かなくなった場合、あるいは予想外の問題が生じた場合、パイロットは手動操縦を余儀なくされる。いまやまれになった役割へといきなり押し出された彼らは、かなりの頻度で間違いを犯す。その結果は、コンチネンタル・コネクションとエールフランスの事故の例が示しているとおり、破滅的なものとなりうる。この三〇年間、多くの心理学者やエンジニア、さらには人間工学、つまり「人的要因《ヒューマンファクター》」の研究者たちは、パイロットとソフトウェアとがフライト業務をシェアした場合、何が得られ、何が失われるかを研究してきた。それによってわかってきたのは、コンピュータ・オートメーションに過度に依存すると、パイロットの専門技術が浸食され、反応が鈍り、注意力が減じる可能性があり、ついにはイギリスのブリストル大学に籍を置くヒューマンファクターの専門家、ジャン・ノイズの言う「乗務員のスキル棄却〔a deskilling of the crew〕」を招きうるということだった。[19]

フライト・オートメーションの意図せざる副作用への懸念自体は、新しいものではない。少なくとも、グラスコクピットとフライ・バイ・ワイヤ操縦の初期の時代にまでさかのぼる。一九八九年にNASAのエイムズ研究センターが発表したレポートによると、それまでの一〇年間で機内にコンピュータが増殖したことにより、産業と政府の研究者たちは「コクピットがあまりに自動化されすぎているのではないか、人間の役割が徐々に機械に取って代わられることは必ずしも祝福されるべきことではないのではないかとの不安をつのらせて」いた。フライトのコンピュータ化に世間全般が熱狂しているなかで、航空産業にいる多くの者たちは、「パイロットがオートメーションに過度に依存するようになりつつあるため、手動操縦のスキルが衰え、状況認識力が落ちるかもしれない」と憂慮していた[20]。

以来行なわれてきた研究は、多くの事故やニアミスを、オートメーション・システムの故障や、乗務員による「オートメーションが誘発したミス」と関連づけている[21]。二〇一〇年、連邦航空局は、民間航空路線についての過去一〇年にわたる予備調査結果を発表し、全墜落事故の三分の二近くが、パイロットのミスと関連していることを明らかにした。連邦航空局所属の科学者キャシー・アボットによると、この調査はさらに、オートメーションがこうしたミスをより多く作り出していると示している。パイロットは、搭載されたコンピュータとのやり取りに気を取られてしまい、「責任をオートメーション・システムに過度に譲り渡してしまう」ことがあるのだとアボットは言う[22]。同じデータに基づいて専門家会議がまとめた、コクピット・オートメーションに関する二〇一三年の大規模な政府レポートは、状況認識の衰えや手動操縦スキルの低下といったオートメーション関連の問題が、近年の事故の半数以上と関わるとしている[23]。

事故報告書や調査から得られる事例的証拠を実験によって裏づけたのが、工学部門でイギリスのトップの位置にあるクランフィールド大学の、若手ヒューマンファクター研究者、マシュー・エバトソンが厳密に行なった研究である。[24]「高度にオートメーション化された航空機のパイロットの、手動操縦スキルの喪失」と自身が呼ぶものについて、厳密で客観的なデータが存在しないことを不満に思ったエバトソンは、この欠落を埋めることに乗り出した。英国の航空会社のベテランパイロット六六名の協力を仰ぎ、フライト・シミュレータで、困難な課題――悪天候のなか、エンジンから煙が出ているボーイング737を着陸させる――に挑んでもらったのだ。シミュレータはオートメーション・システムの作動を止め、パイロットに手動操縦を強制する。エバトソンの報告によると、きわめてすぐれた結果を残したパイロットもいたが、多くはひどいもので、「許容可能な範囲」をかろうじて超えるぐらいだった。それからエバトソンは、各パイロットがシミュレータで残したパフォーマンスの詳細――操縦桿に加えられた圧力、対気速度の安定性、針路の変化の程度――と、過去のフライト・レコードでのそれとを比較した。パイロットの操縦能力と、オートメーションの助けなしに飛行した時間の長さとのあいだに、直接的相関関係があるのが見出された。相関性はとりわけ、過去二か月間の手動操縦時間とのあいだに強く見られた。「適度な頻度での実践を行なわないと、手動操縦のスキルはきわめて急速に、「容認しうる」パフォーマンスの限界にまで低下する」と、この分析は示している。特に「低下しやすい」のは、エバトソンの指摘によれば、「対気速度コントロール」を維持する能力だった――失速などの危険な状況の認識や回避、およびそこからの回復のために、決定的に重要なスキルである。

パイロットの能力をオートメーションが下げることには、不思議なところは何もない。困難な仕事の多くがそうであるように、飛行機を操縦することには、精神運動的スキルと認知的スキルの組み合わせがともなう――思慮に富む行動と、行動的思考の組み合わせだ。パイロットは、道具や計器を正確に扱うと同時に、頭のなかで計算や予想、評価を、素早くかつ正確に行なわねばならない。そしてこれらの複雑な知的・身体的活動を行なう一方で、周囲で起こっていることにつねに気を配り、重要なシグナルとそうでないものとを見分けなければならない。フォーカスを失ってもいけないし、視野狭窄に陥ってもいけない。このような広範囲にわたるスキルをマスターするには、ただ厳しい実践あるのみだ。パイロット初心者は操縦装置の扱いが不器用で、必要以上に力を入れて操縦桿を押し引きする傾向にある。次に何をするのか思い出そうとして止まってしまうこともしばしばで、一歩一歩順序立てて進んでいくことしかできない。肉体的作業と認知的作業とのあいだをスムーズに行き来するのも困難だ。ストレスのかかる状況が生じると、あっという間に頭が真っ白になったり、うろたえたりしてしまい、周囲の重大な変化を結局見落としてしまう。

リハーサルを何度も繰り返すうち、やがて初心者は自信をつける。作業中に止まることも少なくなり、動きも正確になる。無駄な努力などないのだ。経験が深まるにつれ、脳内ではいわゆるメンタルモデル――専用のニューロンの集合体――が発達し、周辺にあるパターンが認識できるようになる。意識的分析を経ることなく、直感的に刺激を解釈し、反応することを、このモデルは可能とする。結果、思考と行動はシームレスにつながる。飛行機操縦は第二の天性となる。パイロットの脳内の活動を研究者が探索しはじめるよりはるか昔、熟練者の飛行経験を、ワイリー・ポストは平易かつ正確な表現で言い表わしていた。一九三五年の言葉によれば、彼は「知的努力はせず、自分の行動を完全に潜在意識にコントロールさせて」飛んでいたのだった。[25] 生まれつきその能力を持っていたわけではない。努力して発達させたのだ。

コンピュータが入ってきて、この作業の性質と厳しさは変化し、その学習もまた変化した。瞬間ごとの機体のコントロールをソフトウェアが引き受けたことで、すでに見てきたとおり、パイロットは肉体労働の多くから解放された。責任の割り当てがこのように変化したことは、重要な恩恵をもたらした。肉体的負担を削減されたパイロットは、フライトの認知的側面に集中できるようになったのである。だが引き換えに失ったものもあった。精神運動的スキルがさびついたため、操縦に戻ることを要求される、まれな、しかし重大な機会において、パイロットが身動きを取れなくなるケースが出てきたのだ。またいくつかの事例は、オートメーションの範囲が近年拡大したことで、認知的スキルも危機にさらされていることを示している。より進化したコンピュータが登場し、フライト・プランの設定や調整など、計画や分析の役割をも引き受けるようになれば、パイロットは身体的にだけでなく、精神的にも関与の度合いが減るだろう。パターン認識の正確さと速さは、実践を恒常的に行なっているかどうか次第であるようなのだから、急速に変化する状況を解釈し、反応する知的機敏さを、パイロットは失っていくかもしれない。運動能力だけでなく知的能力においても、エバトソンの言う「スキルの消滅〔skill fade〕」をこうむるかもしれないのだ。

パイロットも、オートメーションが強いる犠牲に気づいていないわけではなかった。責任を機械に引き渡すことにいつも慎重だった。ドッグファイトでの操縦技術に当然ながら誇りを持っていた第一次世界大戦の飛行士たちは、目新しげなスペリー社のオートパイロットとまったく関わりを持ちたがらなかった。[26]一九五九年、マーキュリー計画の宇宙飛行士たちは、NASAが宇宙船から手動操縦装置を外そうとしたことに反対した[27]。だが、飛行機の操縦者たちの不安は、現在いっそう激しいものとなっている。フライト・テクノロジーから受けている莫大な恩恵を讃え、安全上・効率上の利得を認識しながらも、みずからの才能が損なわれることを彼らは懸念している。研究の一環としてエバトソンは、「高度にオートメーション化された飛行機を操作する経験によって、自分の手動操縦能力が影響されたと思うか」と、旅客機のパイロットたちに尋ねた。四分の三以上が「スキルが衰えた」と回答したのに対し、スキルが向上したと感じているのはごくわずかだった[28]。二〇一二年に欧州航空安全機関がパイロットを対象に行なった調査でも、同様の懸念の広がりが見られ、オートメーションは「基本的な手動操縦スキルと認知的操縦スキル」を浸食する傾向があると、九五パーセントのパイロットが答えた[29]。長年ユナイテッド航空の機長を務め、航空機パイロット協会安全役員のトップの職に近年まであったロリー・ケイは、航空産業は「オートメーション依存症」をわずらっているのではないかとの不安を感じている。AP通信による二〇一一年の取材のなかで、彼はこの問題を厳しい表現で言い表わした。「われわれは飛び方を忘れつつある」[30]。

皮肉屋たちは、こうした恐れをすぐさま利己心のせいにする。彼らの主張によれば、パイロットがオートメーションに不満を持つ真の理由は、失業、ないし給料の削減への不安なのだ。そして皮肉屋たちはある程度まで正しい。『フライト』誌の書き手が一九四七年に予言したとおり、オートメーション・テクノロジーは、乗務員の人数を削ぎ落としたのだった。六〇年前、航空機の操縦室は多くの場合、熟練した高給取りの専門職のための座席を五つ備えていた。ナヴィゲーター、通信士、フライト・エンジニア、およびパイロットふたりの席である。通信士は一九五〇年代、コミュニケーション・システムが以前より安定して使いやすくなったことで、座席を失った。ナヴィゲーターは一九六〇年代、慣性航法システムがその責務を引き継いだため操縦室から押し出された。一連の計器を監視し、重要な情報をパイロットに伝えるなどの作業を行なっていたフライト・エンジニアは、一九七〇年代終わりにグラスコクピットが登場するまで、その座席を保持していた。一九七八年、民間航空規制緩和法の発効にともない、航空会社はコストを削減しようとエンジニアの席を廃止し、機長と副機長だけで操縦させることにした。エンジニアの職を守ろうとしたパイロット組合とのあいだに、苦々しい戦いが勃発した。争いが終わったのはようやく一九八一年、旅客便の安全な運航のためにもはやエンジニアは必要ないと、大統領諮問委員会が宣言したときだった。以来、乗務員ふたりでの操縦が規範となっている——少なくとも現在のところは。専門家のなかには、軍の無線操縦無人機の成功を引き合いに出して、パイロットふたりもいずれは多すぎることになるだろうと言いはじめた人たちもいる。[31] ボーイング社重役のジェイムズ・オールバーは、二〇一一年のとある航空会議でこう述べた。「パイロットなしの旅客機もやがて登場するだろう。あとはそれがいつになるかだけだ」。[32]

オートメーションの広まりには、旅客機パイロットの報酬の着実な減少がともなっている。ベテラン機長がいまも二〇万ドル近い給与を稼ぐことができているのに対し、今日の駆け出しパイロットは年間二万ドルしか支払われておらず、なかにはそれより少ない者もいる。経験のあるパイロットが、主要航空会社に籍を置いて最初に支払われる給与はおよそ三万六千ドルであり、これは『ウォールストリート・ジャーナル』紙記者の指摘するとおり、「中堅専門職としてはひどく低い」金額だ。[33] 給与のつつましさにもかかわらず、いまだ一般には、パイロットは報酬過剰だと思われている。ウェブサイト「Salary.com」のある記事は、旅客機パイロットのことを、今日の経済において「最も給料の多すぎる」専門職と呼び、「その仕事の多くはオートメーション化されて」いて、彼らの仕事は「ちょっと退屈」なものになっていると述べている。(34)

だがパイロットの利己心は、オートメーションの問題となると、雇用の安定や報酬、あるいはパイロットたち自身の安全さえよりも、はるかに深いところに関係するものだ。テクノロジーの進歩は、仕事内容と果たすべき役割とを必ず変化させるのであり、そのため、みずからをどう見るか、および他者からどう見られるかをも、必ず変化させる。社会的地位が、さらには自己の感覚さえもが動くのだ。だからパイロットがオートメーションの話をする場合、彼らは技術的なことだけでなく、自伝的なことをも語っていることになる。自分は機械の主人なのだろうか、それとも従僕なのだろうか？世界における行為者なのだろうか、観察者なのだろうか？　行為する主体なのだろうか、対象なのだろうか？　MITのテクノロジー史研究者、デイヴィッド・ミンデルは、著書『デジタル・アポロ〔*Digital Apollo*〕』のなかで次のように書いている。「実際のところ、飛行機の操縦とオートメーションに関する議論は、人間と機械との相対的重要性に関する議論なのである」。道具を用いて作業するあらゆる分野においてと同様、航空においては、「技術の変化と社会の変化とがからみ合っている」(35)。

パイロットは自分をつねに、自身の技術との関連で定義してきた。ウィルバー・ライトは、航空におけるもうひとりのパイオニアであるオクターヴ・シャヌートに宛てた一九〇〇年の手紙のなかで、パイロットの役割に関し、「何よりも必要なのは機械よりもスキルなのです」と書いている。(36)　彼はただの紋切型を述べたのではない。人間の飛行の歴史の黎明期においてすでに登場していた、飛行機の能力とパイロットの能力とのあいだの、重大な緊張関係に言及していたのだ。初期の飛行機の設計者たちは、機体をどれほど安定的なものにすべきかを議論し合っていた――あらゆる状況においてまっすぐ水平に飛ぶ傾向を、どのくらい強く持たせるべきか。飛行機は安定性があるほどいいに決まっていると思われるかもしれないが、そうではない。安定性と操作しやすさとはトレードオフの関係にある。安定性が大きくなれば、パイロットがコントロールするのが難しくなるのだ。ミンデルは以下のように説明する。「安定していればいるほど、平衡状態になっている点から機体を外すのが困難になる。したがって、この機体はコントロールしづらいということになる。逆もまた真だ――コントロールしやすく、操作しやすくなればなるほど、その飛行機は安定性が低くなる」[37]。一九一〇年に刊行されたある航空学の本は、平衡の問題が「飛行家たちを二派に分ける論点」になっていると述べている。一方には、平衡状態が「ほぼ自動的に」保たれるべきだと論じる者たちがいた――つまりそのような飛行機を造るべきだということだ。他方の派閥は、平衡状態を「飛行家のスキルの問題」にすべきだと主張していた[38]。

ウィルバーとオーヴィルのライト兄弟は後者に属していた。飛行機は自転車のように、あるいはウィルバーの言葉によると「はねっかえりの馬」のように、基本的に不安定であるべきだ[39]。そうすればパイロットは、可能なかぎりの自律性と自由を得られるだろう。兄弟はこの哲学を自分たちの造る飛行機に反映させ、安定性よりも操作しやすさを優先した。二〇世紀初頭にライト兄弟が発明したのは、ミンデルによれば、「空を飛べる飛行機というだけでなく、パイロットという人間のコントロール下に置かれる動力機械としての飛行機という、まさにその概念であった」[40]。工学上の判断より前に、倫理的選択があったのである。すなわちこの装置を、それを操作する人間に従属させ、人間の才能と意思の道具とすること。

やがてライト兄弟は平衡論争に敗北する。飛行機が乗客や、価値のある荷を遠くまで運ぶようになると、パイロットの自由や妙技への関心は二の次になった。第一に重要なのは安全と効率性であり、これらを増進させるためには、パイロットの行動範囲を限定し、機械自体にいっそうの権威を与える必要があると、じきに明らかになったのだ。その移行は漸次的なものであったが、テクノロジーが前よりも少し大きな力をつけるたび、パイロットは自分自身が少しずつ滑り落ちていくように感じたものだ。自動飛行を推し進めようとする動きに、大胆にも立ち向かおうとした一九五七年のある記事のなかで、J・O・ロバーツという名の戦闘機のトップ・テストパイロットは、オートパイロットがコクピット内の人間を、「モニタリングの義務を果たしているだけの余分な荷物」同然のものにしていると言っていらだっている。パイロットは「自力でやっているのかどうか」わからなくなっているとロバーツは書く[41]。

だが、ジャイロスコープを用いた発明も、電子機械や計器や油圧関連の開発も、デジタル化がやがてもたらすことのごく一部に触れたに過ぎなかった。コンピュータはフライトの性格を変えただけではない。オートメーションの性格をも変えたのだ。それはパイロットの役割を、「手動操縦」という概念自体が時代遅れに見えるところにまで引き下げた。パイロットの仕事の本質が、コンピュータにデジタル・インプットを行ない、コンピュータのデジタル・アウトプットをモニタリングすることにある——一方コンピュータは、飛行機の可動部分を統御し、その針路を選択する——とすれば、どこが手動でコントロールされているというのだろう? コンピュータ化された飛行機のパイロットが、操縦桿を引いたりスティックを押したりしているときでさえ、実際に彼らがやっているのは、手動操縦のシミュレーションであることが多い。すべてのアクションが媒介され、マイクロプロセッサにフィルタリングされている。とはいっても、ここにはもはや重要なスキルなど関わってはいない、というわけではない。重要なスキルはある。しかしそのスキルは以前とは変化していて、いまでは遠くから、ソフトウェアという紗幕の裏側から適用されるものになっている。今日の旅客機の多くでは、極端に困難な飛行の際、パイロットのインプットをソフトウェアが却下できるようにさえなっている。最終的な権限はコンピュータにあるのだ。かつてワイリー・ポストについて、仲間の飛行士は言ったものだ。「彼は飛行機を操縦していたのではない。飛行機を着ていたんだ」[42]。現代のパイロットが着るのは飛行機ではない。飛行機のコンピュータを着ているのだ——あるいはおそらく、コンピュータがパイロットを着ているのだろう。

この数十年間に航空産業に起こった変化——機械システムからデジタルシステムへの移行、ソフトウェアとスクリーンの増殖、肉体労働のみならず頭脳労働もオートメーション化されたこと、パイロットという存在が意味するものの曖昧化——は、社会が現在経験しつつある、はるかに広範な変化にとってのロードマップとなっている。ドン・ハリスが指摘したとおり、グラスコクピットは「至るところでコンピュータが機能する」世界のプロトタイプと考えられる[43]。また、パイロットたちの経験は、オートメーション・システムのデザインのあり方と、そのシステムを使う人々の心身の働きとのあいだにある、微細な、けれどもしばしば強力であるつながりをも明らかにしている。スキルが浸食され、知覚が鈍り、反応が緩慢になる実例の多さは、われわれ全員を立ち止まらせ、ためらわせる。グラスコクピットの内部で生きはじめたわれわれは、パイロットたちがすでに知っている事実を、やがて発見する運命にあるように思われる。その事実とはこうだ――グラスコクピットは、ガラスの檻《グラス・ケイジ》にもなりうる。

第４章

脱生成効果

一〇〇年前、著書『数学入門』のなかで、イギリスの哲学者アルフレッド・ノース・ホワイトヘッドはこう書いた。「文明は、われわれが思考することなく行なうことのできる重要なオペレーションの数を増大させることで進歩する」。機械について書いているのではない。概念や論理過程を表現する、数学的シンボルについて書いているのだ〔オペレーションには「活動」「機械の動作」「演算」などの意味がある〕――知的活動をコードに要約した初期の例である。だが彼は、この考察が一般的なこととして受け取られるよう意図していた。「自分のしていることについて考えるという習慣を涵養せねばならない」というありふれた考え方も、「根本から誤っている」と彼は書く。お決まりの雑務を精神から取り払い、テクノロジーの助けによって作業の重荷を軽くすればするほど、より多くの知的パワーを、きわめて深く、きわめてクリエイティヴな種類の推論や推測のために取っておくことができるだろう。「思考のオペレーションは、戦いにおける騎兵隊の突撃のようなものだ――回数が厳密に限られており、生きのいい馬が必要で、決定的な瞬間にのみ行なわれねばならない」[1]。

進歩の土台としてのオートメーションに対する信頼の気持ちの表現として、これ以上に簡潔、または自信にあふれたものは想像しづらい。ホワイトヘッドの言葉に暗示されているのは、人間の活動にはヒエラルキーが存在するという考えである。道具や機械に、あるいはシンボルやソフトウェア・アルゴリズムに仕事を託すたび、われわれは解放され、いっそうの器用さ、いっそう豊かな知性、いっそう広い視野を必要とする、より高度な活動へと上ることができる。一段上がるごとに何かを失うかもしれないが、最終的に得られるものははるかに大きい。極端な方向にまで持っていけば、解放としてのオートメーションというホワイトヘッドの考えは、ワイルドやケインズ、マルクスの、最も明朗なかたちでのテクノ・ユートピア主義となる——機械がわれわれを世俗の労働から自由にし、長閑な喜びに満ちたエデンの園へと引き戻すだろうという夢だ。だがホワイトヘッドは夢想にひたっていたわけではない。どのように時間を使うか、何に労力を向けるかについての、実用的な指摘をしていたのである。一九七〇年代のある刊行物のなかで、合衆国労働省は秘書の仕事内容を「ルーティンワークを引き受け、雇用者がもっと重要な事柄に取り組めるようにすること」と要約している。[2] ホワイトヘッドの観点からすると、ソフトウェアなどのオートメーション・テクノロジーも、類似した役割を果たすものである。

ホワイトヘッドの考えを証拠立てる事例を、歴史は数多く提供している。てこや車輪、そろばん等の発明以来、人間は身体的にも精神的にも、雑務を道具へとゆだねてきた。仕事を譲渡したことで、われわれはより困難な課題に挑戦し、より大きな達成を行なうことができた。それは農場でも、工場でも、実験室でも、家庭でも言えることだ。だが、われわれはホワイトヘッドの考察を普遍的真理と取るべきではない。彼がこれを書いたのは、きちんと定義可能ではっきりとした内容の、反復的作業にオートメーションが限定されていた時代なのである——たとえば蒸気機関を用いた力織機による織布、コンバインによる収穫、計算尺を用いた掛け算に。いまではオートメーションは変わってしまっている。すでに見てきたとおりコンピュータは、緊密に関連し合うタスクを連続的に実行する——それは、さまざまな変数を次々に求めることで可能となる——という複雑な活動を、行なったりサポートしたりするようプログラムできるようになっている。今日のオートメーション・システムでは、観察と感知、分析と判断、さらには決定といった、最近まで人間だけの領域だと思われていた知的労働をも、コンピュータがしばしば引き受けている。コンピュータを操作する者はハイテク事務員の役割をまかされ、データを入力し、アウトプットをモニタリングし、不具合がないかを見張る。共同作業している人間に、ソフトウェアは思考と行動の新たなフロンティアを開くのではなく、むしろその視野を狭めていく。われわれは繊細な専門的能力を、もっと決まりきった、あまり特徴のない能力と引き換えにしている。

われわれのほとんどはホワイトヘッドと同様、オートメーションをよいものだと考えている。われわれをより高度な職へと引き上げてくれるものの、その他の点では、行動や思考のあり方を変えるものではないと思っている。だがそれは誤謬だ。オートメーションの研究者が「代替神話〔substitution myth〕」と呼ぶものの表われである。労働節約の装置は、ある仕事のなかから、切り離し可能な限られた部分だけを代替するのではない。それに参加する人々の役割、姿勢、スキルを含めた、仕事全体の性格を変えるのだ。ラジャ・パラスラマンが二〇一〇年に雑誌論文のなかで述べたとおり、「オートメーションは人間の活動に取って代わるのではなく、むしろその活動を変化させる。その変化は、設計者の意図や予想とは違うかたちになることも多い」(3)。オートメーションは、労働と労働者の両方を作り変える。

コンピュータの助けを借りてタスクに取り組む者は、「オートメーション過信〔automation complacency〕」と「オートメーション・バイアス〔automation bias〕」という、二つの認知的不調に陥りがちである。どちらも、思考することなく重要な作業を行なう――ホワイトヘッドが推奨する行為だが――ときに、待ち構えている罠を明らかにしている。

オートメーション過信は、コンピュータがわれわれを偽りの安心感へと誘いこむことで生じる。機械は不具合なく動くだろう、難題にもすべて対処してくれるだろうと信じこむと、われわれの注意力はさまよいはじめる。仕事から、または少なくともソフトウェアが対処している部分の仕事からわれわれは離れ、その結果、何らかの不具合を知らせるシグナルを見落としてしまう。コンピュータに向かっているときのこの種の過信は、ほとんどの人が経験している。メールやワープロのソフトウェアを使う際、スペルチェッカーがオンになっているからと、スペルの確認を怠りがちだ[4]。これはごく素朴な例で、最悪でも恥ずかしい思いを一瞬する程度である。だが、航空機パイロットたちの悲劇的経験に見られるように、オートメーション過信は命に関わる影響も招きうる。最悪の場合、テクノロジーを信頼しすぎた挙句、周囲で起こっていることへの意識が完全になくなってしまう。その周波数が入らなく《チューン・アウト》してしまうのだ。そこへ問題が突然生じるとあわててしまい、自分を立て直すことに貴重な時間を費やすことになる。

オートメーション過信の例は、戦場から工場のコントロールルーム、船や潜水艦の船橋・艦橋に至るまで、さまざまなハイリスクな状況で報告されている。古典的な例のひとつに、ロイヤル・マジェスティ号という名のオーシャン・ライナーのケースがある。一九九五年春、この船はそのとき一五〇〇名の乗客を乗せ、一週間にわたるクルーズの最終航程として、バミューダからボストンへと向かっていた。船には、GPS信号を使って航路を保つ、最新の自動ナヴィゲーション・システムが搭載されていた。出発して一時間後、GPSアンテナのケーブルがゆるみ、ナヴィゲーション・システムは位置を検知できなくなった。数値を送りつづけてはいたが、もはや正確ではなかった。予定航路を船がゆっくりと外れていった三〇時間以上ものあいだ、システムの不具合を示す明らかなしるしがあったにもかかわらず、船長も船員も問題にまったく気づかなかった。たとえばあるとき、見張りに立っていた航海士は、船が通過するはずの重要なブイの存在を確認することができなかったのに、その事実を報告しなかった。ナヴィゲーション・システムを信用しきっていたため、ブイは確かにあったのに、自分にそれが見えなかっただけだと思いこんだのだ。船はとうとう二〇マイル近くも航路を離れ、ナンタケット島近くの砂州に座礁した。幸運なことに怪我人はいなかったが、クルーズの主催会社は何百万ドルもの損害をこうむった。政府の安全調査員は、オートメーション過信が事故の原因だと結論づけた。船員たちはオートメーション・システムを「過度に信頼」しており、そのため、航路を危険なほど逸れていることを告げる他の「ナヴィゲーション補助や見張りから得られる情報」を無視してしまったのだ。オートメーションは「重要なコントロールや、船の操縦に対する積極的関与から、船員を遠ざける効果」を持つと、調査員は報告した。(5)

オートメーション過信は、飛行機や船舶を定期運航する人々だけでなく、オフィスで働く人々にも害を与える。デザイン・ソフトウェアが建設業に与えた影響に関する研究のなかで、MITの社会学者シェリー・タークルは、ディテールに対する建築家の注意力の変化を記述している。図面が手書きだったころ、建築家はあらゆる角度を入念にダブルチェックしてから、施工業者に青写真を渡していたものだ。自分たちは誤る存在であり、しばしばへまをやらかすと知っていたから、大工たちの古くからの格言に従っていたのである——二度測り、一度で切れ。ソフトウェアが図面を作成するようになって、建築家は測定値の確認に神経を使わなくなった。コンピュータによるレンダリング（画像生成）とプリントアウトは正確そうに見えるため、数値は正しいと信じるようになったのである。ある建築家はタークルにこう語る。「チェックするのはおこがましいことのように思えるんです。つまり、コンピュータよりもよい仕事が自分にできるのかと。コンピュータは一〇〇分の一インチ単位で作業できるのですからね」。エンジニアにも施工者にも共有されているだろうこの過信は、設計においても建設においても、損害につながるミスをもたらしてきた。人間の行なったインプットと、同価値のアウトプットしかコンピュータは行なわないと知っているにもかかわらず、コンピュータはへまをしないのだとわれわれは思いこんでいる。タークルの学生のひとりはこう述べる。「コンピュータ・システムが手のこんだものになるほど、このシステムは自分のエラーを修正してくれるはずだ、そこから出てくるものはそうなるべきはずのものだと、人は思いはじめる。それはただの直感だ」[6]。

オートメーション・バイアスは、オートメーション過信と密接な関係にある。これは、モニターに流れる情報に過度の重みを置いた場合に忍び寄る。その情報が間違っているとき、あるいはミスリーディングであるときも、それを信じこんでしまうのだ。ソフトウェアへの信頼が非常に強力であるため、自分自身の感覚をも含め、他の情報源を無視してしまう。誤っていたり、情報が古くなっていたりするGPSなどのデジタル・マッピング・ツールにやみくもに従ったおかげで、迷子になったり、同じところをぐるぐる回ったりしたことのある人なら、オートメーション・バイアスの影響がわかるだろう。車の運転を職業にしている人でさえ、衛星ナヴィゲーション・システムに頼ると、常識を著しく欠いた行動をしてしまうことがある。道路標識や周囲の状況を無視し、危険なルートをたどった挙句、その車高ではくぐり抜けられない高架に衝突したり、小さな街の狭い道路にはまりこんで動けなくなったりするのだ。二〇〇八年、シアトルで、ハイスクールの運動部員を乗せた車高一二フィートのバスが、高さ九フィートのコンクリート製の橋に突っこんだことがある。バスの上部はもぎ取られ、二一名の学生が怪我をして病院へ運ばれた。GPSの指示に従っていて、前方に低い橋のあることを警告する標識も点滅灯も「見なかった」と、運転手は警察に語った(7)。

分析や診断の助けとして決定支援ソフトウェアを使っている人々にとって、オートメーション・バイアスはとりわけリスクとなる。一九九〇年代後半以来、放射線技師は、マンモグラフィなどのX線写真で病変の疑われる箇所を特定する際、コンピュータが補助する探知システムを使っている。デジタル化された写真をコンピュータがスキャンし、パターン・マッチング・ソフトウェアがこれを調べて、いっそうの検査が必要だと思われるエリアに、矢印などをつけ加える。ソフトウェアによるこのハイライト作業は病気の発見につながり、見落としてしまいかねなかったがんを、放射線技師が見つける助けになることもある。だが研究によれば、このハイライト作業は正反対の効果をもたらしうるという。ソフトウェアの提案によってバイアスがかかった医師が、ハイライトされていないエリアへの注目を早々に切り上げてしまうため、初期の腫瘍などの病変を見落とすことがあるのだ。こうした目印はまた、偽陽性の確率をも高めるので、不必要な生体検査に患者が呼び戻されることもある。

ロンドン市立大学の研究者チームが行なった、マンモグラフィデータについての調査によって、オートメーション・バイアスが、以前思われていたよりも大きな影響を、放射線技師らの画像解読者にもたらしていることがわかった。研究者たちによると、コンピュータに補助された検査は「まだあまり熟練していない解読者」による「比較的易しいケース」の判断の信頼性を増す傾向があるが、一方、ベテランの解読者がわかりにくいケースを判断する際の成績を、実際のところ引き下げているという。ソフトウェアに依拠した場合、熟練者が特定のがんを見逃す可能性は増している。(8) さらに、コンピュータによる決定支援が引き起こす微妙なバイアスは、「キューや警告に反応する人間の認知装置に、本来備わっている要素」であるかもしれない。(9) 支援システムはわれわれのフォーカスを方向づけることで、われわれの視野をゆがめるのである。

過信もバイアスも、どちらもわれわれの注意能力の限界から来ているように思われる。われわれが過信へと向かいたがることは、絶えず周囲とのインタラクションを求められていない場合に、われわれの集中と意識がいかにたやすく消え失せるかを物語っている。情報を評価する際バイアスがかかりがちであることは、われわれの精神のフォーカスが選択的なものであり、誤った信頼や、さらには役立つように見える目印の出現によってさえも、たやすくゆがめられることを示している。オートメーション・システムの質と信頼性が上がるにつれ、過信もバイアスもいっそう激しいものになる傾向がある。(10) 複数の実験が示すところによると、システムがかなり頻繁にエラーを起こす場合、われわれは警戒心を高く保つ。周囲への意識を維持し、さまざまなソースからもたらされる情報を慎重に監視する。だが、システムがもっと信頼できるもので、故障やミスがごくまれにしか起こらない場合、われわれわれは怠惰になる。このシステムは誤らないはずだと思いはじめる。

われわれが意識や客観性を失っているときでさえも、オートメーション・システムはたいてい順調に動いているため、過信やバイアスで不利益をこうむることはほとんどない。それが最終的に問題をこじらせるのだと、パラスラマンが二〇一〇年にドイツ人同僚ディートリヒ・マンツァイと共同執筆した論文は指摘する。「オートメーション・システムは通常非常に信頼性が高いため、オペレータがきわめて過信していたり、バイアスがかかっている場合でも、パフォーマンスに明らかな影響が出ることはまれである」。ネガティヴなフィードバックがなされないため、じきに「「学習された不注意〔learned carelessness〕」と呼ばれるものに似た認知プロセス」が引き起こされる。[11] 眠気を感じながら車の運転をしているときのことを考えてみるとよい。うとうととしてレーンを逸れはじめると、路肩やランブルストリップスに当たったり、別の車のクラクションが聞こえたりする――あなたを目覚めさせようとするシグナルだ。だが、レーンに引かれた線をモニタリングしてステアリングを調整し、車体を自動的にレーン内に保ってくれるような車を運転している場合、そうした警告を受け取ることはない。いっそう深い眠りへ落ちていくだろう。そのとき予期できないことが起こったら――たとえば動物が道に飛び出してきたり、すぐ前で別の車が急に止まったりしたら――事故を起こす可能性はとても高い。われわれをネガティヴ・フィードバックから切り離してしまうオートメーションは、われわれが警戒した状態でいること、没頭することを困難にする。われわれはますますチューン・アウトしていく。

過信やバイアスにわれわれが陥りやすいことは、オートメーション依存が、責任放棄と責任忘却の両方によるエラーを導く理由の説明になっている。不正確あるいは不完全な情報をわれわれは受け入れ、それに基づいて行動したり、または、見たはずの物事を見なかったりする。だが、コンピュータ依存による意識や注意力の弱まりは、ひっそりと進む、もっと油断のならない問題をも指摘している。オートメーションはわれわれを、行為者から観察者へと変える傾向があるのだ。操縦桿を握る代わりに、われわれはスクリーンを見つめる。この移行は人間の生活を楽にしているかもしれないが、専門技術や知識を学習し、発達させる能力を抑制しうるものでもある。所与のタスクにおいてわれわれのパフォーマンスを向上させているにせよ衰退させているにせよ、長期的に見ればオートメーションは、われわれの既存のスキルを低下させ、新たなスキルの獲得を阻むことになるかもしれない。

一九七〇年代以来、認知心理学者は、生成効果〔generation effect〕と呼ばれる現象を記録している。語彙研究の分野で最初に観察された現象で、書かれたものを読んでいるだけのときよりも、積極的に心に呼び出しているとき――生成しているとき――のほうが、単語をはるかによく記憶するというものだ。初期の有名な実験のひとつとして、トロント大学の心理学者、ノーマン・スラメッカが行なった、次のようなものがある。フラッシュカードを用いて「HOT」と「COLD」といった対義語のペアを覚えるとする。被験者の一部には、語が二つとも完全に書かれているカードが与えられる。たとえばこんな具合だ。

HOT：COLD

他の被験者が使うカードでは、二つ目の単語は頭文字しか書かれていない。

HOT：C

そののち、対義語のペアをどのくらい覚えているかテストしたところ、文字の欠けているカードを使った集団のほうがはるかに成績がよかった。空白を埋めようとしたことが、つまり見るだけでなく行動をしたことが、情報のより強力な定着につながったのだ。[12]

生成効果は、記憶と学習にさまざまな状況下で影響を与えることが明らかになっている。文字や単語だけでなく、数字や画像、音を覚えることにも、数学の問題を解くことにも、雑学クイズに答えることにも、文章を読解することにも、この効果が存在することが実験で証明されている。最近の研究では、高度な形式の教育と学習においても、生成効果の恩恵が実証された。二〇一一年に『サイエンス』誌に掲載された論文によると、複雑な科学的課題を1ピリオドのあいだ読み、その後、その内容をできるかぎり思い出すことに1ピリオド充てた学生のほうが、4ピリオドにわたってその課題を繰り返し読んだ学生よりも、内容をもっとよく理解していた。[13] 精神による生成行為は、教育学研究者のブリット・ハウガン・チェンの述べるところによれば、「概念的推論と、深い認知的処理を必要とする」活動の実行能力を向上させるのである。それどころか、精神が生成するマテリアルが複雑になるほど、生成効果は強力になるようだとチェンは言う。[14]

生成効果が生じているとき精神のなかで何が起こっているのか、心理学者も神経科学者もいまだ解明できていない。だが、記憶における深層認知処理〔deep cognitive processing〕が関わっていることは明白だ。何かに懸命に取り組み、それを注意と努力の焦点とすると、われわれは報酬としてより大きな理解を得る。より多くを記憶し、より多くを学習する。じきにノウハウを、すなわち、世界において滑らかに、熟練したやり方で、目的をもって行為するための特定の能力を獲得する。それはほとんど驚きではない。何かに関して上達するには、実際にそれをやってみるほかないと、われわれのほとんどは知っている。もっと言えば、コンピュータ・スクリーンからであれ本からであれ、情報をさっさと集めるのは簡単だ。だが真の知識を、とりわけ記憶に深く根ざし、スキルのなかに表われる類の知識を得るのは難しい。骨の折れるタスクに、長期にわたって精力的に取り組む必要があるのだ。

オーストラリアの心理学者、サイモン・ファアレルとステファン・レワンドウスキーは、二〇〇〇年発表の論文のなかで、オートメーションと生成効果とを関連づけている。スラメッカの実験で、対義語ペアの二つ目の単語を、思い出させるのではなく書いてしまっていたことは、ふたりの指摘によれば「人間の活動――被験者が「COLD」という単語を生成すること――が、文字刺激によって除去されていたのだから、オートメーションの一例と見なしうる」。これを敷衍すれば、「生成が読みに置き換えられた際に観察されるパフォーマンスの低下は、〔オートメーション〕過信の表われと考えられる」[15]。これは、オートメーションが認知活動にどんな代償を求めるか、明らかにすることを助けてくれる。タスクなり仕事なりを自力で実行するとき、われわれはコンピュータに頼るときと異なる知的プロセスを用いるように思われる。ソフトウェアによって仕事への没入度が下がっているとき、およびとりわけ、観察者やモニターといった受動的役割へと押しやられているとき、われわれは、生成効果の支えである深層認知処理活動を止めている。その結果、ノウハウへとつながる類の、現実世界の豊かな知識を獲得する能力が阻まれる。生成効果は、まさにオートメーションが軽減しようとする類の努力を必要とするのだ。

二〇〇四年、オランダのユトレヒト大学の認知心理学者、クリストフ・ファン・ニムウェヘンは、記憶形成と専門能力の発達に対するソフトウェアの影響を探るための、シンプルですぐれた実験を開始した。(16) 被験者を二つのグループに分け、それぞれに「宣教師と人食い部族〔Missionaries and Cannibals〕」という、古典的論理パズルに基づくコンピュータ・ゲームをしてもらう。一度に三人までしか乗れないボートを使い、五人の宣教師と五人の人食い部族（ニムウェヘンの実験の場合は、黄色いボール五つと青いボール五つ）を、河の向こうへ渡らせてやればパズルはコンプリートだ。だがひとつひねりがあって、ボート内でも川岸でも、人食い部族の人数が宣教師を上回ってはならない（もし上回れば宣教師は食べられてしまうとされている）。このタスクを達成するのにボートを何度動かせばよいか考えるには、緻密な分析と慎重な計画が必要だ。

ファン・ニムウェヘンの実験では、一方のグループは、ステップ・バイ・ステップのガイダンスを提供してくれるソフトウェアを使ってこのパズルに取り組んだ。ここでこの動きは可能だがこれはだめだといったヒントを、スクリーン上に出してくれるソフトウェアだ。もう一方のグループは、そういった助けのまったくない基本プログラムを使った。あなたも予想されるだろうとおり、最初は、支援ソフトウェアを使っているほうのグループが速く進んだ。ヒントに従うことができるから、次の手を打つ前にルールを思い出し、新しい状況ではどうなるかを考えたりせずに済むからである。ところがゲームが進むにつれ、基本ソフトウェアを使っているグループのほうが優位に立ちはじめた。最終的には支援されていたグループよりも、誤った手を打つ回数がはるかに少なく、より効率的にパズルを解いてしまったのである。実験の報告のなかでファン・ニムウェヘンは、基本プログラムを使っていた被験者たちのほうが、タスクの概念をよりはっきりと理解できたのだと結論づけた。先を読み、よい戦略を立てることにおいて、彼らのほうが上回っていた。これに対し、ソフトウェアのガイダンスに頼っていた被験者は、しばしば混乱し、「無目的にクリックしつづけ」ることがあった。

ソフトウェアによる支援が認知に損失をもたらすことは、八か月後、同じ人々に再びこのパズルを解かせたことでいっそう明らかとなった。前回基本ソフトウェアを使っていた人たちは、そうでない人たちのほぼ半分の時間でゲームをコンプリートしてしまったのだ。基本プログラムを用いていた被験者は、タスク中の「より大きな集中力」と、前回の実験以後の「知識のいっそうの定着」を示していたと、ファン・ニムウェヘンは書いている。彼らは生成効果の恩恵を受けたのだ。続いてファン・ニムウェヘンはユトレヒト大学の同僚たちとともに、カレンダー・ソフトウェアを使ってミーティングの予定を組むとか、イベントプランニング・ソフトウェアを使って各部屋にカンファレンスの話者を割り当てるといった、より現実的なタスクを含む実験を行なった。結果は同じだった。ソフトウェアの助けに頼った人たちは、戦略的思考をあまりせず、不必要な動きをたくさんし、課題の概念的理解も最終的に弱いままだった。支援してくれないプログラムを使った人たちは、よりよく計画し、よりスマートに行動し、より多くのことを学習していた。[17]

ファン・ニムウェヘンが実験で観察したこと──問題解決などの認知的タスクを自動化すると、情報を知識へ、知識をノウハウへと変換する能力が阻害されるということ――は、現実世界でも記録されつつある。多くの業種では、経営者らがいわゆるエキスパートシステム〔特定の分野に特化したデータベースから、専門家の代わりに結論や答えを出すシステム〕を使って、情報を分類・分析し、行動の方向性を提案している。たとえば会計士は決定支援ソフトウェアを使って企業の会計検査を行なう。このアプリケーションは仕事の速度を上げてくれるが、一方、ソフトウェアが有能になるほど、会計士が無能になるとの徴候が見られる。オーストラリアの学者グループが行なったある調査では、エキスパートシステムの影響が、三つの国際会計事務所を例に調査された。うち二つの事務所は、クライアントについての基本的質問に対する一会計士の回答に基づき、関連性のある経営リスクをそのクライアントの会計ファイルに含める、進んだソフトウェアを使用していた。残りひとつの事務所が使っていたのは、可能性のあるリスクの一覧だけを提供するシンプルなソフトウェアであり、会計士はそのリストを吟味して、関連があると思われるリスクを手動で選択してファイルに入れることになっていた。調査者たちは各事務所の会計士に対し、会計検査を行なっている対象企業のリスクについて、どのくらい知っているかテストした。支援機能のあまりないソフトウェアを使っている事務所の会計士は、それ以外の会計士よりも、さまざまなリスクへの理解が明らかに深かった。進んだソフトウェアと関連する学習度の低下は、ベテランの監査役――現在の事務所で五年以上経験を積んでいる者たち――をもむしばんでいた。(18)

他の研究も、エキスパートシステムについて同様の影響を明らかにしている。示唆されているのは、決定支援ソフトウェアは短期的には新人アナリストがよりよい判断をするのを助けるけれど、彼らの知的怠慢をも招いてしまうかもしれないということだ。このソフトウェアは思考の強度を減じることで、情報を記憶に組みこんでエンコードする能力を阻害し、真の専門知識に不可欠な、豊かな暗黙知の形成をできなくさせてしまうのである。[19] 自動決定支援の弊害は些細なこともあるが、とりわけ分析の誤りが大規模な反動を招く分野においては、たいへんな影響をもたらす。二〇〇八年、世界の金融システムがメルトダウンに近い状態になったとき、その主たる原因であったのはリスクの計算間違いであり、事態はコンピュータの高速トレーディング・プログラムによってさらに悪化させられたのだった。タフツ大学経営学教授アマル・ビデの言によれば、「ロボット的」決定メソッドのせいで、銀行家をはじめとするウォール街の専門家たちのあいだに「判断不全」が広く見られるようになったという。[20] この災厄に、あるいはのちの、たとえば二〇一〇年の米国株式市場における「フラッシュ・クラッシュ」〔二〇一〇年五月六日にダウ平均株価が数分間で一〇〇〇ドル近く下落した現象〕などの金融変動に、オートメーションがどの程度関わっていたかを正確に特定するのは不可能であろうが、テクノロジーの広範な使用が、繊細な知的職業にある人々の知識を減少させ、判断を曇らせているかもしれないとの示唆を、真剣に受け止めることは賢明だろう。二〇一三年発表の論文で、コンピュータ科学者のゴードン・バクスターとジョン・カートリッジは、オートメーション依存が金融専門家のスキルと知識を浸食しており、一方でコンピュータ・トレーディングシステムは、金融市場をよりリスキーなものにしていると警告している。[21]

ソフトウェア作成者のなかには、思考の負担を減らそうとする自分たちの職業的方向性が、自身のスキルをも害しているのではないかと憂慮する者たちもいる。今日のプログラマーはコード作成の補助として、統合開発環境〔integrated development environments〕、すなわちＩＤＥと呼ばれるアプリケーションを使うことが多い。このアプリケーションは、トリッキーで時間のかかる雑務の多くを自動化する。通常は、オートコンプリートとエラー修正、デバッグの機能が組みこまれており、もっと高性能なものになると、リファクタリングと呼ばれるプロセスを通じて、プログラムの構成を評価したり直したりできる。だが、コーディングの仕事をアプリケーションが引き継いだため、自分の技術を実践し、能力を磨く機会を、プログラマーは失ってしまった。「ＩＤＥは充分すぎるほど「助けてくれる」ようになってきていて、時々わたしは、プログラマーというよりＩＤＥのオペレータのような気持ちになる」と、グーグルのベテランソフトウェア開発者、ヴィヴェク・ハルダーは言う。「これらが推奨してくるのは「よく考えて、慎重にコードを書きなさい」ということではなくて、「まずはざくっとコードを書きなさい。そうすればツールが、どこが間違っているかだけでなく、どうすればもっとよくなるかも教えてくれますよ」というものだ」。彼の結論はこうである。「ツールが鋭くなれば、頭は鈍くなる」[22]。

グーグルは、サーチエンジンの反応と感度を上げ、人々が求めているものをより正確に予想できるようにしたことで、一般大衆の知的レベルの低下が起こっていることを認めている。グーグルはわれわれのタイプミスを直すだけでなく、こちらがタイプしているあいだに検索語を提案したり、あやふやなつづりを解決してくれたり、所在地や過去の行動に基づいて、われわれのニーズを予測したりしてくれる。グーグルがどんどん検索を助けてくれるようになっているから、われわれはこれをお手本にして学習できるだろうとさえ思えるかもしれない。より適切なキーワードを打ちこめるようになり、その他の点でもオンライン検索の技量が上がるだろうと。だが、グーグル社検索エンジニアのトップであるアミット・シンガルによると、事実はその反対だ。二〇一三年、ロンドンの『オブザーヴァー』紙の記者がシンガルに、この数年間でグーグルのサーチエンジンになされた多くの改善について取材した。「おそらくグーグルを使えば使うほど、われわれはより正確な検索語を打ちこむようになってきていますよね」と記者が言うと、シンガルはため息をつき、「どこか物憂げな様子で」記者の言葉を訂正した。「実際のところ逆方向に向かってますよ。機械が正確になればなるほど、質問がぞんざいになっている」[23]。

サーチエンジンの簡易さは、よりよい質問を作る能力以上のものをも損なっているかもしれない。二〇一一年に『サイエンス』誌が報告した一連の実験は、オンラインで容易に情報が入手できるようになったことで、われわれの記憶力が弱まっていることを示している。その実験のひとつでは、被験者は、事実の書かれたシンプルな文――たとえば「ダチョウの目は脳よりも大きい」など――を何十個か読み、それをコンピュータに打ちこむ。被験者の半数は、入力された文はコンピュータに保存されると教えられ、もう半数は消去されると教えられる。その後全被験者は、先ほどの文の内容を思い出せるかぎり書き出していく。情報がコンピュータに保存されていると思っていた被験者は、保存されていないと思っていた被験者よりも、覚えている事実の数が顕著に少なかった。情報がデータベースで入手可能だと思うだけで、記憶形成に必要な脳の努力量が下がってしまうようなのだ。「サーチエンジンがつねに使用可能であるため、われわれは多くの場合、情報を内部でエンコードする必要性を感じなくなってしまうのかもしれない。必要になったら調べればよいのだから」と、研究者たちは結論づけた。[24]

人類は何千年にもわたり、巻物から書物、マイクロフィッシュ、磁気テープに至るまで、さまざまな保存テクノロジーによって生物学的記憶を補ってきた。情報を記録し、分配するツールが、文明を支えている。だが、外部に保存することと生物学的に記憶することとは同じではない。知識には、物事を調べる以上のことが含まれる。事実や経験を、個人的記憶のなかでエンコードする必要があるのだ。何かを真に知るためには、それを神経回路のなかに織りこみ、そののち繰り返し記憶から引き出しては、新たに使用せねばならない。サーチエンジンなどのオンライン・リソースの登場により、われわれは情報の保存と引き出しを、以前には考えられなかったほど自動化してしまった。記憶作業を減らして外部化しようとする、生得的にさえ見えるわれわれの脳の傾向は、いくつかの点でわれわれを、より効率的に思考できる存在にしている。記憶から滑り落ちた事実もすぐさま呼び出すことができる。だが、知的労働のオートメーション化が、記憶や理解の作業の回避をあまりに容易にしてしまった場合、この同じ傾向は病的なものとなりうる。

グーグルや、他のソフトウェア会社はもちろん、われわれの生活を楽にする事業を行なっている。それをわれわれが求めているのであり、だからこそわれわれはこれらの会社を支持している。だが彼らの作るプログラムが、われわれの思考の代行に熟達するにつれ、当然われわれは自分の知性よりも、ソフトウェアのほうに頼るようになってしまった。精神を生成作業に駆り立てることも少なくなった。そうなると最終的にわれわれは、学ぶことも知ることも少なくなってしまう。能力も減っていく。現代のソフトウェアに関し、テキサス大学のコンピュータ科学者ミハイ・ナディーンが述べるように、

「インターフェイスが人間の活動を肩代わりすればするほど、新しい状況に対するユーザーの適応性は下がる」[25]。生成効果に代わって、コンピュータ・オートメーションは逆のものをわれわれに与えた――脱生成効果〔degeneration effect〕である。

ここでしばし、あのレインコートのような黄色の、不運なスバルのマニュアル車のことに戻りたい。ご記憶のとおり、ドタバタしてはギーッという音を立てていたわたしは、ほんの二週間ほどの実践で、楽々とシフトレバーを操るようになったのだった。父にそそくさと教えられた手足の動きも、本能的にできるようになった。達人というのでは決してないが、シフトチェンジに悪戦苦闘することはなくなった。考えなくてもできるようになった。つまり、オートマティックになったのだ。

わたしの経験は、人間が複雑なスキルを習得する際のモデルであるだろう。多くの場合われわれは、いくつかの基本的指示からスタートする。その指示は教師などの指導者から直接受けることもあれば、本やマニュアル、YouTube の動画から間接的に受けることもあり、タスクをどう行なうかについての形式知をわれわれの意識へと伝える――まずこれをやって、次にこれをして、その次にこれを、と。ギアの位置や、いつクラッチを踏むかを説明したとき、父がやったのはまさにそれだった。じきにわたしにもわかったことに、形式知がたどり着くのはそこまでだ。とりわけそのタスクが、認知的要素だけでなく精神運動的要素にも関わる場合はそうである。熟練の域に達するには暗黙知を身に着けねばならず、それはただ、現実の経験によってのみ達成される――そのスキルを何度も何度も稽古することによって。練習すればするほど、その行為について考える必要はなくなる。作業の責任は、緩慢で停止する傾向にある意識から、素早くて滑らかな無意識へと移る。スキルの繊細な部分にたまたま意識が向いて、その部分もまたオートマティックになったとき、人は次のレベルへと上がることになる。その調子だ、どんどん先へ行け。そうしてついに、そのタスクの能力を生まれつき持っていたかのようになったとき、あなたは専門的な熟練技術を手に入れている。

意識的思考なしに能力が行使できるようになる、このスキル形成プロセスは、「オートメーション化〔automatization〕」というぎこちない言葉、または、もっとぎこちない「手続き化〔proceduralization〕」という言葉でとおっている。オートメーション化には、脳内の深く広範な適応がともなう。特定の脳細胞、またはニューロンが、行なわれているタスクのために微調整され、シナプスの電気化学的接続を通じ、協調して働くのである。ニューヨーク大学の認知心理学者、ゲアリー・マーカスは、さらに詳細に次のように説明する。「神経系のレベルでは、手続き化は、灰白質（神経細胞の細胞体）と白質（ニューロン間をつなぐ軸索と樹状突起）との両方の変化など、綿密に調整されたさまざまなプロセスから成り立っている。既存のニューロンの接続（シナプス）は効率化され、樹状突起上に新しい棘突起（スパイン）が形成されることもあり、タンパク質も合成されねばならない」[26]。オートメーション化による神経の変形を通じ、脳は「オートメーション性〔automaticity 自動性とも訳される〕」を発達させる。知覚や解釈、行動を迅速かつ無意識に行なう能力で、これにより精神と身体は、パターンを認識したり、状況の変化に対応したりを、瞬時に行なうことができる。

わたしたちはみな、文章を読めるようになったときに、オートメーション化を経験し、オートメーション性を獲得している。読むことを教わりはじめたばかりの小さな子どもを見ると、相当な知的苦労をしているのがわかるだろう。まず、形から各文字を見分けられるようにならねばならない。文字のつらなりがどのような音節を形成し、音節のつらなりがどのような単語を形成するかを、口に出してみなければならない。知らない単語であったら、その意味を考えたり教えてもらったりせねばならない。それから一語ずつたどって文の意味を解釈し、言語特有の曖昧さを解読していくことになる。これはゆっくりとした骨の折れるプロセスであり、全意識の集中を必要とする。けれどもついに、文字が、それから単語が、視覚野——脳のなかの、視覚刺激を処理する部分——のニューロンにエンコードされ、意識的に思考することなしにそれらが認識できるようになる。脳の変化のシンフォニーを経て、読書は苦労なく行なえるものとなるのだ。獲得したオートメーション性が大きいものであるほど、より流暢ですぐれた読み手となる。[27]

それがコクピットにいるワイリー・ポストであれ、テニスコートに立つセリーナ・ウィリアムズであれ、チェスボードに向かうマグヌス・カールセン〔ノルウェー出身。チェスのグランドマスター。二〇一三年の世界王者〕であれ、名手たちの並外れた能力はオートメーション性から生じている。本能のように見えるものは、苦労して獲得したスキルなのだ。こうした脳の変化は、受動的観察からは生まれない。予期せざるものと繰り返し出会うことによって生成されるのだ。それには、知能について思索している哲学者、ヒューバート・ドレイファスの言う「すべて同じ視点から見られていながら別々の戦略的決定を必要とする、多様な状況の経験」が要求される。[28] さまざまな状況下でスキルを何度も実践し、何度も反復し、何度もリハーサルしないかぎり、何に関しても、少なくとも複雑な事柄のどれに関しても、あなたもあなたの脳も上手くなったりはしない。そして継続的に実践しないかぎり、獲得したどんな能力もさびついてしまうだろう。

必要なのは実践だけだというのは、現在よく言われることである。あるスキルについて一万時間ぐらい行なえば、エキスパートになれるだろう――次世代の偉大なパティシエにも、パワー・フォワードにもなれるだろう。けれども残念なことに、これは言いすぎである。能力を発達させるには、とりわけ最高度のレヴェルに到達するには、身体的にも知的にも、遺伝的特性が重要な役割を果たしている。生まれは大事なのだ。実践へ向かおうとする欲求や傾向さえも、マーカスの指摘によれば遺伝的要素である。「経験にどう反応するか、さらにはどんなタイプの経験を求めるかさえも、それ自体部分的には、われわれが生まれ持つ遺伝子の働きである」[29]。だがもし遺伝子が――少なくとも大雑把に――個々人の才能の上限を設定しているのだとしても、この限界に達し、自身の可能性を実現するには、実践を行なうほかない。心理学教授のデイヴィッド・ハンブリックとエリザベス・マインツによれば、生まれつきの能力は確かに重要だが、「研究によると、複雑なタスクのパフォーマンスにおいて、個々人の差が生じる最大の原因のひとつは、疑いなく、何をどれだけ知っているかである。すなわち、ある領域で訓練と実践を重ねたことで獲得された、宣言的、手続き的、戦略的知識である」[30]。

オートメーション性は、その名前から明らかなとおり、ある種オートメーションの内面化と考えることができる。それは身体が、難しいけれども反復的である作業を、お決まりの動作にすることである。身体的動きと手続きが筋肉の記憶にプログラムされ、解釈と判断は、感覚がとらえた状況パターンを即座に認識することによってなされる。意識を科学者たちはずっと昔に発見したが、これは驚くほど窮屈なもので、情報を取り入れたり処理したりするキャパシティは限られている。オートメーション性がなければ、われわれの意識はつねに過載状態であるだろう。本のなかの一文を読むとか、ナイフとフォークでステーキを切るとかいった、ごく単純な行為でさえ、認知能力に負担をかけるだろう。オートメーション性はわれわれの頭に空きをくれるのだ。アルフレッド・ノース・ホワイトヘッドの言葉をもじって言えば、これは「われわれが思考することなく行なうことのできる重要なオペレーションの数」を増大させるのである。

最良の場合、ツールやテクノロジーは、ホワイトヘッドが賞賛したように、これと同様のことを行なう。オートメーション性のための脳内の空きにも限界がある。無意識はたくさんのことを素早く効率よく行なうことができるが、何もかもをできるわけではない。九九を一二の段や二〇の段まで覚えることはできるかもしれないが、それをずっと超えたらたぶん難しくなるだろう。脳のメモリはまだ尽きないとしても、忍耐が尽きてしまうだろう。けれども、ポケットサイズのシンプルな電卓さえあれば、支援を受けていない脳には負担になるだろうきわめて複雑な計算も自動化できて、自由になった意識は、この式の解が意味するところをあれこれ考えることができる。だがそれができるのは、学習と実践を通じて基本的な算数をマスターしている場合だけだ。学習をすっ飛ばして電卓を手にし、習ったこともなければ理解もできない式の計算をしようとしても、このツールは新たな地平を開いてはくれまい。新たな数学的知識、新たなスキルの獲得を助けてはくれまい。数字を画面に出現させる、謎めいたブラックボックスでしかなくなるだろう。より高度な思考へと駆り立てるのではなく、そこへと向かうことを阻むものとなってしまうだろう。

それこそが今日のコンピュータ・オートメーションがしばしば行なっていることであり、だからこそホワイトヘッドの考察は、テクノロジーの影響を教えるものとしては、ミスリーディングなものとなっているのである。オートメーションは、脳本来のオートメーション性のキャパシティを拡張するのではなく、オートメーション化への障害になってしまっているのだ。それはわれわれを反復的な知的活動から解放することで、深い学びからも解放してしまう。オートメーション過信もバイアスも、挑戦を受けていない脳、知識を生み出し、記憶を豊かにし、スキルを築き上げる現実世界の実践に充分に従事していない脳の徴候である。この問題は、コンピュータ・システムがわれわれを、われわれのアクションに対する直接的・即時的フィードバックから遠ざけているせいで、さらに悪化する。能力開発の専門家である心理学者のK・アンダース・エリクソンの指摘によれば、スキル形成のために定期的フィードバックは不可欠である。失敗や成功からわれわれを学ばせてくれるのはこれなのだ。「適切なフィードバックがなければ効率的学習は不可能であり、高度に動機づけられた者であっても、向上はごくミニマルなものになってしまう」とエリクソンは述べる。[31]

オートメーション性、生成、フロー。これらの知的現象は別々のものであり、複雑であり、その生物学的原因は曖昧にしか理解されていない。だがそれらはみな関連し合っていて、われわれ自身についての重要なことを教えてくれる。能力を生み出す種類の努力——困難なタスクと明白なゴール、直接的フィードバックに特徴づけられる——は、フロー感覚を与えてくれる努力と非常に似ている。それは没入的な経験だ。その特徴はまた、受動的に情報を取り入れるのではなく、能動的に知識を生成するよう強いる種類の作業にも通じる。スキルを磨く、理解を拡張する、個人的な満足と実現を達成するという点がみな一致する。そしてどれもみな、個人と世界との、身体的かつ精神的な、緊密なつながりを要求する。アメリカの哲学者、ロバート・タリスの言葉を引用すれば、どれもみな「世界に触れて手を汚し、何らかのかたちで世界から蹴り返される」ことを必要とするのだ。[32]オートメーション性とは、能動的な精神と能動的な自己に、世界が残す刻印だ。ノウハウとは、その刻印の豊かさの証明だ。

ロッククライマーから外科医、ピアニストに至るまで、「ある活動に深い喜びを恒常的に見出す」人々は、「体系づけられた難題のセットと、それに対応するスキルのセットが、最適な経験を生み出すことの例証である」とミハイ・チクセントミハイは述べる。彼らが従事する仕事や趣味は「豊かな行動機会を与えて」くれるのであり、一方、自分が開発したスキルのおかげで彼らは、この機会を最大限に活用することができる。世界のなかで自信をもって行動できる能力は、われわれをみな芸術家にしてくれる。「経験を積んだ芸術家が、困難なプロジェクトに取り組むときに体験する苦もない没入は、複雑なスキルの総体をすでに習得していることがつねに前提となっている」。[33]われわれを労働から隔て、世界とわれわれとのあいだに割りこむオートメーションは、われわれの人生から芸術性を消し去っているのである。

幕間——踊るネズミとともに

「一九〇三年以来、踊るネズミを一〇〇匹も二〇〇匹も観察してきた」。そう告白するのはハーヴァード大学の心理学者ロバート・M・ヤーキーズ、一九〇七年刊行の二九〇ページにわたるげっ歯類への賛歌、『踊るネズミ〔*The Dancing Mouse*〕』の冒頭の章においてである。だが、どんなげっ歯類でもよかったわけではない。踊るネズミ、すなわちマイネズミこそが、解剖学者にとってのカエルと同じくらい、行動科学者にとって重要な存在となるだろうとヤーキーズは予言した。

大学のあるマサチューセッツ州ケンブリッジに住むある医師から、ハーヴァードの心理学研究室に日本のマイネズミのつがいが贈呈されたとき、ヤーキーズはまるで関心を引かれなかった。「学問的キャリアにおける、たいして重要ではない出来事のひとつ」のように思われた。だが、「同じところを信じられないほどの速度でぐるぐる回る」この小さな生き物の習性に、彼はあっという間に夢中になった。何十匹も育てて各個体に番号を振り、ぶち模様や性別、誕生日、血統を克明に記録した。マイネズミは「ほんとうに愛らしい動物」だと彼は書く。平均的なマウスよりも小さくて弱い——直立して「物につかまる」ことともほとんどできない——けれど、これが「動物行動に関する多くの問題を、実験して研究するのに理想的な対象」だとわかったという。「世話が簡単で、すぐに馴れる。害をなさず、つねに活動的で、非常に多様な実験状況に向いている」[1]。

当時、動物を使った心理学実験はまだ新しかった。イワン・パヴロフがイヌの唾液の実験を始めたのは一八九〇年代のことだったし、ウィラード・スモールという名のアメリカの大学院生が、ラットを迷路に入れてちょこまかするのを観察したのはようやく一九〇〇年のことだった。ヤーキーズは動物研究の視野を、マイネズミによって一気に拡大した。『踊るネズミ』に列挙されたところによると、これを実験台にしてたとえば、平衡感覚を、視覚と知覚を、学習と記憶を、行動習性の遺伝性を研究した。このマウスは「実験を促進する」と彼は記す。「観察と実験をすればするほど、このダンサーたちがわたしに解決せよと迫る問題の数は増えていく」[2]。

一九〇六年にヤーキーズが始めた実験は、彼がダンサーたちについて行なったなかでも最も重要な、そして最も影響力のあるものとなる。学生のジョン・ディリングハム・ドッドソンと共同で、彼は四〇匹のマウスを一匹ずつ木製の箱に入れた。箱の端には、ひとつは白く、もうひとつは黒く塗られた、二つの通路がある。黒いほうの通路をとおろうとすると、ヤーキーズとドッドソンの言葉によれば、「受け入れがたい電気ショック」をマウスは与えられることになる。電流の強さはさまざまだ。弱いショックを与えられるマウスもいれば、強いショックを与えられるものも、ほどほどのものもいた。実験者たちが知りたかったのは、黒い通路を避けて白い通路へ入るようになるまでの速度に、電気刺激の強さが影響するかどうかだった。結果にふたりは驚いた。弱いショックを与えられていたマウスは、予想されたとおり、通路を区別できるようになるのが比較的遅かった。ところが、強いショックを与えられていたマウスも、同じくらい学習が遅かったのである。状況を理解し、行動を修正するのが最も速かったのは、ほどほどのショックを与えられていたマウスだった。ふたりの研究者は次のように報告した。「われわれの予想に反し、この一連の実験は、電気刺激を有害なほど強くしていくにつれ、習慣形成の速度も上がるだろうという仮説を証明してはくれなかった。その代わり、中くらいの強さの刺激こそが、習慣の獲得にとっては最も有効だということが証明されたのである」[3]。

続いて行なった実験もまた驚きをもたらした。同じ演習を別のマウスの集団に課したのだが、今回は白い通路を明るく、黒い通路を暗くして、二つの通路の視覚的コントラストをさらに強めた。この状況だと、最も強いショックを与えられたマウスが、黒い通路を最も速く避けるようになった。前回のように学習能力が衰えたりはしなかった。ヤーキーズとドッドソンはマウスの行動の違いをたどり、二回目の実験は設定のおかげで、マウスにとって物事がわかりやすくなったのだと結論づけた。視覚的コントラストが強まったため、通路を区別し、暗い通路と電気ショックとを結びつけることが、マウスにとって困難ではなくなったのである。「電気刺激の強さと、学習や習慣形成の速度との関係は、その習慣の困難さ次第である」とふたりは説明した[4]。タスクが難しくなるほど、最適な刺激の程度は減少するのだ。言い換えれば、マウスがものすごく困難な課題に直面している場合は、弱すぎる刺激も強すぎる刺激も学習をさまたげることになる。ゴルディロックス効果〔選択肢が複数ある場合、消費者は中間のものを選ぶ傾向があることを指す〕のようなもので、中ぐらいの刺激が最高のパフォーマンスを引き出すのである。

一九〇八年の発表以来、ヤーキーズとドッドソンがこの実験について書いた「刺激の強さと習慣形成の速度との関係〔The Relation of Strength of Stimulus to Rapidity of Habit-Formation〕」は、心理学の歴史における画期的論文とされている。ヤーキーズ・ドッドソンの法則として知られる、このふたりが発見した現象は、マイネズミと色違いの通路の世界をはるかに超えて、さまざまなかたちで観察される。げっ歯類だけでなく、人間にも見ることができる。人間の場合、この法則は通常、困難なタスクにおけるパフォーマンスと、その人が経験している精神的刺激、または覚醒のレヴェルとの関係を示す、逆U字型の曲線として現われる。

刺激のレヴェルが非常に低いとき、人は注意も向かず意欲も起こらず不活発なままで、パフォーマンスもほぼゼロのままである。刺激の程度が上昇すると、それにつれてパフォーマンスも向上し、曲線は逆U字型の左側にあたる部分を描いてやがて頂点に達する。すると、刺激が強まりつづけているにもかかわらずパフォーマンスは低下しはじめ、逆U字型の右側が描かれはじめる。刺激が最高度に達したとき、人はストレスのせいで実質上麻痺してしまっており、パフォーマンスは再びゼロになる。マイネズミ同様われわれ人間もまた、学習とパフォーマンスの質が最も上がるのはヤーキーズ・ドッドソン曲線の頂点にあるとき、すなわち、難題に直面してはいるけれども圧倒されていないときである。曲線の頂点にあるとき、われわれはフロー状態に入っている。

ヤーキーズ・ドッドソンの法則は、オートメーション研究と特別な関係にある。労働の場や労働過程にコンピュータを導入することで生じる予期せぬ影響の多くを、これが説明してくれるからだ。オートメーション初期の時代、ソフトウェアはルーティンワークを扱うことで、人間の仕事量を減らし、パフォーマンスを向上させてくれると考えられていた。その前提となっていたのは、仕事量とパフォーマンスは反比例の関係にあるという考えだった。精神的負担を減らしてやれば、その人はより賢く、より鋭く仕事をこなすはずだ。ところが現実はもっと複雑だった。仕事量が減ったことで、その人の仕事の内容が向上し、もっと緊急のタスクに全注意力を向けられるようになるという、コンピュータ導入の成功例もある。だが、オートメーションによって仕事量が減らされすぎたという例もあるのだ。ヤーキーズ・ドッドソンの曲線の左半分に行くにつれ、労働者のパフォーマンスは低下する。

情報過剰の悪影響を、わたしたちはみな知っている。一方で、情報過少もまた、同様の弱体化効果をもたらすことがあるとわかっている。いかによい意図に基づいたものであろうと、物事を簡単にすることは裏目に出ることがある。ヒューマンファクターの研究者、マーク・ヤングとネヴィル・スタントンは、人間の「注意力のキャパシティ」が、実際に「精神的仕事量の減少に応じて縮小する」証拠を発見している。彼らによると、オートメーション・システムの作動中は、「過少のほうが〔過剰よりも〕おそらく懸念すべきことだ。というのも、こちらのほうが感知が難しいのだから」[5]。情報過少がもたらす怠惰さは、次世代の自動運転車にとって、とりわけ危険な要素になるだろうとふたりは憂慮する。ステアリングやブレーキ操作をいっそうソフトウェアが引き受けてしまうので、運転席にいる人間はやることがなくなり、チューン・アウトしてしまう。さらに悪いことに、オートメーションの使用法やリスクについて、ドライバーはほとんど、もしくはまったく訓練を受けないかもしれない。よくあるタイプの事故は回避されるかもしれないが、結局のところ、ひどいドライバーたちがこれまで以上の数、路上に放たれるわけだ。

最悪の場合、オートメーションは予期せざる追加の負担を人間に与え、ヤーキーズ・ドッドソン曲線の右半分へと追いやることもある。研究者たちはこれを「オートメーション・パラドクス」と呼んでいる。ヴァージニア州のオールド・ドミニオン大学に在籍するヒューマンファクターの専門家、マーク・スカーボは次のように説明する。「オートメーションの背後にアイロニーが存在することがわかってきた。多くの研究結果が、オートメーション・システムはしばしば、仕事量を増やし、安全ではない労働状況を作り出すということを、明らかにしつつあるからである」[6]。たとえば、高度にオートメーション化された化学工場が、突然、急速に進展する危険な事態に見舞われた場合、システムのオペレータはインフォメーション・ディスプレイをモニターし、さまざまなコンピュータ制御を操作しつつ、同時にチェックリストをフォローし、警告や警報に対処し、その他さまざまな緊急行動を取らねばならず、やるべきことの膨大さに圧倒されてしまうかもしれない。いろいろなことに注意を向ける必要性やストレスから解放するどころか、コンピュータ化は彼に、あらゆる種類の追加的タスクや刺激に対処するよう迫るわけだ。緊急事態のコクピットでも同様の問題が生じる。そのときパイロットは、フライト・コンピュータにデータをインプットし、インフォメーション・ディスプレイに目を走らせつつ、さらに手動操縦も行なわねばならない。地図アプリの指示に従っているうちに針路を逸れてしまったことのある人なら、コンピュータ・オートメーションが仕事量を急増させうることを肌で知っているだろう。車を運転しながらスマートフォンを操るのは易しいことではない。

わかっているのは、考えうる最悪のタイミングで――すでに手に余る仕事を労働者が抱えているときに――仕事をさらに複雑にするという、時に悲劇をもたらしうる傾向が、オートメーションにはあるということだ。人間が――強すぎる電気ショックを与えられたマウスのように――間違った動きをする可能性を、ヒューマン・エラーの確率を減らす助けとして導入されたはずのコンピュータが、結局増やしてしまうのである。

第５章

ホワイトカラー・コンピュータ

二〇〇五年夏の終わり、カリフォルニア州の、その名も高きランド研究所の研究員たちは、アメリカの医療の未来について感動的な予言を行なった。「電子医療記録がもたらしうる利点について、かつて行なわれたことのないほど詳細な分析」なるものを成し遂げた彼らは、合衆国の医療システムは「年間八一〇億ドル分の支出を削減し、しかも医療の質を改善することができる」と宣言したのだ――もし病院や医師が、医療記録を自動化すれば。ランド研究所が「コンピュータ・シミュレーション・モデルを用いて」算出した、経費削減をはじめとする利点は、このシンクタンクのトップにある科学者のひとりの言葉によれば、「いまこそ政府、および医療に支出している人々が、医療情報テクノロジーを積極的に広めるべきときだ」と告げていた[1]。これに続いて発表された、研究内容の詳細を述べたレポートの最後の一文は、その緊急性をさらに強調していた――「いまが行動のときだ[2]」。

この研究が発表されたとき、医療のコンピュータ化をめぐる興奮はすでに高まっていた。二〇〇四年初め、ジョージ・W・ブッシュは、米国の医療記録のほとんどを一〇年以内にデジタル化することを目標として、医療ＩＴイニシアティヴ〔Health Information Technology Initiative〕を打ち立てた。その年の終わりまでに、連邦政府は何百万ドルもの補助金を出して、医師や病院のオートメーション・システム購入を助成した。二〇〇五年六月、電子医療記録採用の促進を目指し、保健福祉省は政府役人と医療産業の重役から成るタスクフォース、米国医療情報コミュニティ〔American Health Information Community〕を組織した。電子記録の予想される恩恵を、厳然として信頼できるように思える数値へと変換したランド研究所の調査結果は、興奮と支出の両方をあおり立てた。『ニューヨーク・タイムズ』がのちに報じたように、この研究は「電子記録産業の爆発的成長を促進し、このシステムを導入する病院や医師に対して、何十億ドルもの報奨金を払うよう連邦政府に奨励した」のである。[3] 二〇〇九年に大統領職に宣誓就任して間もなく、バラク・オバマはランド研究所の算出した数値を引用して、政府の資金からさらに三〇〇億ドル、EMR〔電子医療記録（electronic medical record)〕システム購入の助成に回すと発表した。熱狂的な投資が続き、およそ三〇万人の医師と、およそ四千の病院が、ワシントンの大盤振る舞いに乗っかった。[4]

そして二〇一三年、ちょうどオバマが二期目の宣誓を行なおうとしていたとき、ランド研究所は医療ITの見とおしに関し、新たな、まったく異なる内容のレポートを発表した。熱狂は去り、トーンはしおらしくなっていた。「医療ITの使用は増えたが、治療の質と効率性はわずかに上がったに過ぎない。医療ITの有効性に関する調査結果は、有効とも無効とも言いがたいものだった。さらに悪いことに、合衆国の医療における年間合計支出は、二〇〇五年にはおよそ二兆ドルだったのが、現在では約二兆八千万ドルにまで増加している」。最悪なこととして、医師たちが税金を使ってわれ先にとインストールしたEMRシステムは、「相互運用性」に問題を抱えていた。システムが相互に語り合うことができないため、患者の重要なデータが個々の病院や医院に閉じこめられてしまうのだ。医療ITが約束した最大のことのひとつは、ランド研究所の報告が指摘するとおり、「患者ないし医療提供者が、いつでもどこでも必要な医療情報にアクセス」できるようにすることだったのに、現在の

EMRのアプリケーションは、プロプライエタリ〔独占的で、再利用不可能なアプリ〕のフォーマットを採用しているため、「特定の医療システムに対するブランドの忠誠心」を強化するだけのものになっている。ランド研究所はなおも将来に期待しているものの、最初のレポートにあった「バラ色の筋書き」は、いまだ実現していないと告白した。[5]

ランド研究所の最新の結論をバックアップする研究はほかにもある。EMRシステムは合衆国で普及しつつあり、英国やオーストラリアなどの他の国でも普及しているのだけれど、それが恩恵をもたらしている証拠はいまだとらえられていない。二〇一一年にイギリスの公共医療研究者たちが行なった大規模な調査では、コンピュータ化された医療システムについての近年の研究結果が一〇〇以上検証された。患者の治療と安全という点になると、「理論上の恩恵と、実地で示された恩恵とのあいだに、大きなギャップ」があると結論された。システム採用の促進に使われた調査結果も、この研究者たちによると「弱くて矛盾している」ものであり、「これらのテクノロジーの費用対効果の高さを表わしているとされた証拠も、不充分なもの」だった。とりわけ電子医療記録に関しては、既存の調査は確定的な結論を出すものではなく、「基本的に予想される恩恵とリスクの事例証拠」を挙げているに過ぎないと報告された。[6] もう少し明るい評価をしている研究者もいる。二〇一一年、同様に研究結果を検証した保健福祉省は、「近年の研究の大多数によると、医療ITの採用によってかなりの恩恵が生じている」と述べた。しかし、既存の研究の限界を指摘したうえで、「より進んだシステム、あるいは特定の医療IT要素が、いっそうの恩恵を促進するかどうかについては示唆的な証拠しかない」とも結論している。[7] 現在までのところ、医療記録の自動化が、医療コストの大規模な削減と、患者の病状の大きな改善とにつながることを示す強力な実際的証拠は存在していない。
だが、自動医療記録への駆けこみで医師や患者がほとんど恩恵を受けていないとしても、システムを提供した企業は潤っている。医療ソフトウェア会社、セルネル・コーポレーションの総収益は、二〇〇五年から一三年までのあいだに一〇億ドルから三〇億ドルへと三倍になった。たまたまながらセルネル社は、ランド研究所の最初の調査に資金を出した、五つの企業のうちのひとつであった。ゼネラル・エレクトリックやヒューレット・パッカードなどの他のスポンサーも、医療オートメーションからかなりの利益を得ている。相互運用性の問題をはじめとする欠点を修正するため、システムが将来、取り替えられたりアップグレードされたりすれば、IT企業はさらに棚ぼたの収益を得るだろう。

この話に変わったところはない。あまり試されていない新しいコンピュータ・システムを大急ぎでインストールすれば、しかもそれがテクノロジー企業やアナリストの主張で加速された場合であれば、必ずと言っていいほど買い手は幻滅し、売り手は大もうけする。といっても、そういうシステムが絶対にだめだというわけではない。バグが取り除かれ、機能が改良され、価格が下がれば、誇大宣伝されたシステムであっても、最終的には大規模な経費削減につながる。とりわけ、賃金労働者を雇用する必要性が減るからという理由が大きい。(企業が自身の資金ではなく税金を使っている場合、この投資はもちろん、いっそう魅力的な見返りを生み出すことになるだろう)。EMRアプリケーションや関連システムについても、過去に繰り返されてきたパターンが展開されそうだ。医師や病院が医療記録などのコンピュータ化を——政府はなお寛大にも助成金を給付しているのだから——継続していけば、一部の分野では目に見える効率性が達成され、一部の患者の治療の質は向上するだろう。その治療が、複数の分野の専門家の協力を必要とする場合は特にそうだ。患者のデータの断片化と閉鎖性は医療にとって大きな問題だが、上手く設計された標準的情報システムは、その克服に役立つだろう。

まだ詳細のわからないソフトウェアにあわてて投資するものではないという、よくある教訓話だけにとどまらず、ランド研究所の最初のレポートとそれに対する反応は、もっと深い教訓をも提示している。ひとつめは、「コンピュータ・シミュレーション・モデル」による見積もりは、つねに懐疑的に見る必要があるということだ。シミュレーションは単純化でもある。現実世界を不完全にしか複製せず、アウトプットにはしばしば作成者のバイアスが反映される。さらに重要なこととして、オートメーションに対する社会の理解と評価に、代替神話がいかに深く刻まれているかを、レポートとその反響は明らかにしている。システムのインストールに明らかに必要な技術的・訓練的問題を除けば、医療記録を紙に書くことからコンピュータで作成することへの移行はたやすく進むものと、ランド研究所の者たちは思っていた。手書きをオートメーションと取り換えても、医師や看護師などの医療従事者が、医療実践の方法を大きく変えることはないだろうと考えていたのである。ところが実際は、二〇〇六年に『小児科学〔*Pediatrics*〕』誌で医師と学者の研究グループが報告したところによると、コンピュータは「患者を治療する際のワークフロー・プロセスを根底から変える」可能性があったのだ。「患者の治療をより安全に、より効率的にすることで、治療全体を改善するのがコンピュータ化の目的だったとしても、ワークフローの断絶という、意図せざる逆の効果が出てしまい、そのため状況がはるかに悪化してしまうことがある」[8]。

代替神話にとらわれてしまったランド研究所の研究者たちは、電子記録がよい影響だけでなく、悪影響をも及ぼしうる可能性を充分に語ることができなかった——オートメーションの影響に関する多くの予想にもつきまとった問題である。過度に楽観的な分析は、過度に楽観的な政策へとつながる。医師であり医学教授でもあるジェローム・グループマンとパメラ・ハーツバンドが、オバマ政権の助成金についての辛辣な批判のなかで指摘したように、二〇〇五年のランド研究所の報告は「電子医療記録のマイナス面を根本的に無視して」おり、また、書面での記録からデジタルの記録へと移行することに利点が見られないとした以前の研究も、考慮に入れていなかった[9]。ヒューマンファクターの専門家ならとっくに予期できていたことだろうが、オートメーションは手仕事の代替になるというランド研究所の想定は、間違いであったとわかった。だが、税金の無駄遣いやソフトウェアの不適切なインストールといった損失は、すでに生じてしまったあとだった。

ＥＭＲシステムの使用は、ノートを取ったり共有したりだけにとどまらない。ほとんどのものには決定支援ソフトウェアが組みこまれていて、医師は診察や検査のあいだ、スクリーン上のチェックリストやプロンプトを通じ、ガイダンスや提案を受けることができる。医師が入力したＥＭＲ情報は、次に、医院や病院の管理システムへと流れこみ、請求書や処方箋、検査依頼などの書類が自動的に作成される。予想外の結果のひとつに、ソフトウェア導入前に請求していたよりもずっと高額なサービスを、医師がしばしば請求してしまうということがあった。診察しながら医師が入力していくと、システムが自動的に医師が望んでいると思われる手続き——たとえば糖尿病患者の目の検査など——を、に推薦する。手続きの完了を示す印をチェックボックスに入れると、医師は来院記録にメモをつけ加えるだけでなく、多くの場合、請求書に新しい項目をつけ足すようシステムに指示してしまう。プロンプトはリマインダーとして役立ちうるものであり、まれにではあるが、医師が検査の重要項目を見落とすことを防いでくれる。だがこれはまた、請求金額をふくれ上がらせてしまうのだ——システムの売り手たちが、商品の「売り」を隠そうとしていないことの証拠でもある。(10)

ソフトウェア導入以前は、ちょっとした検査などに追加料金を取ることを、医師はあまりしないものだった。もっと一般的な料金——たとえば診察料や、年に一度の健康診断の料金など——に組みこまれていた。だがプロンプトの登場によって、個々の料金が自動的に請求書につけ加えられるようになったのである。ある行動を少し容易にしただけで、システムは医師の振る舞いに、わずかな、しかし大きな意味を持つ変化をもたらしたのだ。ソフトウェアの指示に従うことで、結果的に、より多くの金が医師にもたらされるという事実は、システムに判断を譲ることのさらなる動機になりうる。金銭的な動機がちょっと強すぎるのではないかと案じる専門家たちもいる。電子記録導入の結果、医療費の予期せぬ増大が生じているとする報道を受け、連邦政府は二〇一二年一〇月、この新システムが体系的な過剰請求を、あるいは、メディケア〔高齢者および障がい者向けの公的医療保険制度〕プログラムにおけるあからさまな詐欺行為とさえ言えるものを、そそのかしているのかどうかについて調査を開始した。監察総監室による二〇一四年の報告書は、「医療従事者は、医療記録の作成者が誰であるかを隠し、請求額の水増しを目的として記録内の情報をゆがめるために、［EMR］ソフトウェアを使用する可能性がある」と警告した。(11)

また、電子記録は不必要な検査を医師に奨励するという証拠もあり、これも医療費の減額ではなく増額に寄与している。『ヘルス・アフェアズ〔*Health Affairs*〕』誌に二〇一二年に発表された研究によると、患者のレントゲン写真をはじめとする診断画像が、コンピュータ上でたやすく呼び出せる場合、そうした過去画像への即時的アクセスがない場合と比べ、医師が新たな画像撮影検査を発注する割合は高くなるという。全体として、コンピュータ・システムを持つ医師が来院患者の一八パーセントに画像撮影検査を新たに行なうのに対し、システムを持たない医師が同じことを行なう割合は一三パーセントしかない。電子記録についての一般的前提は、過去の検査結果に容易かつすみやかにアクセスできるため、検査の頻度を減らせるというものである。だがこの研究は、共著者たちが述べるとおり、「その逆が真かもしれない」と示しているのだ。検査結果の受け取りと見直しをたやすくできるようにしたことで、自動システムは「さらに画像検査を発注するよう医師たちに微妙にうながして」いるようだと彼らは述べる。「境界的状況の場合、画像撮影部門から結果を取り寄せるという、時に時間のかかっていた作業が、キーボードをわずかに叩くだけで済ませられるようになったことで、検査発注の方向へとバランスが傾いたのかもしれない」[12]。ここでもまた、実質的に予想不可能なかたちで──しかも、予測に真っ向から刃向かうようなかたちで──オートメーションが人々の振る舞いと、仕事のやり方とを変える様子を見ることができるのだ。

医学へのオートメーションの導入は、航空などの他の職業分野への導入がそうであったように、効率性やコスト以上の影響をもたらす。マンモグラフィ上にソフトウェアがハイライトを示すことで、放射線技師による画像読解が、よい方向にも悪い方向にも変化することはすでに見たとおりだ。日常業務において、医師たちがさらに多くの局面でコンピュータに頼るようになっていけば、彼らの学びに、彼らの決定に、さらには患者のベッド脇での彼らの振る舞いにも、テクノロジーは影響を与えていくことになる。

ニューヨーク州立大学オールバニー校公衆衛生学部教授のティモシー・ホフが行なった、電子記録を採用しているプライマリーケアの医師たちを対象とした研究は、ホフの言う「スキル棄却という影響〔deskilling outcomes〕」の存在を裏づけている。その影響には「医療知識の減少」や「患者をステレオタイプで見ることの増加」などが含まれている。二〇〇七年および二〇〇八年、ホフは、ニューヨーク州北部の大小さまざまなプライマリーケアの医療施設で働く、七八名の医師にインタヴューした。うち四分の三の医師たちが日常的にＥＭＲシステムを使っており、そのほとんどが、患者ひとりひとりに合わせた充分なケアが、コンピュータ化によってできなくなりつつあるのではないかと怖れていた。コンピュータを使用している医師たちは、診察記録には通常、文例集（ボイラプレート）のテキストを「カットアンドペースト」しているけれど、メモを口述したり手書きしたりしているときのほうが、「記録しつつある情報の質と独自性をより深く考察」できるとホフに語っている。実際、手書きや口述のプロセスはある種の「危険信号」として働き、立ち止まって「何が言いたいのかよく考える」ことを自分たちに強いるのだと彼らは言う。電子記録の文面の均質性は、患者への理解をやせ細らせてしまうのではないか、「診断や治療について、充分な知識に基づく決定を行なう能力」を衰えさせてしまうのではないかとの不安を彼らは口にした。(13)

医師たちがテキストのリサイクル、あるいは「クローン」に頼るようになったことは、電子記録採用の当然の帰結である。昔、ワードプロセッサーのソフトウェアを採用したことが、書き手の書き方や編集者の編集方法を変えたのとちょうど同じように、ＥＭＲシステムは臨床医たちのメモの取り方を変えたのだ。カットアンドペーストやドラッグアンドドロップ、ポイントアンドクリックの簡単さや速さと競合せざるをえなくなって、口述や作文といったこれまでのやり方は、その恩恵がどれほどのものだったとしても、のろくて厄介なものに感じられるようになったのである。医師であり、医療記録と請求書作成についての標準的教科書の著者であるスティーヴン・レヴィンソンは、新しく作成された記録のなかに、古いテキストが機械的に再使用されている例が広範に見出されると言う。彼によれば、患者についてメモを取るのに医師がコンピュータを使用した場合、「ほぼ主訴の記述にのみ小さな変化が見られるのを除き、全診察記録が一語一句同じになる」。このような「クローン記録」は「臨床的に意味を成さ」ず、「患者のニーズに応えない」にもかかわらず、より速く、より効率がいいというだけの理由で、デフォルトの手法になっている――そしてもうひとつ見逃せない理由がある。クローン・テキストには処置方法のリストが含まれていて、これまた追加請求のきっかけになりうるのだ。(14)

クローニングが刈り取ってしまうのはニュアンスである。通常の電子記録の内容のほぼすべては「ボイラプレート」だと、ある内科医はホフに語っている。「そこに報告は入っていない。わたしのメモにも、他の医師たちのメモにも」。特殊性と正確性が減少したことのつけは、クローン記録が医師たちのあいだに広まるにつれどんどん積み重なる。医師たちは最終的に、実地学習の主要ソースを失ってしまう。専門医が口述したり手書きしたりしたメモを読むことは、プライマリーケアの医師たちに、長年重要な教育効果をもたらしてきたのであり、個々の患者についてだけにとどまらず、「治療から、新しい検査方法の有効性に至るまで」あらゆることについての彼らの理解を深めてきたとホフは言う。そうした報告書も、リサイクル・テキストによって作られるようになって、精緻さと独自性を失い、学習ツールとしての価値が下がってしまっている(15)。

医療実践についての著書が複数ある、ニューヨーク市のベルヴュー病院の内科医ダニエル・オフリは、紙から電子記録への切り替えで微妙に失われたものをほかにも指摘する。カルテをめくることは、現代では古くさくて非効率に見えるかもしれないが、これを行なうことで医師は長年にわたる患者の病歴を、素早く、かつ意義のあるかたちでつかむことができた。コンピュータによる厳密な情報提示方法は、実際のところ、長期的視野を締め出してしまう。オフリは次のように書いている。「コンピュータだと、すべての来院が同じように外部から見えてしまうので、どれが徹底的な検査のための来院であり、どれが薬をもらうためだけの来院だったか見分けがつかない」。比較的フレキシブルではないインターフェイスと向き合った医師たちは、結局「最近の二、三回の来院記録だけ」をざっと見ることになり、「それ以前のものは全部事実上、電子のゴミの山に放りこまれたままとなる」(16)。

ワシントン大学医学部付属病院で最近行なわれた、紙から電子記録への移行についての研究は、電子記録のフォーマットのせいで、医師が患者のカルテから「関心のある」メモを探し出すのが難しくなっていることに関し、さらなる証拠を挙げている。紙の場合、さまざまな分野の専門家の「特徴的な筆跡」から、重要な情報に素早くたどり着くことができた。電子記録は均質的なフォーマットだから、そのような微妙な区別が消し去られている。[17]そういった、適切な情報への導きという問題以外にも、電子記録の組織化によって、医師の思考方法自体が変わってしまうのではないかとオフリは懸念している。「このシステムは記録の断片化を促進する。ある患者の病状のさまざまな側面が、お互いにつながりのない諸分野に分断されてしまうので、その患者の全体像を頭のなかで統合するのが非常に難しくなる」[18]。

メモのオートメーション化はまた、ハーヴァード・メディカル・スクール教授ベス・ラウンの言う「第三者」を検査室へと導き入れることになる。学生のデイロン・ロドリケズとの共同執筆で二〇一二年に発表した洞察に富む論文で、ラウンは、コンピュータそのものが「臨床医の注目を患者と競い合い、臨床医がその場に全面的に存在することを難しくし、コミュニケーションや関係性を、ならびに、職業的役割についての医師の感覚を変化させている」と述べた。[19]医師にコンピュータのキーボードを叩きながら診察されたことのある人ならばみな、ラウンの述べていることの少なくとも一部は直接的に経験しているだろう。研究者もまた、医師と患者との相互作用の重要な側面を、コンピュータが実際に変化させていることの、実際的証拠を見出しつつある。復員軍人援護局の運営する病院で行なわれたある研究では、電子記録を取りつつ診察する医師にかかった患者たちが、「医師がこちらに話しかけたり、こちらを見たり、診察したりする時間の長さを、コンピュータは短く」しており、また、診察が「あまり個人的でないよう思わせる」傾向があると語っている。[20]その病院の医師たちも、患者たちの評価に全般的に同意している。ＥＭＲシステムの使用が米国よりもさらに広まっているイスラエルの、大きな健康管理組織で行なわれた別の調査では、プライマリーケアの医師たちが、患者を診察している時間のうち二五パーセントから五五パーセントの時間を、コンピュータ・スクリーンを見ることに費やしているとわかった。この研究でインタヴューされたイスラエル人医師の九〇パーセント以上が、電子記録は「患者とのコミュニケーションを邪魔」しつづけていると述べた。[21] 注意力のこうした喪失は、コンピュータを操作しながら他のタスクを行なうことがいかに気の散ることであるかについて、心理学者が述べていることと一致する。「コンピュータと患者の両方に注意を払うことはマルチタスクである」とラウンは言う。そしてマルチタスクは「集中してそこにいようとすることの正反対」なのである。[22]

コンピュータが押し入ってくることは、ほかにもまた別の問題を作り出す。こちらの問題は広く記録されている。EMRおよび関連システムは、スクリーン上で医師への警告を表示するようになっている。危険な見落としやミスの回避を助ける機能だ。たとえば、有害な副作用を引き起こす可能性のある組み合わせで医師が薬を処方した場合、ソフトウェアはそのリスクを表示してくれる。けれども、そうした警告のほとんどは、不必要だとわかる種類のものである。無関係だったり、冗長だったり、単純に間違っていたりする。患者を危険から守るためというよりは、ソフトウェア企業を訴訟から守るために表示されているかのようだ（検査室に第三者を招き入れる際、コンピュータはその第三者の商業的・法的利害も招き入れているのだ）。研究によれば、プライマリーケアの医師は通常、発される警告の一〇のうち九は却下している。これは「警告疲労〔alert fatigue〕」と呼ばれる状態を作り出す。ソフトウェアを電子オオカミ少年のように扱うことで、医師は警告をまるごとチューン・アウトしてしまうのだ。ポップアップするやいなや警告を却下していき、その結果、たまに出てくる正当な警告までも無視されてしまう。警告は、医師と患者の関係に割って入るだけでなく、みずからの目的をくじくようなかたちで提示されているのだ。[23]

健康診断や診察には、きわめて複雑で親密なパーソナル・コミュニケーションがともなう。医師の側には、言葉とボディ・ランゲージに対する感情移入と、冷徹で合理的な分析の両方が要求される。複雑な医学的問題や訴えを解きほぐすため、臨床医は患者の話に注意深く耳を傾けると同時に、既存の診断枠組みを通じてその話をふるいにかけ、導かねばならない。重要なのは、患者の状況の特殊性を把握することと、知識や経験から得た一般的パターンや可能性を推測することとの、ちょうどいいバランスを取ることだ。このプロセスにおいて、チェックリストなどの決定支援機能は価値ある助けとなる。複雑な、時にカオス的でさえある状況に秩序をもたらしてくれる。だが、『ニューヨーカー』寄稿者で外科医であるアトゥール・ガワンデが、著書『アナタはなぜチェックリストを使わないのか?』で述べているとおり、「組織化の美徳」も「勇気と機転、柔軟性」の必要性を消し去りはしない。最良の臨床医を特徴づけるのは、いつでもその「熟練者の大胆さ」である。[24] テンプレートやプロンプトに隷従するよう医師に要求するコンピュータ・オートメーションは、医師と患者の関係性に生じる力学をゆがませてしまうかもしれない。それは診断を効率化し、持っておくべき有用な情報をもたらしてくれるかもしれないが、ラウンが書いているように、「質問の範囲を拙速に狭め」、さらには、患者よりもスクリーンを優先させてしまうオートメーション・バイアスを引き起こすことで、誤診さえもたらすかもしれないのだ。医師はやがて、「スクリーンに先導されての情報収集行動」を行なうようになりはじめ、「患者の話をたどっていくのではなく、スクリーンをスクロールして、そこに現われる質問ばかり問うようになる」かもしれない[25]。

患者ではなくスクリーンに導かれるというのは、若い医師にとってはとりわけ危険なことだとラウンは指摘する。医学における最も繊細かつ人間的な側面――教科書やソフトウェアからは得られない暗黙知――を学ぶ機会が、あらかじめ締め出されてしまうからだ。長期的にはこれは、ある必要な直感を医師が身に着けるのをさまたげるかもしれない。その直感が必要になるのは、患者の生命が一分以内に左右されるような、予期せぬ緊急の出来事に直面した場合である。こうした場合、順序立てて慎重に行動するわけにはいかない。情報を集めて分析したり、テンプレートに従ったりしている時間はないのである。コンピュータはほとんど役に立たない。医師は瞬時に診断し、処置せねばならない。医師の思考プロセスを研究した認知科学者によると、熟練した臨床医は、緊急事態において意識的推論や形式的規則を用いない。知識と経験に基づき、何がいけないのかをさっと「見る」――秒単位で即座に診断を下すことも多い――と、なすべきことをすぐさま行なう。ジェローム・グループマンが著書『医者は現場でどう考えるか』で説明するところによると、「患者の病状のなかでカギとなる複数の手がかりが、医師が特定の病気ないし状態と見なすひとつのパターンへとまとまる」のである。これは非常に高度な能力、グループマンの言う「思考が行動と不可分である」状態だ[26]。精神的オートメーション性の他の形態と同様、これもまた、直接的・即時的フィードバックをともなう継続的な実践によってしか開発されない。医師と患者のあいだにスクリーンを置けば、両者のあいだに距離を置くことになる。オートメーション性や直感の発達を、それはきわめて難しくする。

寄せ集めの反乱が鎮圧されて間もなく、ラッダイト残党たちは、自分たちの怖れが現実のものとなるのを目の当たりにする。他の製品同様、織物の生産も、わずかな年月のうちに職人の手から産業へと移行したのだった。生産の場も、家庭や村の作業場から大工場へと移り、その工場は、充分な労働者と原料と顧客とを確保するため、都市の内部、もしくはその近くに建てられる必要があった。職人たちは職を追いかけ、家族ともども都市化の大波のなかで移動した。その大波は、脱穀機をはじめとする農業器械によって、小作人が仕事を失ったためにさらにふくれ上がった。もっと効率よく、もっと能力の高い機械が設置された新しい工場のなかでは、生産性が増大すると同時に、機械を操作する者たちの責任と自律性の範囲が狭められた。熟練の職人仕事は、非熟練の工場労働へと変わった。

工場での仕事内容の限定化が、労働者のスキル棄却へとつながることを、アダム・スミスは認識していた。「ごくわずかな種類の単純な作業、それも、その効果がおそらくいつも同じである、または同じも同然である作業にずっと従事している者は、自分の理解を表現する機会も、困難を取り除く裏技を見つけ出すべく創意を発揮する機会もない。その困難は決して起こらないのだ」と、彼は『国富論』に書いている。「したがって、当然彼はそのような能力発揮の習慣を失い、通常、人間が成りうるかぎりの愚かで無知な存在となる」[27]。スミスはスキルの劣化を、効率的な工場生産による、不幸だが不可避な副産物と見なしている。彼が取り上げた、分業についての有名な実例がある。あるピン工場でのこと、かつて一本一本のピンを精魂こめて作り上げていたひとりの職人が、非熟練労働者の一団に取って代わられた。その労働者たちはそれぞれ、ごく狭い範囲の作業しかこなさない。「ひとりが針金を引き伸ばし、次のひとりがそれをまっすぐにし、三人目が切り、四人目が尖らせ、五人目が頭をつけるために先端部分を研ぐ。頭の部分を完成するには、それぞれ別のものである二、三種類の作業が必要である。頭をつけるのは独自の仕事であり、みがくのはまた別の仕事である。何本かまとめて紙にくるむのもそれ自体大仕事だ。というわけで、ピン作りという重大な仕事は、およそ一八種類の作業に分けられるのである」[28]。ピン一本の作り方など誰ひとり知らないが、共同しておのおのが自分独自の仕事に精を出すことで、同じ人数の職人が別々に働いたときよりも、はるかに多くのピンができてくるのだ。そして、能力も訓練もほとんど要求されないから、製造業者は労働者を、潜在的労働者の巨大な集団からいくらでも引っぱってくることができ、熟練技術に高額の支払いをする必要性を省くことができる。

スミスはまた、分業が機械化を容易にすること、それによって労働者のスキルがさらに狭まることも認識していた。こみいったプロセスが、範囲のきちんと限定された「単純な作業」へと分解されてしまえば、各作業を実行する機械を作るのは比較的容易になる。工場内での分業は、機械の行なうことのできる限定的作業のセットを生み出しているのだ。二〇世紀初頭になるころには、工場労働者のスキル棄却は、フレデリック・ウィンズロウ・テイラーの「科学的管理法」のおかげで、産業の明白な目標となっていた。スミス同様、「最大限の豊かさ」は「［企業の］仕事が、人間の労力の支出を全体で最小限に抑えたときにのみ」達成されると信じるテイラーは、各機械の使用法を厳密に説明したものを作成し、労働者の心身の動きをすべて記述するよう工場主たちに勧めた[29]。テイラーの考えによると、従来の労働方法における大きな欠点は、個人のイニシアティヴとゆとりを認めすぎたことだった。最適の効率性は、仕事の標準化によってのみ達成されるのであり、それは「規則、法、定式」によって強化され、機械のデザインそのものに反映される[30]。

システムとして見れば、労働者と機械とが、タイトにコントロールされた完璧に生産的なユニットとして融合している機械化された工場は、工学と効率性の勝利だった。その歯車になった人間にとっては、ラッダイトたちが予見したとおり、スキルのみならず独立性の犠牲をも強いるものだった。自律性の喪失は、経済面においてだけにとどまらない。実存的な事柄だったのであり、それについてはハンナ・アーレントが、一九五八年の著書『人間の条件』のなかで次のように強調している。「労働過程のどの瞬間においても手の従者でありつづける職人の道具とは異なり、機械は労働者に向かい、機械に奉仕するよう、労働者自身の身体の自然なリズムを機械的運動に合わせるよう要求する」[31]。テクノロジーは、労働者の活動可能範囲を広げるシンプルなツールから、その範囲を狭める複雑な機械へと進歩したのである——進歩という言葉が、正当であるならばだが。

前世紀後半のあいだに、労働者と機械との関係はいっそう複雑になった。各企業が拡張するにつれ、テクノロジーの進歩は加速し、消費者の支出は爆発的に増加し、新たな形態の職種も次々生まれた。管理職、専門職、事務職は増加し、サービス部門の職も増えた。機械においてもまた、新たな形態のものが怒涛のように登場し、人々はそれらを、勤務中に、あるいは勤務外に、あらゆる用途で使用した。労働プロセスの標準化によって効率性を達成しようとするテイラー的倫理は、事業遂行においていまだ強力な影響力があるものの、社員の創意工夫を引き出したいという意図から、この倫理をあまり強く打ち出さない企業も出てきた。歯車のような従業員はもはや理想ではなくなった。この状況のなかへと持ちこまれたコンピュータは、たちまち二重の役割を帯びる。まずこれは、社員の労働を監視し、計測し、コントロールするというテイラー的機能を果たす。企業はソフトウェア・アプリケーションを、プロセスを標準化し、逸脱を防ぐ強力な手段と見なしたのだ。だが一方、パソコンという形態をとったことで、コンピュータはまた、より大きなイニシアティヴと自律性を個々人に保証する、フレキシブルでパーソナルなツールともなったのである。コンピュータは強制者であると同時に解放者でもあった。

オートメーションの用途が増加して、工場からオフィスへと広がるにつれ、テクノロジーの進歩と労働スキルの棄却との関連性の度合いは、社会学者や経済学者のあいだで激しく議論されるようになる。その議論が最高潮に達したのは一九七四年、社会理論家で元銅細工職人であるハリー・ブレイヴァマンが、『労働と独占資本――二〇世紀における労働の衰退』という、タイトルはドライだが情熱的な著書を発表したときだった。ブレイヴァマンは、仕事と仕事場のテクノロジーにおける近年の傾向を検討し、大多数の労働者は、責任も挑戦も、何か重要なことのノウハウを得る機会も、ほとんど与えられないルーティンの仕事へ注ぎこまれていると主張した。多くの場合彼らは、機械やコンピュータの付属品として行動している。「資本主義的生産様式の発展とともに、スキルという概念そのものが労働の劣化と歩調を合わせて劣化し、スキルを測定する基準も縮んだ結果、今日では、数日間ないし数週間の訓練を要する職にある労働者は「スキル」を持っていると見なされていて、数か月間の訓練は非常にきついこととされ、半年あるいは一年の学習期間を必要とする職――たとえばコンピュータ・プログラマーなど――は、強烈な畏怖の念を引き起こすようになっている」[32]。これに対して、職人の見習い期間は通常少なくとも四年かかり、七年に及ぶことも珍しくないと彼は指摘する。濃密かつ慎重に議論されているブレイヴァマンのこの専門書は広く読まれた。そのマルクス主義的視点は、一九六〇年代から七〇年代初頭にかけてのラディカルな雰囲気に、ほぞ穴にほぞをはめるがごとくぴたりとはまったのである。

ブレイヴァマンの主張に、必ずしもすべての人が感心したわけではない[33]。彼の本の批判者——そしてそれはおおぜいいた——は、伝統的な職人労働者の重要性を誇張しすぎだと非難した。一八世紀や一九世紀ですら、職人労働者は労働力において大きな割合を占めていたわけではないというのである。また、ブルーカラー製造業と結びつく肉体的スキルにばかり重きを置いて、多くのホワイトカラーやサービス業の職種で重要となる、対人スキルや分析スキルをないがしろにしているとも彼らは考えた。後者の種類の批判はさらに大きな問題を指し示している。その問題は、経済全体で見られるスキル・レベルの変化を、検討し、解釈しようとするあらゆる試みを困難にしてしまうものだった。スキルというのはぐにゃぐにゃな概念だ。能力はさまざまな形態を取りうるものであり、それらを測定したり比較したりする、客観的で充分な方法などない。仕事場のベンチで靴を作っていた一八世紀の靴職人は、コンピュータを使って商品の宣伝プランを練っている二一世紀のマーケターと比べ、スキルが高かったり低かったりするだろうか？　左官と美容師は、どちらがスキルが高いだろうか？　造船所で働く配管工が失業し、訓練を経てコンピュータ修理の職を新たに得たとしたら、彼のスキルは上がったのだろうか、下がったのだろうか？　そうした問いに対して納得の行く答えを出せる評価基準など手に入るまい。その結果、スキル棄却の傾向についての議論は、そして言うまでもなくスキル上昇やスキル再獲得や、その他スキルに関わるさまざまな傾向についての議論も、多くの場合、価値判断をめぐる水掛け論に陥ってしまう。

だが、ブレイヴァマンらによる、広範囲でのスキル変動理論が賛否両論にならざるをえないとしても、特定の業種や職業に焦点を当てた場合、様相ははっきりしてくる。どの事例を取っても、機械が精密になるにつれ、人間にまかされる仕事の精密さが減っていくことがわかるのだ。いまではほぼ忘れられているものの、オートメーションがスキルに与える効果についての最も厳密な研究は、すでに一九五〇年代、ハーヴァード・ビジネス・スクール教授のジェイムズ・ブライトによってなされていた。エンジン製造工場からパン工場、飼料工場に至るまで、一三の職場の労働者に対するオートメーションの影響を、細部まで彼は徹底的に検証した。これらのケース・スタディから引き出されたのは、オートメーションの精巧なヒエラルキーだった。いちばん下には手工具があり、そこから一八段階上がっていって、最高位にあるのは、センサーとフィードバック・ループ、電子的コントロールを用いてみずからの動作を調節できるようプログラムされている複雑な機械である。完全にオートメーション化されている状態へと機械が近づくにつれ、さまざまなスキル項目——身体的活動、精神的活動、器用さ、概念的理解など——が変わっていく様子をブライトは分析した。スキル要求が増加するのはオートメーションのごく初期、動力手工具が出現した段階だけだとわかった。より複雑な機械が導入されるとスキル要求は減少しはじめ、高度に自動化された自動調節機械を使用するに至り、スキル要求は激減する。一九五八年の著書『オートメーションと経営〔*Automation and Management*〕』に、ブライトは以下のように書いた。「機械がオートマティックになればなるほど、オペレータのやらねばならないことは少なくなるように思われる」[34]。

スキル棄却がどのように進行するかを示すため、ブライトは金属細工職人の例を引く。やすりや金切りバサミなどのシンプルな手工具だけを使っているあいだ、スキルに主に必要とされるのは仕事についての知識である。この場合はたとえば、金属の質と使用法、身体的な器用さなどだ。動力手工具が導入されると仕事は複雑になり、誤りによる損失は拡大する。労働者には、よりいっそうの注意力と、「新たなレベルの器用さと判断」が要求される。彼は「機械工〔machinist〕」になる。だが、金属の塊を切り分けて、正確なかたちの立体を削り出す工場機械のような、複数の作業を連続的にこなす機械が手工具に取って代わると、「注意力、判断、機械制御の責任は部分的に、あるいは大部分減少し」「機械の動作や調整についての技術的知識の必要性は激減」する。機械工は「機械操作者〔machine operator〕」になる。機械が完全にオートマティックなものになると――自分で自分を調整するようプログラムされるようになると――労働者は「生産活動に対する身体的、または精神的貢献をほとんど、あるいはまったくしなく」なる。もはや仕事に関する知識もたいして必要ない。そうした知識は、設計とコードによって、機械のなかに効率よく組みこまれてしまっているからだ。彼の仕事がもしもまだ存在するなら、それは「パトロール」へと引き下げられている。金属細工職人は「番人、監視者、ヘルパーのようなもの」になる。せいぜいよく言っても「機械と操作管理業務とのあいだの連絡人」である。全体的に見て、「オートメーションの進行による影響とは、まずオペレータから肉体的貢献を取り去ること、次に持続的な精神的貢献の必要性を取り去ること」だとブライトは結論する[35]。

ブライトがこの研究を始めたとき、企業の重役も政治家も学者もそろって共有していた前提は、オートメーションは労働者に、いっそう多くのスキルと訓練を要求するというものだった。ブライトは、自分でも驚いたことに、多くの場合その反対が真実だと発見したのである。「想定されているものに近いスキル上昇効果が、どこにも見られないとわかったのは驚きであった。それどころか、操作にあたる労働者へのスキル要求を、オートメーションが引き下げたことを示す証拠のほうが多かったのである」。一九六六年、オートメーションと雇用に関する米国政府委員会のための報告書のなかで、ブライトはかつての自分の調査を再検討し、その後起こったテクノロジーの発展について論じている。彼の指摘によると、ビジネスと工業においてメインフレーム・コンピュータが急速に採用されたことにより、オートメーションの進歩はさらに推進された。広範囲でのコンピュータの採用は、スキル棄却の傾向を食い止めるよりもむしろ継続させるだろうと、初期の証拠は示唆している。ブライトは以下のように書いた。「教訓はますます明白なものとなっていると言わざるをえない――高度に複雑な装置には、スキルを持ったオペレータが必要だというのは必ずしも正しくないのだ。「スキル」は機械のなかに組みこめるのだから」[36]。

騒々しい機械を操作する工場労働者と、静まりかえったオフィスで、タッチスクリーンやキーボードを通じて秘密めいた情報を入力する高学歴の専門職とでは、ほとんど共通するところがないかのように見えるかもしれない。だがどちらに見られるのも、人間がオートメーション・システムと――第二者と――仕事を共有している姿である。そしてオートメーションに関するブライトの、およびその後の研究が明らかにしているとおり、システムの精密化は、それが機械的に動作するものであれデジタルに動作するものであれ、役割や責任の分割のされ方を決定するのであり、その結果、行使するよう各当事者に求められるスキルの種類も決定される。スキルが組みこまれれば組みこまれるほど、機械はその仕事をコントロールする権利を獲得するのであり、労働者がより深い能力――たとえば解釈や判断に関わる能力――に従事し、その能力を開発する機会は減少していく。オートメーションが最高レベルに達し、仕事を支配するようになると、労働者はスキル面でもはや降下するしかない。これは強調しておくべきことだが、機械と人間との合同労働による直接の成果は、効率性の尺度から言えば、あるいは質の尺度から言っても、すぐれているかもしれない。だが、にもかかわらず、人間の側の責任と主体性は減じられる。「思考する機械の代償が、思考しない人間だとしたらどうだろうか?」と、技術史研究者のジョージ・ダイソンは二〇〇八年に問うた。[37] この問いは、分析と決定の責任がコンピュータへと移行するにつれ、いよいよ重大なものとなっている。

決定支援システムの能力が拡大して、医師の思考を導き、医療上の決定における特定の側面を支配するようになっていることは、コンピュータが近年獲得した劇的な要素を反映している。診断するとき、医師は膨大な専門情報に関するみずからの知識に頼るが、その知識は長年にわたる厳格な教育と実習、ならびに、医学雑誌などの文献を絶えず読みつづけることで学んだものだ。このような深く専門的な知識、多くの場合暗黙知である知識を、コンピュータが複製することは、ごく最近まで、不可能ではないとしても困難なことであった。だが、処理速度の止めがたい進歩、データの保存とネットワーク化のコストの激減、および、自然言語処理やパターン認識をはじめとする人工知能機能の急激な発展が、この状況を覆した。テキストなどの膨大な情報を検討し、解釈することが、コンピュータは以前よりもはるかに得意になった。コンピュータは、データ内の相関関係――共存する傾向、同時もしくは連続的に起こる傾向のある特徴や現象――を見つけ出し、しばしば正確な予想を行なうことができる。たとえば、ある一連の症状を示している患者が特定の病気を持っている、または発病する確率を計算したり、特定の病気の患者が特定の薬品、または特定の治療法で改善される可能性を算出することによってだ。

現象間の複雑な統計的関係を動的にモデルにした、決定木〔決定を行なうため、データをツリー状に構成した予測モデル〕やニューラルネットワーク〔脳神経をシミュレートしたモデル〕などの機械学習の技法を通じ、より多くのデータを処理し、以前の予測の正確性についてのフィードバックを受け取るにつれ、コンピュータはさらに正確な予想をできるようになっていく。[38] さまざまな変数に与えられる重みはもっと正確になり、確率の計算も、現実世界で起こることをより正しく反映するようになっている。今日のコンピュータは人間同様、経験を経るごとにいっそう賢くなる。機械学習プロトコルが回路に組みこんでいる、新型の「ニューロモーフィック」マイクロチップは、今後数年でコンピュータの学習能力を激増させるだろうと、一部のコンピュータ科学者たちは考えている。機械はより洞察力のあるものになるだろう。コンピュータが「賢い」だの「知的」だのと言われるといらだつ人もいるだろうが、医師が持つ理解力や共感能力、洞察を欠いてはいるとしても、事実コンピュータは、膨大な量のデジタル情報――近年「ビッグデータ」と呼ばれるようになったもの――を統計的に分析することで、医師の判断の多くを複製することはできる。知性の意味を問う過去の議論の多くは、今日、荒々しく数字を刻みつづけるデータ処理機械の大群のせいで、ほとんど無効にされつつある。

コンピュータの診断スキルは、今後上昇しかしないだろう。ひとりひとりの患者のデータが、電子記録、デジタル画像と検査結果、薬の処方記録、それからあまり遠くない未来には、個人のバイオロジカル・センサーと健康管理アプリによる記録といったかたちで集められ、保存されていけば、相関関係を見つけ、確率を計算することを、コンピュータはいっそう繊細なレベルでやり遂げるようになるだろう。テンプレートもガイドラインも、いっそう包括的で精巧なものになるだろう。現在の医療が、さらなる効率化に重きを置いていることからすると、医療分野においても、最適化と標準化というテイラー的倫理が定着することになりそうだ。個人の臨床的判断から、いわゆる「根拠に基づく医療〔evidence-based medicine〕」(EBM)の統計的アウトプットへと移行するという、すでに強力なものとなっている傾向が、さらに勢いを増すだろう。診断と処置に関する主導権をソフトウェアに譲れという――経営者からの直接的な命令ではないとしても――プレッシャーに、医師はますます直面することになるだろう。

冷たく聞こえるかもしれないが、決して不正確ではない言い方をすれば、じきに多くの医師は、決定を行なうコンピュータのために情報を収集する、人間センサーの役割を担うことになるかもしれない。患者を診察し、電子フォームにデータを打ちこむのは医師だろうけれど、診断を提案し、治療法を推奨するにあたっては、コンピュータが主導権を握るだろう。ブライトが提示したヒエラルキーを、コンピュータ・オートメーションが着実に昇っていくことにより、医師たちは、その仕事の少なくとも一部においては、かつて工場労働者にのみ限定されていたスキル棄却効果を経験することになるように思われる。

医師だけではない。エリート専門職の仕事へのコンピュータの侵入は、至るところで起こっている。企業の監査役の思考が、リスクなどの変動要素について予測を行なう、エキスパートシステムによってかたちづくられていることはすでに見たとおりだ。他の金融関係の専門職も、融資担当者から投資顧問に至るまで、決定を行なうのにコンピュータ・モデルに頼っているし、ウォール街はいまや大部分、相関関係をあぶり出すコンピュータと、それをプログラムする定量分析の専門家に牛耳られている。ウォール街がたびたび記録的利益を叩き出しているという事実とは裏腹に、二〇〇〇年から一三年までのあいだに、証券ディーラーやトレーダーとして雇用されている人々の数は、一五万から一〇万へと、三分の二にまで激減した。ある金融アナリストがブルームバーグの記者に語ったところによると、証券会社や投資銀行の最終的目標は、「システムをオートメーション化し、トレーダーを追放する」ことだ。まだ残っているトレーダーはといえば、「いまやコンピュータ・スクリーン上のボタンを押す以外やることがない」という。[39]

これは単純な株や債券の取り引きだけでなく、複雑な有価証券のパッケージングやり取りにも当てはまることだ。テクノロジー・アナリストで、かつて投資銀行家だったアシュウィン・パラメスワランは以下のように指摘する。「金融派生商品を評価し、取り引きするために必要な、スキルとノウハウを切り下げる多大な努力を銀行は行なってきた。ソフトウェアのなかにできるだけ多くの知識を組みこめるよう、トレーディングのシステムは順調に修整されてきている」。[40] 予測アルゴリズムは、ヴェンチャー資本という高みにまでも入りこみつつある。そこにいるトップの投資家たちは、ビジネスと革新に鼻が効くことをずっと誇りにしてきた人々だ。アイアンストーン・グループやグーグル・

ヴェンチャーズなどの大手ヴェンチャー投資会社は、現在はコンピュータを用いて事業の成功記録からパターンを読み取り、それに従って投資を行なっている。

同様の流れは法律の世界でも進行している。もう何年も前から弁護士は、法律データベースを検索したり書類を準備したりするのをコンピュータに頼っている。近年、ソフトウェアは法律事務所において、さらに重要な役割を担うようになった。文書探索という重要なプロセス――そのプロセスにおいては従来、若手弁護士やパラリーガルが、大量の書簡やEメールやメモに目をとおして証拠を探したものだ――が、かなりの部分自動化されているのだ。コンピュータは、何千ページものデジタル文書を数秒で分析できる。言語分析アルゴリズムを搭載したeディスカバリー・ソフトウェアを用い、関連単語やフレーズを見つけ出すだけでなく、出来事のつらなり、人間関係、個人的な感情や動機さえも見分けることができる。一台のコンピュータが、高給取りの専門職何十人分もの仕事を引き受けることができるのだ。文書作成ソフトウェアも進歩している。シンプルなチェックリストに記入するだけで、複雑な契約書を一、二時間で組み立てられる――かつては何日もかかった仕事だ。

さらに大きな変化も差し迫っている。法律ソフトウェア会社は、統計的予測アルゴリズムの開発を始めている。過去の何千もの判例を分析することで、裁判籍や和解案の言葉など、成功の確率を高める法廷戦略を推薦するアルゴリズムだ。現在のところ年長の訴訟関係者の経験と洞察が必要とされる種類の判断を、じきにソフトウェアも行なうことができるようになるだろう。[41] 二〇一〇年にスタンフォードの法学教授とコンピュータ科学者たちが始めた企業、レックス・マシーナの提供内容は、今後の動きの先駆けと見ることができる。知的所有権に関するおよそ一五万件の判例をカバーするデータベースを用い、同社は、法廷や主席判事、関わる弁護士や係争人、関連訴訟の結果などのファクターを考慮に入れて、さまざまな状況における特許関連訴訟の結果を、コンピュータ分析で予測しているのだ。

予測アルゴリズムはまた、重役たちが行なう決定においても大きな役割を担いつつある。企業は、雇用や給与、昇進に関わる決定を自動化する「人事分析」ソフトウェアに年間何十億ドルをも費やしている。ゼロックス社は現在、コールセンター五万名の求人に対する志願者を絞りこむのを、もっぱらコンピュータに頼っている。志願者はコンピュータに向かい、三〇分間のパーソナリティ・テストを受ける。すると、彼らがどれだけよい実績を出しうるか、きちんと出勤するか、仕事を継続するかについての確率を反映した点数が、ただちに雇用ソフトウェアによってはじき出される。高得点を出した者に採用通知を出し、低得点の者にはお引き取り願うというわけだ。[42] UPS社〔ユナイテッド・パーセル・サービス社。貨物運送会社〕は予測アルゴリズムを使ってドライバーたちにその日のルートを示す。小売業者の場合は、商品の最適な並びを決定するのにこれを使う。マーケターと広告代理店の場合は、いつどこに広告を出すかを決め、SNSにプロモーション・メッセージを出すのにこれを使う。経営者たちは、ソフトウェアにどんどん従属するようになっている。コンピュータが出すプランや決定をさっと見て、よく検討することもなく承認する。

ここにはアイロニーがある。コンピュータは経済の中心を、物理的商品からデータのフローへと移したことで、二〇世紀最後の数十年のあいだに、情報労働者たちに新たな地位と富をもたらした。長らく中産階級を支えてきた工場労働の職が、海外に移されたりロボットの手に渡ったりしているあいだに、スクリーン上の記号やシンボルを操作することで生計を立てる人々が、新しい経済のスターとなった。一九九〇年代後半のドットコムバブルの時代、コンピュータ・ネットワークから個人の証券口座へと富が湯水のようにあふれて流れこんだ、この多幸感に満ちた数年間は、限りなき経済機会という黄金時代の開始を予告するかのように思われた――テクノロジーを熱心に宣伝する人々は、この時代を「長期的好景気」と呼んだものだ。だが、よい時代は過ぎ去るのも速い。現在われわれが目撃しているのは、ノーバート・ウィーナーが予想したとおり、オートメーションはえり好みしないという事態である。コンピュータは工業ロボットの動きを指示するのも得意だが、記号を分析したり、情報を区別して管理するのも得意だ。工場同様、データ・センターがオートメーション化されるにつれ、複雑なコンピュータ・システムをオペレートする人々さえも、ソフトウェアのせいで職を失いつつある。グーグルやアマゾン、アップルなどが運営する、巨大なサーバの位置する場は、実質的に自動で動いている。ヴァーチャル化、すなわち、サーバなどのハードウェア構成要素の機能をソフトウェアで複製するというエンジニアリング技術のおかげで、こうした設備のオペレーションを、アルゴリズムが監視し、コントロールすることが可能となったのだ。ネットワークに生じた問題や、アプリケーションの突然の故障も、自動的に、多くの場合ほんの数秒で、検出され修復される。イタリアのメディア学者フランコ・ベラルディの言う、二〇世紀後半における「労働の知的化〔intellectualization of labor〕」は、二一世紀初頭における知のオートメーション化の先触れに過ぎなかったということになるかもしれない。[43]

人間の洞察や判断の模倣を、コンピュータがどれだけできるようになるか予測するのはつねにリスキーなことだ。最近のコンピュータ関連の傾向から推定しても、ファンタジーへと転じてしまいがちである。だが、ビッグデータ伝道者たちの大風呂敷に逆らい、相関関係に基づく予測をはじめとする統計的分析の、適用性と便利さには限界があるという前提で考えるなら、こうした限界にぶち当たるには、コンピュータはまだほど遠いことがはっきりするように思われる。二〇一一年初め、クイズ番組『ジェパディ！〔Jeopardy!〕』で、二人のトッププレーヤーに圧勝してチャンピオンになったIBMコンピュータ「ワトソン」は、コンピュータの分析能力が向かっている先を指し示していた。手がかりを見つけ出すワトソンの能力は驚くべきものだったが、現在の人工知能プログラミングの基準に照らせば、とてつもない偉業を達成したわけではない。実質的に行なっていたことは、膨大な文書データベースから答えとしてありうるものを探し、同時にさまざまな予測ルーティンを作動させることで、正解確率の最も高い答えがどれであるかを決定するというものだ。だがそれがきわめて迅速に行なわれたため、雑学や言葉遊びなどを含むトリッキーなクイズで、並外れて頭のいい人々をも上回ってしまったのだった。

ワトソンが象徴していたのは、新しい実用的な人工知能の開花だった。さかのぼって、デジタル・コンピュータがいまだ生まれたてであった一九五〇年代・六〇年代、多くの数学者とエンジニアたち、およびかなりの数の心理学者と哲学者たちは、人間の脳が、ある種のデジタル計算機のように機能するべきだと思っていた。コンピュータのなかに、精神のメタファーとモデルを見ていたのである。となれば、人工知能の作成は、かなりシンプルなことになるだろう——われわれの頭蓋のなかで動作しているアルゴリズムを取り出し、それらのプログラムをソフトウェアのコードへと翻訳してやればよい。だがそれは上手く行かなかった。最初の人工知能戦略は惨敗に終わった。われわれの脳内で動作しているものが何であれ、それをコンピュータ内部で動作する計算に還元することはできなかったのである（*）。今日のコンピュータ科学者たちは、人工知能に対して非常に異なるアプローチを取っている。そのアプローチは以前ほど野心的ではないが、もっと効率的なものだ。目標はもはや、人間の思考の過程を複製することではなく――それはまだわれわれの理解の及ばないところにあるからだ――思考の結果を複製することとなっている。コンピュータ科学者たちは現在、精神が生み出す特定のもの――雇用に関する決定だの、雑学クイズへの解答だの――に注目し、精神を持たないコンピュータが、同じ結果に到達するようプログラムしている。ワトソンの回路の働きは、『ジェパディ！』出演者の精神の働きと類似する部分をほぼ持たないが、それでもワトソンのほうが高得点を叩き出せるのだ。

一九三〇年代、博士論文執筆中だった英国の数学者にしてコンピュータのパイオニア、アラン・チューリングは、「神託機械」という概念を思いついた。これは、蓄積されたデータに対し、一連の

＊　「ニューラル・ネットワーク〔neural network〕」や「ニューロモーフィック〔neuromorphic〕」といった用語は、脳の動作と同じやり方でコンピュータが動作している（またはその逆）という印象を与えるかもしれない。だがこうした用語は比喩的表現であって、文字どおりに取られるべきではない。われわれはいまだ脳がどのように動作しているのかを知らず、ニューロンの相互作用からどのようにして思考や意識が生じるのかも理解していないのだから、脳と同じ方法で動くコンピュータを作ることなどできないのだ。

明確なルールを「何らかの不特定の手段」によって適用することで、暗黙知を通常要求するような種類の問いに答えることのできる、コンピュータの一種である。「直感〔intuition〕を消去し、発案〔ingenuity〕だけを残すことはどこまで可能か」をチューリングは知りたいと思っていた。思考実験として、彼はまず、この機械が数値を書きこむ明敏さに限界はなく、その計算速度や、計算対象とするデータの量にも上限はないと仮定した。「どれだけの発案が必要とされるかは考えない。したがって、この機械は無限の用途に適用できるものとする」と彼は書いている。(44) いつものごとくチューリングには先見の明があった。当時気づいている者のほとんどいなかったアルゴリズムの潜在的知性を彼は理解しており、この知性が素早い計算によって解放されるだろうことを予測していたのだ。コンピュータとデータベースには必ず限界があるが、ワトソンなどのシステムのなかに、われわれは実用化された神託機械の到来を見る。チューリングが想像しかできなかったものを、エンジニアたちはいま構築しているのだ。発案は直感に取って代わりつつある。

ワトソンが持っていたデータ分析の明敏さは、腫瘍専門医などの医師たちの診断を補助するものとして実用に供されつつあり、将来はさらに法律や金融、教育などの分野にも適用されることをIBMは予見している。CIAやNSAなどの諜報機関もこのシステムを試験中だと伝えられている。われわれの精神運動スキルを複製し、物理的世界におけるわれわれのナヴィゲート能力に匹敵、またはそれを凌駕する、コンピュータの新たな力をグーグルカーが明らかにしているとすれば、ワトソンが明らかにしているのは、われわれの認知スキルを複製し、シンボルと概念の世界におけるわれわれのナヴィゲート能力に匹敵、またはそれを凌駕する、コンピュータの新たな力なのである。

だが、思考のアウトプットを複製しても、それは思考ではない。チューリング自身が強調しているとおり、アルゴリズムは直感の完全な代わりにはならないのである。「推論の意識的連鎖の結果ではない自発的判断」が生じる場が必ずある。[45] われわれを知的な存在としているのは、文書から事例を引き出す能力でもなければ、データの並びのなかに統計的パターンを見出す能力でもない。物事を理解する能力——観察や経験から、生きることから得た知識を、その後あらゆるタスクや難題に適用できる、豊かで流動的な世界理解へと組織する能力である。意識的・無意識的認知を、推論とインスピレーションとを生み出す、精神のこのしなやかな特質こそが、人間をして概念的に、批判的に、隠喩的に、推測的に、機知のあるかたちで思考させる——論理と想像の跳躍をさせるのだ。

　トロント大学のコンピュータ科学者でロボット工学者のヘクター・レヴェックは、人間なら一瞬で答えられるが、コンピュータは戸惑ってしまうシンプルな問いの例を挙げている。

> 大きなボールがテーブルを貫通した。それが発泡スチロールでできていたからだ。さて、発泡スチロールでできていたのは、大きなボールか、テーブルか？

われわれは苦もなく答えることができる。発泡スチロールがどんなものか、テーブルに物を落としたらどうなるか、テーブルとはどんな感じのものか、「大きな」という形容詞が何を暗示しているかがわかっているからだ。われわれは状況の文脈を、および、その状況を描写するのに使われている言葉の文脈を把握する。ところが、世界に対する真の理解を欠いているコンピュータにとって、この問いに使われている言葉は絶望的に不明瞭である。コンピュータはアルゴリズムのなかに閉じこめられたままだ。膨大なデータの統計的分析へと知性を還元してしまうことは、「パフォーマンスは立派であるもののイディオ・サヴァン的であるシステムへと、われわれを導く可能性がある」とレヴェックは言う。そうしたシステムは、チェスや『ジェパディ！』や顔認識などの、厳密に限定された精神活動においてはすぐれているかもしれないが、「専門領域の外ではまったく絶望的」だ。[46]正確性は際立っているものの、多くの場合、それは認知範囲の狭さを示すものである。

確率論で答えられる問いに対してさえも、コンピュータの分析に間違いがないわけではない。コンピュータの計算の速さと、見かけ上の正確さは、これを支えるデータの限界とゆがみを隠してしまうことがある。そのデータを掘り進めるアルゴリズム自体の不完全さを隠蔽することについては言うまでもない。大量のデータには必ず、信用できる相関関係と並んで、偽の相関関係も多数含まれている。単なる偶然にミスリードされたり、実体のないつながりをでっち上げたりしてしまうのも難しくはない。[47]さらに、特定のデータのセットが重要な決定の土台にいったんなってしまうと、データとその分析は腐敗しやすくなる。金融的、政治的、あるいは社会的利益を求め、人々はシステムを操ろうとする。社会科学者ドナルド・T・キャンベルは、一九七六年に発表した有名な論文のなかで次のように説明している。「どんなものであれ、量的な社会指標が社会的決定のために使われれば、その決定は腐敗への圧力に屈しやすくなり、それが監視するはずの社会的プロセスをゆがませ、腐敗させることになる」。[48]

データやアルゴリズムの欠陥は、専門家たちを、およびもちろんほかの者たちを、とりわけ有害な種類のオートメーション・バイアスに陥らせることがある。ヴィクター・マイヤー＝ショーンベルガーとケネス・クキエは、二〇一三年の共著書『ビッグデータの正体』のなかで次のように警告する。「恐ろしいのは、何かが欠けていると疑う充分な根拠があるときでさえ、分析結果に考えなしに縛られるままになってしまうだろうことだ。（中略）もしくは、本来それに値しないほどの真実性を、データに帰属させてしまうだろうことだ」[49]。相関関係を計算するアルゴリズムに特有のリスクは、過去についてのデータに依拠して未来を予測することから来ている。たいていの場合、未来は予想どおりに動く。前例に従うのだ。だが、状況が既存パターンから逸れている独特な場合においては、アルゴリズムは非常に不正確な予測をする可能性がある――この事実はすでに、高度にコンピュータ化されたヘッジファンドや証券会社のいくつかに、大損害を与えている。数々の能力を有しているにもかかわらず、コンピュータはいまだ恐ろしいほど常識が欠けているのだ。

マイクロソフトの研究者、ケイト・クロフォードが言う「データ原理主義」[50]を奉じれば奉じるほど、コンピュータが模倣できない多くの能力をわれわれは軽んじがちになる――ソフトウェアに支配権を与えるあまり、現実の経験から来るノウハウを人間が行使する能力を制限してしまうのだ。そしてそのノウハウは、しばしばクリエイティヴな、反直感的な洞察を導くものである。電子医療記録による、予見されざるいくつかの影響が示しているとおり、テンプレートやフォーミュラは還元的にならざるをえないものであり、たやすく精神を拘束してしまう。ヴァーモントの医師で医学教授であるローレンス・ウィードは、一九六〇年代以来、医師のコンピュータ使用を雄弁に唱道してきた[51]。コンピュータ使用は豊富な知識に基づくスマートな決定を助けるというのがその主張であり、彼は電子医療記録の父と呼ばれている。だがその彼でさえ、現在の医療における「誤った方向に導きかねない統計的知識の使用」は、「患者の治療に不可欠である、個々人についての知識を体系的に除外してしまう」と警告している[52]。

人間の意思決定を研究している心理学者のゲーリー・クラインの場合、憂慮はさらに深い。根拠に基づく医療は、定められた規則に従うよう医師に強制することで、「科学の進歩をさまたげかねない」と彼は書く。もしも病院や保険会社が「ＥＢＭを義務づけたとしたらどうなるだろう。最良のやり方から少しでも外れたときによくない結果が出たとする、そんなときに訴えられたとしたらという怖れもあって、医師たちは、ランダム化比較試験〔主に医療分野で使われる、客観的に治療効果を評価することを目的とした研究方法〕でまだ試されていない別の治療戦略を、採用しようとはしなくなるだろう。医学的専門技術と、研究への敬意とを合わせ持つ前線の医師たちが、探究をさまたげられ、発見への意志をくじかれるならば、科学の進歩は抑えつけられてしまうだろう」[53]。

もしわれわれが不注意であれば、知的労働のオートメーション化は知的努力の性質と焦点を変化させ、最終的に、文化そのものの土台のひとつを浸食してしまうだろう――つまり、世界を理解したいというわれわれの欲望を、である。予測アルゴリズムは、相関関係の発見に神のごとく長けているかもしれないが、特色や現象の裏にある原因にはまったく無関心だ。しかし、因果を見出すこと――物事がなぜ、どうやってそのように動いているのかを、細心に解きほぐしていくこと――こそが、人間の理解の範囲を押し広げ、究極的に、知に対するわれわれの探求に意味をもたらすのである。確率をオートマティックに計算するだけで、専門的・社会的目的には充分だと思うようになったら、根拠を求め、知と驚きへと続く曲がりくねった道を果敢にたどって行こうとする欲望と動機を、われわれは失うか、少なくとも弱めてしまうかもしれない。1ミリセカンドかそこらでコンピュータが「答え」を吐き出してくれるというのに、なぜわざわざ？

一九四七年発表の論文「政治における合理主義」で、イギリスの哲学者マイケル・オークショットは、近代合理主義者の姿を鮮やかに描き出した。「彼の精神には空気もなく、季節や温度の変化もない。彼の知的プロセスは可能なかぎり外的影響から隔絶され、真空のなかで動いている」。合理主義者は文化にも歴史にも関心がない。個人的視点を涵養することも、表わすこともしない。その思考は、「多様で錯綜した経験を、ひとつの公式へと還元する速さ」[54]においてのみ秀でている。オークショットの言葉は、コンピュータの知能を完璧に表現した言葉でもある。それは著しく実用的で生産的であると同時に、好奇心と想像力を完全に欠いた、世界と交わることのない知能だ。

第６章

世界とスクリーン

カナダ北部、ヌナヴト準州のメルヴィル半島沖にある小さな島、イグルーリクは、冬には途方に暮れてしまうような場所になる。平均気温は零下二〇度あたり。周りの海は分厚い氷に覆われ、太陽も見えない。苛酷な状況にもかかわらず、イヌイットのハンターたちは四千年ものあいだ、カリブーなどの獲物を求め、島にある家を離れて氷上とツンドラを何マイルも移動してきた。目印はほとんどなく、雪の積もり方も絶えず変わり、足跡はひと晩で消えてしまう、広大で不毛な北極地方を旅するハンターたちの能力は、イギリスの探検家ウィリアム・エドワード・パリーが、イヌイットのガイドの地理的知識の「驚愕すべき正確さ」を日記に記した一八二二年以来、旅行者や科学者たちを驚かせてきた。(1) イヌイットの並外れたナヴィゲーション・スキルは、テクノロジーを操る巧みさからではなく――地図やコンパスなどの道具を彼らは用いない――風、雪の吹きだまり、動物の行動、星、潮、海流についての深い理解から来ている。イヌイットは知覚の達人なのだ。

あるいは、少なくともかつてはそうだった。新ミレニアムが始まるころ、イヌイットの文化のなかで何かが変化したのである。二〇〇〇年に米国政府は、民間のGPS使用に関する規制の多くを撤廃した。価格低下と同時に、GPSデバイスの正確性はさらに向上した。すでに犬ぞりからスノーモービルへと乗り換えていたイグルーリク島のハンターたちも、コンピュータが示す地図と針路に頼りはじめた。若い世代はとりわけ新しいテクノロジーを使いたがった。昔は、若いハンターは年長のハンターの下で、長く厳しい修業期間を過ごし、何年もかけてナヴィゲーションの能力を培ったものだった。しかしいまや、安価なGPSレシーバーを購入するだけで、訓練期間をすっ飛ばし、ナヴィゲーションの責任をデバイスに引き渡すことができるのである。それに、かつては猟に出かけることなど不可能だった状況、たとえば濃霧などの場合でも移動することができる。楽で便利で正確な自動ナヴィゲーションと比べると、イヌイットの伝統的わざは、時代遅れで面倒なものに見える。

だが、GPSデバイスがイグルーリク島に普及するにつれ、狩りの最中の深刻な事故が報告されはじめた。なかには怪我や、死亡にさえつながったものもある。原因は多くの場合、衛星を信用しすぎたことだとされた。レシーバーが故障したり、バッテリーが凍ったりすると、ナヴィゲーション・スキルが発達していないハンターは、何の目印もない荒野でたやすく迷ってしまい、のたれ死にすることすらある。デバイスがきちんと動いているときでさえ危険だ。衛星マップに詳細に描かれたルートをたどるうちに、トンネル視野に陥ってしまうことがある。GPSの指示を信用し、ナヴィゲーション・スキルのある者なら回避するだろう、薄い氷や崖などの危険な場所へ突っこんでしまうのだ。こうした問題のいくつかは、ナヴィゲーション・デバイスの改善や、その使用法をしっかり指導することで、いずれは緩和されるかもしれない。しかし、決して緩和されないだろうことは、ある年長のイヌイットが「イヌイットの知恵と知識」と呼んだものの喪失である。[2]

オタワにあるカールトン大学の人類学者、クローディオ・アポータは、イヌイットのハンターを長年研究している。彼によると、衛星ナヴィゲーションは魅力的な利点を提供するが、これを採用したことで、ナヴィゲーション能力の低下はすでに始まっており、また、もっと全般的なこととして、土地の感覚が弱まっているという。GPS搭載のスノーモービルに乗っているハンターは、コンピュータから送られる指示に集中してしまうため、周囲の状況を見なくなる。アポータの表現によれば「目隠しをして」移動しているのだ。[3] 何千年にもわたってある集団を定義し、特徴づけてきた特異な才能が、わずか一世代か二世代のあいだに消え失せてしまうのである。

世界は不思議で、可変的で、危険な場所だ。そのなかを動くには、どんな動物も精神的・肉体的努力を多大に要する。人類はずっと、旅の苦労を減らすための道具を創ってきた。歴史とは何よりもまず、迷うこともひどい目に遭うことも食べられることもなく、より遠くまで、より困難な道を超えていくことを可能にする、新たな巧妙な方法の発見の記録である。まず単純な地図や道標が登場し、続いて星図や海図、地球儀が、それから測深錘や四分儀、アストロラーベ〔古代の天体観測機器〕、コンパス、八分儀、六分儀、望遠鏡、砂時計、クロノメーターなどの器具が現われた。海岸に灯台が建てられ、沖合いにブイが設置された。道路が舗装され、標識が立ち、ハイウェイはつながり、番号が振られた。創意工夫で移動するのは、われわれのほとんどにとって、もう大昔からのことだ。

われわれのナヴィゲーション・ツールキットに加わった最新のものが、GPSレシーバーをはじめとする、マッピングや方向指示の自動デバイスだ。これはおなじみの話に、新たな困ったひねりをつけ加えた。かつてのナヴィゲーション補助器具、とりわけ一般庶民にも入手可能で手ごろなものは、まさにそのとおり、補助に過ぎなかった。旅人が周囲の世界をよりいっそう認識できるようそれらは作られていた——方向感覚を鋭くし、前もって危険を警告し、近くにある目印を際立たせ、全般的に、なじみの場所であろうとなかろうと、その場所に自分を位置づけることを助けるものだった。衛星ナヴィゲーション・システムはこれらのことを全部、いや、それ以上のことをもすることができるが、環境に対するわれわれの関わりを深めることは意図していない。むしろ、そうした関与の必要性を取り去ることを意図している。ナヴィゲーションの仕組みを管理し、われわれの役目をコマンド――五〇〇ヤード先で左折し、次の出口を出てずっと右へ行けば、前方に目的地が見えます――に従うことへと引き下げるこれらのシステムは、ダッシュボードに表示されるものであれ、スマートフォンであれ、専用のGPSレシーバーであれ、みな最終的にわれわれを環境から切り離す。二〇〇八年、コーネル大学の研究チームは論文に次のように記した。「GPSがあれば、もはや自分がどこにいるか、目的地がどこかを知る必要もなく、道沿いにある目印に気をつける必要も、車内や車外で人の助けを借りる必要もない」。ルート探索のオートメーション化は、「物理世界をナヴィゲートすることによってその世界を経験するというプロセスを阻む」ことに寄与する。(4)

生活を楽にしてくれるガジェットやサービスにはよくあることだが、安価なGPSユニットの登場をわれわれは歓迎したのだった。そうした多くの人々の声を代弁して、『ニューヨーク・タイムズ』に寄稿しているデイヴィッド・ブルックスは、二〇〇七年の署名記事「アウトソーシングされる脳〔The Outsourced Brain〕」で、新車に搭載されていたナヴィゲーション・システムを賞賛した。「わたしはGPSに、すぐさま恋にも似た愛着をおぼえた。かすかに英国風のアクセントのある静かな声に安らぎを感じた。彼女の指し示す細い青い線をたどっていると、温かく安全な気持ちになった」。彼の「GPSの女神」は、ナヴィゲーションという長年にわたる「苦役」から彼を「解放」した。しかし、と彼は不承不承告白する。ダッシュボードの女神がもたらした解放は代償も要した。「二、三週間経つと、もはや彼女なしではどこにも行けなくなってしまった。普段行く範囲からちょっとでも外れると、システムに住所を打ちこみ、その後、衛星経由でもたらされる彼女の命令に喜々として従う。なけなしの地理の知識が全部抜け落ちていくのがわかった」。便利さの代償は「自律性」の喪失だったとブルックスは書く。(5) 女神はセイレンでもあった。

われわれはコンピュータの地図のことを、紙の地図をインタラクティヴでハイテクにしたものだと思いたがるが、それは間違った思いこみだ。これはまたしても代替神話の表われなのである。従来の地図は文脈を与えてくれる。エリアの概観を示したうえで、現在地を見つけ出し、そこから行き先までの最良のルートを、計画し、思い描くようわれわれに要求する。そう、それはいくらかの労働を要求する――よい道具はみんなそうだ――のだが、こうした知的努力のおかげでわれわれの頭脳は、そのエリアについての自分独自の認知地図を作ることができる。研究によれば地図の読解は、われわれの場所感覚とナヴィゲーション・スキルを強化してくれる――その結果、地図が手元にないときでも、容易に移動することができるようになる。街中で自分の位置を知り、目的地に着くためにはどちらの方向へ向かえばいいかを決定するとき、われわれは知らず知らずのうちに、潜在意識にある紙の地図に頼っているようなのだ。ある意義深い実験では、人間のナヴィゲーション感覚が最も鋭くなるのは北を向いているときだと明らかにされた――北というのは地図上では上にあたり、地図における上は、われわれが行き先として認識しやすい方向である。(6) 紙の地図はわれわれを、ある場所から別の場所へと導いていくだけではない。空間をどう考えたらいいかも教えてくれるのだ。

衛星につながっているコンピュータが生み出す地図は違う。空間的情報はわずかで、ナヴィゲーションの手がかりもほとんど与えてくれない。GPSデバイスは、どこにいるのかわれわれに考えさせる代わりに、あっさりとわれわれを地図の中心に置き、世界がそこを取り囲むようにさせる。この、コペルニクス以前の宇宙のミニチュア版パロディのなかでは、どこにいるのか、どこにいたのか、どちらの方向へ向かっているのか知らずとも移動できる。必要なのは、デバイスが計算を始める手がかりとしての、住所や交差点、建物や店の名前だけである。ナヴィゲーション感覚を研究しているドイツの認知心理学者、ユリア・フランケンシュタインは、「ルートを探すのをテクノロジーに頼れば、それだけわれわれは認知地図を形成できなくなる」だろうと考えている。コンピュータ・ナヴィゲーション・システムは「エリア全体の空間的文脈を欠いた、筋道だけのルート情報」しか与えてくれないため、われわれの脳は、その場の豊かな記憶を形成するのに必要な素材を受け取ることができないと彼女は説明する。「この削減された情報から認知地図を作り出すことは、二、三の音符から楽曲全体を想像しようとするようなものだ」[7]。

他の科学者たちも同意する。イギリスのある研究では、紙の地図を使っているドライバーは、衛星システムからのターンバイターン方式の指示に頼っているドライバーよりも、ルートや目印をはっきり記憶していることがわかった。ドライブを終えたあと、地図ユーザーたちのほうが、ルートの図面をより正確かつ詳細に描くことができたのである。この結果は「ナヴィゲーション・システムの使用が、ドライバーの認知地図作成にネガティヴな影響をもたらすだろうことの、強力な証拠」であると研究者たちは報告した[8]。ユタ大学でドライバーを対象に行なわれた研究では、GPSユーザーの「不注意な盲目性」の証拠が指摘された。この盲目性はドライバーの「ルート発見行動」をまたげ、周囲についての視覚的記憶を形成する能力を損なうという[9]。GPSを操作する歩行者も同様の影響をこうむるようだ。日本で行なわれたある実験では、被験者たちは、街のなかにあるいくつかの目的地をめぐり歩くことが求められた。被験者は二つの集団に分かれ、一方には手持ちのGPSデバイスが、他方には紙の地図が与えられた。ガジェットを持たされた者たちよりも地図を使った者たちのほうが、よりダイレクトなルートを取り、立ち止まることも少なく、行った場所のことをより鮮明に記憶していた。ドイツの歩行者が動物園を歩くという、これよりも前の実験でも同じ結果が出た[10]。

アーティストでデザイナーのサラ・ヘンドレンは、カンファレンスに出るためになじみのない都市へ旅行したときのことに触れ、今日、コンピュータの地図に依存することが、いかにたやすいことであるかを簡潔に述べている――そして、そのような依存がいかに精神のナヴィゲーション機能を妨害し、場所感覚の発達をさまたげるかについても。「ホテルとカンファレンス会場との行き来は毎回同じルートで、たった五分しかかからないのに、スマートフォンの音声ガイドつき地図アプリを、毎日続けて使っていることに気がついた。これまでの人生で頼ってきた知覚圏域を、わたしは進んでオフにしていたのだ。目印となるものも、道のつながりや眺めや感触なども、まるで覚えようとしなかった」。「複数のモードにおける反応と記憶をアウトソーシング」することで、「自分の感覚的経験全体を貧しく」しつつあるのではないかと、彼女は不安に思う[11]。

混乱したパイロットやトラック運転手、ハンターたちの例が示すとおり、ナヴィゲーション感覚の喪失は恐ろしい結果をもたらしうる。日々ありふれた場所を歩いたり運転したりして移動しているわれわれのほとんどは、そうした危険なことになる可能性は少ない。そのためあられもない問いが浮上する――「どうでもよくない?」。目的地に到着できるのであれば、ナヴィゲーション感覚を維持するか、それとも機械に譲り渡してしまうかなど、どちらでもいいのではないか? イグルーリク島に住むイヌイットの老人には、GPSテクノロジーの採用は文化的悲劇だと嘆く充分な理由があるだろうが、案内板のたくさんついた道路が縦横に走り、ガソリンスタンドやモーテル、セブンイレブンが立ち並ぶ土地に暮らすわれわれは、ルート探索の凄わざを持つ習慣も、その余裕もとっくの昔に失っている。地勢を、とりわけ自然状態でのそれを、認識し解釈するわれわれの能力は、すでにかなり削減されている。それをさらに削り取ったとしても、あるいはすっかり捨ててしまったとしても、たいしたことにはならないように思われる。代わりにもっと簡単な方法が手に入るならとりわけそうだ。

だが、ナヴィゲーション技術の保存に、もはや文化的関心をあまり抱いていない一方で、われわれはまだ個人的関心は持っている。つまるところわれわれは大地の産物なのだ。コンピュータ・スクリーン上の細い青い線に沿って進む、抽象的なドットなどではない。リアルな場所で、リアルな身体を持つ、リアルな存在なのである。ある場所を知ろうとすることは努力を要するが、最終的には達成感と知識が得られる。個人的達成と自律の感覚が、さらには所属の感覚、ある場所を通過するのではなくそこになじんでいるという感覚がもたらされる。氷原でカリブーを追うハンターであろうと、都会でバーゲン品を追うハンターであろうと、ルートを見つけることは、疎外から愛着への道を開く。「自分を見つける」ことについて人が話すのを聞くとうんざりするかもしれないが、この比喩は、いかに空疎で陳腐なものであろうと、「われわれは誰であるか」という問いは「われわれはどこにいるか」という問いとほどきがたく結びついているという、われわれに深く刻まれた感覚を示すものだ。自己を環境から引き離すことはできない。そうしたら少なくとも、何か重要なものを取り落としてしまうだろう。

　最少限の努力と面倒だけでわれわれをA地点からB地点へと連れていってくれるGPSデバイスは、われわれの生活を楽にし、おそらくはデイヴィッド・ブルックスが示唆するとおり、ある種の鈍い幸福感を吹きこんでくれるものである。だが、これに頻繁に頼った場合われわれは、周囲の世界を把握する——および、その世界を自分の一部にする——ことの喜びと満足感を失うことになる。スコットランドにあるアバディーン大学の人類学者、ティム・インゴールドは、旅行にはまったく異なる二つの種類があると言う——「旅〔wayfaring〕」と「輸送〔transport〕」である。彼の説明によると、旅とは「われわれが世界に存在する最も根本的な方法」だ。風景に没入し、その肌触りと眺めに波長を合わせ、旅人は「行動と知覚とが緊密に結びついている動きの経験」を楽しむ。旅は「成長と発達の進行しつづけるプロセス、または自己刷新」となる。他方輸送は「本質的に目的地志向」である。「人生に沿っての」発見のプロセスというよりは、単に「人や品物を、その基本的性質に影響を与えないようなかたちで、場所から場所へと横切って運ぶ」ものだ。輸送の場合、旅行者はほんとうの意味で意義のある動きをすることがない。「むしろ彼は動かされ、みずからの身体の乗客になる」[12]。

　旅は輸送よりも面倒で非効率であり。だからこそこれはオートメーションのターゲットになったのだった。グーグルのマッピング部門重役、マイケル・ジョーンズは言う。「グーグル・マップの入った携帯電話があれば、地球上のどこへでも行くことができ、行きたいところへ安全かつ容易に行くための道筋が与えられているとの確信が得られます」。その結果、「人間は二度と迷子にはなりません」と彼は宣言する。[13] その確信は魅力的に聞こえる。あたかも、われわれの実存におけるある根本的問題が、永久に解消されたかのようだ。そしてそれは、ソフトウェアを使って人々の生活から「摩擦」を取り去らねばという、シリコンヴァレーのオブセッションともマッチする。だがそれについて考えていくと、迷子になる可能性に二度と出会わないというのは、永遠の転位状態に暮らすことではないかと気づくだろう。どこにいるのか知らない不安を感じる必要が二度とないとすれば、どこにいるのか知る必要も二度とない。それは依存状態に暮らすこと、携帯電話とアプリの監房に暮らすことでもある。

諸問題はわれわれの生活に摩擦を引き起こすけれど、摩擦は触媒として働いて、状況をより十全に認識し、より深く理解するようわれわれを引き上げてくれることもある。二〇一一年に『ニュー・アトランティス』誌に発表したエッセイ「GPSと道の果て〔GPS and the End of the Road〕」のなかで、アリ・シュルマンは次のように言う。「そこをとおり抜ける方法を見つけ出せというある場所からの要求を、どんな手段によってであれ回避してしまえば」、結果的に「その場所に入りこむための最良の入り口」をあらかじめ閉じてしまうことになり、「その延長で、リアルに存在することがどこにもできなくなる」。[14]

われわれはほかのものもあらかじめ閉じてしまうかもしれない。神経科学者は、脳がどのようにして空間と場所を知覚し記憶するかについて、次々と大発見を行なっているが、その結果強調されたのは、精神の働きと記憶において、ナヴィゲーションが基本的役割を果たしていることだった。

一九七〇年代初め、ユニヴァーシティ・カレッジ・ロンドンのジョン・オキーフとジョナサン・ドストロフスキーが、ある画期的な研究を行なった。[15] 観察されるのは実験用ラットの集団で、閉鎖されたエリアのなかを動き回っている。この空間にラットがなじんでくると、特定の場所を通過するたび、海馬のなかの特定のニューロンに活動電位が発生しはじめる。場所をカギとするこれらのニューロンを、科学者は「場所細胞」と呼んでいるが、人間を含む哺乳類の脳に存在するこれらは、脳がテリトリーを描くために用いる道標のようなものと考えられる。街の広場であれ隣の家のキッチンであれ、初めての場所に入るたび、そのエリアは場所細胞によってただちにマッピングされる。オキーフの説明によると、この細胞は視覚、聴覚、触覚など、さまざまな感覚の信号によって活性化されるようであり、「その信号はいずれも、環境内の特定の部分にその動物が入った際、知覚されうるものである」。[16]

さらに最近の二〇〇五年、エドヴァルトとマイ゠ブリットのモーセル夫妻をリーダーとするノルウェーの神経科学者チームが、空間の図式化と計測、ナヴィゲーションに関わるさまざまなニューロンの集団を発見し、これを「グリッド細胞」と名づけた。海馬と深く関わる領域である嗅内皮質に位置するこれらの細胞は、正三角形が規則的に並ぶ、空間の正確な地理的グリッドを脳内に作り出す。モーセル夫妻はこのグリッドを脳内のグラフ用紙になぞらえ、その細胞の持ち主である動物の移動経路がその上にトレースされるとした。[17] 場所細胞が特定の場所を示すのに対し、グリッド細胞は、どこへその動物が移動しようとも同じままである、抽象的な空間地図を提示し、内的な推測航法〔ある地点からの方位や距離を計測して現在地を割り出す方法〕の感覚を与えるものである。（グリッド細胞は複数の哺乳類の脳に発見されている。脳に電極を埋めこんでの近年の実験は、ヒトにもそれがあることを示唆している）。[18] 身体の方向と動きをモニタリングする他のニューロンからの信号を利用しながら、ペアで働く場所細胞とグリッド細胞は、サイエンスライターのジェイムズ・ゴーマンの言葉を借りれば、「どこにいるか、どこへ向かっているか、どこにいたのかを動物が知るときのまさに核にある、作りつけのナヴィゲーション・システムのようなもの」として機能している。[19]

この特化された細胞群は、ナヴィゲーションの役割に加え、もっと一般的な記憶形成、とりわけ出来事や経験の記憶の形成にも関わっているらしい。実際、オキーフとモーセル夫妻をはじめとする科学者たちは、記憶の「知的旅行〔mental travel〕」を、世界を移動することを可能にしているのと同じ脳のシステムがつかさどっているとの理論を立てはじめている。二〇一三年、『ネイチャー・ニューロサイエンス』誌に発表された論文で、エドヴァルト・モーセルとその同僚のユーリ・ブジャキは、「目印と目印のあいだの空間的関係を規定すべく進化した神経細胞メカニズムは、物体や出来事などの事実的情報のあいだの関連性を具現化する働きをもなしうる」ことの実験証拠を多数提示した。そうした関連性からわれわれは人生の記憶をつむぎ出す。脳のナヴィゲーション感覚——運動を空間内に記し、記憶するという、古代からある複雑な働き——は、あらゆる記憶を展開する源泉なのかもしれない。[20]

恐ろしいのは、この源泉が枯れてしまったらどうなるかということだ。われわれの空間感覚は年齢とともに衰える傾向があり、最悪の場合まったく失われてしまう。[21] アルツハイマー病を含め、認知症の最も初期の、かつ最悪の徴候のひとつは、海馬と嗅内皮質の変質と、その結果生じる、場所に関する記憶の喪失である。[22] 患者は自分がどこにいるのかわからなくなりはじめる。モントリオールにあるマッギル大学の心理学者で、記憶に関する専門家であるヴェロニク・ボボは、ナヴィゲーション・スキルの行使が海馬の機能、さらには大きさにまで影響する――そしておそらく、記憶力の劣化を防止するかもしれない――ことを研究で実証した。[23] 空間の認知地図の形成を行なえば行なうほど、それを支える記憶回路は強化されるようなのだ。運動によって筋肉が鍛えられるのと同様に、海馬内の灰白質がこれによって実際成長することもある――ロンドンのタクシー運転手の例で報告されている現象だ。だが、ターンバイターン方式の指示に「ロボット的に」従うだけだと「海馬が刺激される」ことはなく、その結果、記憶力は強化されないままになってしまうとボボは警告する。[24] ナヴィゲーションに使用されないせいで海馬が委縮しはじめた場合、記憶全体の喪失と、認知症のリスクの増大につながるのではと考える彼女は、インタビュアーにこう語った。「社会はさまざまな意味で海馬を縮小させる方向へと動いています。今後二〇年のあいだに、認知症発症はどんどん若年齢化していくだろうと思います」。[25]

外を歩いたりドライブしたりするとき日常的にGPSデバイスを使っているとしても、GPSの信号が届かない屋内などの場所を歩くときは、やはり自分の脳に頼らねばならないと言われている。すると理論上、屋内を進む際の知的活動によって、海馬などの神経回路の働きは守られることになる。この主張は数年前は説得力あるものであったが、現在はそうでもない。人々の居場所についてのデータに貪欲で、その場所に関連した広告等のメッセージを流したくて仕方ないソフトウェア会社や携帯電話会社は、コンピュータ・マッピング・ツールの範囲を、空港やショッピングモール、オフィスビルなどの屋内エリアにまでどんどんと広げているのだ。

グーグル社はすでに、マッピング・サービスに何千もの屋内平面図を取り入れていて、ストリートヴューの撮影者たちを、ショップやオフィス、博物館、さらには修道院にまで送りこみ、閉じられた空間の詳細な地図とパノラマを作ろうとしている。また、人々のスマートフォンにつけられたモーション・センサーとカメラを使い、建物や部屋の3Dマップを生成するという、「タンゴ」というコードネームのテクノロジーも開発中である。アップル社は、GPS通信ではなくWiFiとBluetoothのアンビエントなシグナルを使い、人の居場所を数インチの誤差で特定できる技術を開発したWiFiSlam社を、二〇一三年初めに買収した。このテクノロジーは、現在iPhoneとiPadに搭載されているiBeacon機能に、ただちに組みこまれた。さまざまな店舗などに散らばっているiBeacon発信器は、人工的な場所細胞のように働いて、範囲内に人が入ってくるたびに起動する。これは『ワイアード』誌の言う「マイクロロケーション」トラッキングの開始を告げるものだ。[26]

屋内マッピングは、コンピュータ・ナヴィゲーションへのわれわれの依存を強め、自力で動き回る機会をさらに制限するだろう。グーグルグラスのような、個々人が頭部に装着するタイプのディスプレイが普及すれば、ターンバイターン方式の指示に、いつでもすぐ簡単にアクセスできるようになるだろう。グーグル社のマイケル・ジョーンズが言うように、行きたいところどこへでも導いてくれる「ガイダンスの連続的な流れ」を受け取ることになるだろう。[27] すでにグーグル社とメルセデスベンツ社は、グーグルグラスのヘッドセットとインダッシュタイプのGPSユニットとをリンクするアプリの開発を共同で行なっており、メルセデスベンツ社はこのアプリが「ドアツードアのナヴィゲーション」を可能にすると述べている。[28] GPSの女神が耳元でささやいてくれるなら、または輝く信号を網膜へと送ってくれるなら、われわれがメンタル・マッピング・スキルを行使することは、もしあるとしてもまれでしかないだろう。

GPSデバイスの長期的使用がほんとうに記憶力を弱めて認知症のリスクを高めるかどうかについては、さらなる研究が必要だと、ボボをはじめとする研究者たちは強調している。だが、ナヴィゲーションと海馬、記憶力の緊密なつながりについて現在わかっていることからすれば、どこにいるか、どこへ向かっているかを考える作業を回避することが、予見せざる、そして健康的とは言えない結果をもたらすというのはおおいにありうることだ。記憶は過去の出来事を呼び出すだけでなく、現在の出来事に知的に反応し、将来の出来事のために計画することをも可能にするのだから、その機能のいかなる低下も、われわれの生活の質を低めることになるだろう。

何百年も、何千年にもわたって、進化はわれわれの心身を環境に適応させてきた。ワーズワースの詩の一節を転用するなら、われわれは存在によって形成されてきた。

大地のめぐりのなかで、
岩、石、木々とともに。

ルート探索のオートメーション化は、われわれを形成してきた環境からわれわれを遠ざける。リアルな場にあるリアルなものに接するよりも、スクリーン上のシンボルを観察し、操作するようわれわれにうながす。われらが懇切丁寧なデジタルの神々が、ただの厄介事だとわれわれに思わせている労働は、ほんとうはわれわれの健康や幸福にとって不可欠なものであるかもしれない。となれば、「どうでもよくない？」はおそらく正しい問いではないだろう。自問すべきは、「われわれは世界からどれだけ遠ざかりたいのか？」である。

それこそが、建物や公共空間を設計する人々が、長年にわたって取り組んでいる問いである。完全なコンピュータ・オートメーションを最初に体験したのが飛行士であるなら、建築家やデザイナーもそこからそれほど遅れてはいない。一九六〇年代前半、アイヴァン・サザランドというMITの若きコンピュータ・エンジニアが、Sketchpadを開発した。ドローイングやドラフティングのための革新的なソフトウェア・アプリケーションで、グラフィカルユーザーインターフェースを使用した最初のプログラムである。Sketchpadはコンピュータ支援設計〔computer-aided design〕、すなわちCADの発展の礎となった。一九八〇年代、CADプログラムがパーソナルコンピュータで使用できるようになると、2Dのドローイングや3Dのモデルの作成を自動化するデザイン・アプリケーションは急増した。こうしたプログラムはただちに建築家にとって不可欠なツールとなった。プロダクト・デザイナーやグラフィック・アーティスト、土木技師にとってもそうだったことは言うまでもない。MIT建築学部の学部長だった、故ウィリアム・J・ミッチェルの述べるところによると、二一世紀が始まるころには、「CADテクノロジーなしで建築を行なうことは、ワープロなしで執筆をするのと同じくらい想像できないこととなっていた」[29]。この新しいソフトウェア・ツールは、現在もまだ行なわれているようなやり方へと、デザインのプロセスと性格、スタイルを変えた。建築業の最近の動きを見ると、空間認識に対してだけでなく、クリエイティヴな作業に対してのオートメーションの影響もわかる。

建築はエレガントな職業だ。美に対する芸術家の追求と、機能性への職人のこだわりが結合していると同時に、経済や技術をはじめとする実際的拘束への敏感さも必要とする。パリのポンピドゥー・センターや、マンハッタンのニューヨーク・タイムズ社ビルを設計したイタリア人建築家、レンゾ・ピアノはこう語る。「芸術と人類学との、社会と科学との、テクノロジーと歴史とのあいだのエッジに建築は存在する。人間的なときもあれば、物質的なときもあります」[30]。建築家の仕事は、想像的精神と計算的精神とにまたがっている。この二つの思考法は、正面切って衝突するのではないとしても、しばしば緊張関係にある。われわれのほとんどは大半の時間を、デザインされた空間で過ごしている——この構築された世界は、この点において、自然そのものよりも自然に感じられる——ので、建築はまた、気づかれないこともあるとしてもわれわれに対して深い影響を、個人的にも集団的にも与えている。よい建築は生活を引き上げ、悪い建築や凡庸な建築はこれを損ない、もしくは安っぽくする。窓や換気口のサイズや位置といった、ごく小さなディテールであっても、建物の美学や便利さ、効率性に大きな影響を与える——そしてその建物内部の、快適さや雰囲気にも。「われわれは建物を形成し、その後建物がわれわれを形成する」とウィンストン・チャーチルは言った[31]。

コンピュータが生成する図面は、寸法チェックの場合には過信を引き起こしうるものの、デザイン・ソフトウェアは全般的に、建築事務所の作業をより効率よいものとした。CADシステムのおかげで、建築関連の書類の作成は迅速化・単純化され、建築家が自身のプランを、クライアントやエンジニア、建設業者、公益法人等と共有することも容易になった。製造業者は現在建築家のＣＡＤファイルを用いて、建築部品を作るロボットをプログラムし、また、マテリアルを大規模にカスタマイズすると同時に、データ入力と検討という時間のかかるステップをカットすることができている。建築家はこのシステムのおかげで、平面図や立面図、マテリアル、さらには冷暖房や配電、照明、配管などのさまざまなシステムまでをも含んだ、複雑なプロジェクトの全体像を把握できる。デザインにおける変化による波及効果は、すぐにはわからないかもしれない。しかしその効果は、図面が分厚い紙束のかたちを取っていたころには不可能だったものだ。コンピュータの能力を使ってあらゆる種類の変数を計算に入れることにより、建築家はさまざまな状況下での建物のエネルギー効率を正確に見積もることができ、建築業の、さらには社会全体の、より大きな需要に応えることができる。コンピュータによる精密な３Ｄレンダリングとアニメーションもまた、建物内外を視覚化する手段としてきわめて価値のあるものである。建設が始まるよりもずっと前に、クライアントはヴァーチャルなウォークスルーやフライスルーを体験できる。

実用的な利点だけではない。ＣＡＤによる計算と視覚化の速さと正確さは、建築家とエンジニアに、新しい形式や形態、マテリアルを実験する機会を与えている。かつては想像のなかにしか存在しなかった建物が、現在では建てられはじめている。蝋の彫刻が陽に当たって融けているかのように見える形態の、シアトルにある博物館、フランク・ゲーリー設計のエクスペリエンス・ミュージック・プロジェクトは、コンピュータがなければ存在しなかっただろう。ゲーリーのオリジナル・デザインは、木とボール紙で作られた物理的模型のかたちを取っていたけれど、この模型の複雑で流体的な形態を構造図に移し替えることは、人間の手ではできなかったはずだ。それには、模型をデジタルにスキャンし、その奇妙なかたちを数値の連続として表わすことのできる、強力なCADシステム——元々はフランスのダッソー社がジェット機設計のために開発したもの——が必要だった。マテリアルも非常に多様で、かつ奇妙な形態であったため、その製作はオートメーション化される必要があった。ステンレスとアルミニウムでできたファサードを形成する、複雑に組み合わされた何千ものパネルは、CADプログラムが計算した寸法に従って切断されたのち、コンピュータ支援製造システムへと直接送りこまれたものだ。

ゲーリーは、建築のテクノロジーにおける最前線で長年活躍しているが、手で模型を作るという彼のやり方は、それ自体時代遅れに見えはじめている。コンピュータによるドラフティングやモデリングに若手建築家たちが習熟するにつれ、CADソフトウェアは、デザインを図面へと変えるツールから、デザインそのものを作り出すツールへと変わってきたのだ。パラメトリック・デザイン〔コンピュータ内の建築に数値変数を与え、モデルを生成する設計手法〕の技術が普及して、さまざまなデザイン要素のあいだの形態的関係をアルゴリズムを用いて作り出すようになると、クリエイティヴなプロセスの中心には、コンピュータの計算力が位置するようになった。建築家プログラマーはスプレッドシートのようなフォーム、またはソフトウェアのスクリプトを使い、いくつかの数学的規則、またはパラメータ——たとえば床面積に対する窓のサイズの割合、表面のカーブのベクトルなど——をコンピュータに打ちこむと、あとは機械がデザインをアウトプットするにまかせる。この技術を最も過激に応用した場合、建物の形態はデザイナーが手で描いたものではなく、アルゴリズムのセットが自動的に生成したものになる。

新しいデザイン技術が登場した際によくあることだが、パラメトリック・デザインは、パラメトリシズムという新たな建築スタイルを生み出した。デジタル・アニメーションの幾何学的な複雑性と、SNSの熱狂的であると同時に無感情な集団性とにインスパイアされているパラメトリシズムは、古典的建築の秩序正しさを拒否し、バロック的形態、未来主義的形態の、自在に流動する組み合わせを取る。伝統主義者たちのなかには、パラメトリシズムを悪趣味な流行と見なし、その作品を——ニューヨーク在住の建築家、ディノ・マーカントニオの言葉を引けば——「コンピュータに対して最少限の労力を傾けるだけで作り出すことのできる、染みのようなものにすぎない」として却下する者もいる。[32]『ニューヨーカー』誌に掲載されたもっと穏やかな批判を引くと、建築ライターのポール・ゴールドバーガーは、デジタル・デザインによる「弧や曲線やひねり」は魅力的であるかもしれないが、「コンピュータが生成したみずからのリアリティとしかつながっていないように見えることが多い」と述べている。[33]一方、若手建築家のなかには、パラメトリシズムは他の「コンピュータ・デザイン」ともども、われらの時代を定義する建築運動、建築界のエネルギーの中心だと考える者もいる。二〇〇八年のヴェネツィア建築ビエンナーレで、ロンドンのザハ・ハディド事務所のディレクターであるパトリック・シューマッカーは「パラメトリシズム・マニフェスト」を発表し、「パラメトリシズムは、モダニズム以後における偉大な新スタイルだ」と宣言した。コンピュータのおかげで、建てられた世界における構造物は、じきに「運動する液体」にも似た、「輝く波、層流、旋回する渦」から構成されるようになり、「建物の群れ」は、「人間の身体のダイナミックな群れ」と調和しながら

「ランドスケープをただよっていく」だろう。[34]

そうした調和的な群れが実体化するかどうかはともかくとして、パラメトリック・デザインをめぐる論争は、CAD登場以来建築界のなかで進行していた、ある自己省察を明るみに出した。デザイン・ソフトウェア採用はわれ先にと行なわれたが、そこには最初から疑念と動揺の影が差していたのである。世界で非常に尊敬されている建築家や建築教師たちが、コンピュータに頼りすぎればデザイナーの視野は狭まり、その能力と創造力が劣化するかもしれないと警告していた。たとえばレンゾ・ピアノは、コンピュータが建築実践にとって不可欠なものとなっていると認めながらも、デザイナーは仕事をあまりに多くソフトウェアへと移行させつつあるのではないかと述べた。オートメーションのおかげで建築家は、正確ですぐれたものに見える3Dデザインを素早く作れるようになったが、一方で、創意に満ちたきわめて意義深いデザインを生み出してきた厄介で困難な探索プロセスを、まさにその機械の速さと正確さが省略してしまったのだ。スクリーン上に見られる作品の魅力は錯覚かもしれない。レンゾ・ピアノは言う。「コンピュータはどんどん賢くなっていて、ボタンを押したら自動的にチャチャやルンバを演奏してくれるピアノをちょっと思わせますね。自分で弾いたらひどく下手かもしれないのに、偉大なピアニストになった気分になる。同じことがいま、建築にも言えます。ボタンを押せば何でも建てられるような気持ちかもしれません。でも建築は思考に関わるものです。ある意味、遅さに関わるものでもあります。時間が必要なのです。コンピュータのまずいところは、何でも速くやってしまうことです」[35]。建築家で批評家でもあるヴィトルト・リブチンスキも、同様の点を指摘する。この数年にわたって彼の職業分野を変貌させてきた、テクノロジーの偉大な跳躍を賞賛しつつも、彼は次のように主張する。「コンピュータが可能にする恐ろしいほどの生産性には代償がある――キーボードを叩くのにより多くの時間を、思考にはより少ない時間を費やすようになることだ」[36]。

建築家はつねに自分たちのことを芸術家だと考えてきたのであり、CAD登場以前、その芸術の源泉はドローイングだった。フリーハンドのスケッチも、コンピュータのレンダリングも、明白なコミュニケーション機能を果たすという点では同じである。建築家にとってそれらは、デザインのアイディアをクライアントないし同僚と共有するための、強力な視覚メディアである。だがドローイングの行為は、思考の表現手段というにはとどまらない。思考手段でもあるのだ。モダニズム建築家のリチャード・マコーマックは言う。「自分が何を思いついたか、それをドローイングしてみなければ思い描くことはできない。わたしはドローイングを、批判と発見のプロセスとして用いている」[37]。スケッチすることは、抽象的なものと触知可能なものとのあいだの身体的水路を成している。有名建築家でプロダクト・デザイナーでもあるマイケル・グレイヴズは言う。「ドローイングは単なる最終製品ではない。建築デザインにおける思考プロセスの一部なのだ。ドローイングはわれわれの精神と眼、手のあいだのインタラクションを表現する」[38]。このことを最もよく表現しているのは、哲学者ドナルド・ショーンだろう。建築家は、自分の描いたドローイングと「内省的会話」を交わすのだと彼は書いている。彼によればその会話は、ドローイングの物理性ゆえ、現実の建設マテリアルとの対話でもある[39]。手と眼と精神との行き来を、三者のギヴアンドテイクを通じて、アイディアはかたちを取り、創造のひらめきがゆっくりと、想像から世界へと移動しはじめるのだ。

創造的思考の中心にスケッチが位置するという熟練した建築家たちの直感は、ドローイングが認知をどのように支え、どんな影響を認知に与えるかについての研究によっても支持されている。紙にスケッチすることとは、ワーキングメモリ（作業記憶）の容量の拡張に寄与し、建築家がデザインのさまざまなオプションやヴァリエーションを、数多く記憶することを可能にする。それと同時に、強力な視覚的集中と筋肉の慎重な動きを要する、ドローイングという身体的行為は、長期記憶の形成を助けるものでもある。建築家が新しい可能性を試そうとするとき、以前のスケッチや、その背後にあったアイディアを思い出すよう助けてくれるのだ。「何かをドローイングすれば、それを思い出す。ドローイングとは、それを記憶するそもそもの原因となったアイディアを、思い出させるものであるのだ」とグレイヴズは説明する。[40] ドローイングはまた、さまざまなレベルのディテールのあいだを、およびさまざまな程度の抽象性のあいだを、建築家が素早くシフトすることを可能にする。そのため建築家は、同時にいろいろな角度からデザインを見て、ディテールの変更が全体の構造に与える意味を測定することができる。ドローイングによって、建築家は最終的なデザインへと前進するだけでなく、自分が解決しようとしている問題の性質をじっくり検討することにもなるのだと、イギリスのデザイン学者、ナイジェル・クロスは、著書『デザイナー的知の手法〔*Designerly Ways of Knowing*〕』で述べている。「スケッチには、暫定的解決法のコンセプトのドローイングだけでなく、数やシンボル、テキストも組みこまれている。そのデザインの問題について自分が知っていることと、解決法として生まれつつあるものとをデザイナーが関連づけるからだ。スケッチは、問題空間の探索と解決空間の探索とを、同時に進めることを可能にするのである」。才能ある建築家の手にかかれば、スケッチ帳は

「ある種の知的増幅器」になるとクロスは結論する。(41)

ドローイングは手による思考だと考えるのがいちばんいいかもしれない。知性的であると同時に触知的であり、脳と同じくらい手にも依拠している。スケッチするという行為は、精神のなかに隠された暗黙知の倉庫を開け放つ手段のように思われる。それはあらゆる芸術創造行為にとって決定的に重要な、謎めいたプロセスであり、意識的思考だけで達成するのは、不可能とは言わないまでも困難なことだ。「デザインに関する知は、作業のなかで知るものであり、主として暗黙知である」とショーンは述べる。デザイナーは「自分を行動モードに置くことによって最も(あるいは、置くことによってのみ)作業知へのアクセスを得られる」。(42) コンピュータのソフトウェアでデザインすることもまた行動モードではあるが、別のモードである。こちらは、この作業のもっと形式的な側面を強調する――建物の機能的要件から考え、これらの要件を達成するには、どのような建築要素を組み合わせるのが最良であるかを論理的に思考するのだ。アリストテレスが「道具のなかの道具」と呼んだ、手の関与を抑えることで、コンピュータはタスクの物理性を制限し、建築家の知覚領域を狭める。鉛筆や炭の先から生まれる有機的で肉体的な像の代わりに、CADが生み出すのは、ショーンの主張によれば「象徴的で、手続き的な表象」であり、それらは「現実のデザイン現象との関わりにおいて、不完全もしくは不適切にならざるをえない」ものである。(43) GPSスクリーンが、北極地方にあるかすかだがあふれんばかりの感覚信号に対してイヌイットのハンターを鈍感にしたように、CADスクリーンは、自身の仕事の物質性を建築家が知覚し、受け取ることを制限する。世界は遠ざかる。

二〇一二年、イェール大学建築学部は、シンポジウム「ドローイングは死んだか?」を開催した。

この身も蓋もないタイトルは、コンピュータによって建築家のフリーハンドのスケッチは時代遅れのものとなりつつあるのではないかとの認識を反映している。スケッチ帳からスクリーンへの移行には創造性や冒険心の喪失がともなうと、多くの建築家たちは考えている。スクリーン上のレンダリングが正確であり、完全であるかのように見えるせいで、コンピュータで作業するデザイナーは、視覚的にも認知的にも、初期段階のデザインに固執する傾向がある。スケッチの暫定性と曖昧さから生まれる、内省的で探索的な遊び心がほとんどスキップされてしまうのだ。研究者はこの現象を「早期固定〔premature fixation〕」と呼び、その原因を「ディテールと相互関連性の大部分があまりに速くCADモデルとして形成されてしまうため、デザイン変更の動機が失われること」だとしている。[44] コンピュータで作業するデザイナーはまた、表現性ではなく形式的実験を強調する傾向もある。CADソフトウェアは「仕事に対する」建築家の「個人的、感情的つながり」を弱めるのであり、それが作り出すデザインは、「それ自体複雑で興味深くはあるものの」しばしば「手から生まれたデザインが持つ、感情的内容を欠いている」とマイケル・グレイヴズは主張する。[45]

フィンランドの有名建築家、ジュハニ・パラスマも、二〇〇九年刊行の雄弁な著書『考える手〔*The Thinking Hand*〕』のなかで、関連する事柄を指摘している。彼の主張は、コンピュータへの依存が高まることで、デザイナーがみずからの建物の人間的特質を想像すること——完成した建造物に人々が住まうのと同じように、進行中の作品に住まうこと——が難しくなっているというものだ。手書きのスケッチや手製の模型が、「設計されつつあるマテリアルな対象や、建築家自身が体現するのと同じ物理的物質性」を持っているのに対し、コンピュータのオペレーションやイメージは、「数値化され、抽象化された非物質的世界」に存在している。「コンピュータ・イメージの偽りの正確さ、見かけ上の有限性」は建築家の美的感覚を鈍らせ、技術的には驚くべきものだが感情的には不毛なデザインを導きうると、パラスマは考える。ペンや鉛筆でドローイングするとき、「手は対象のアウトラインや形態、パターンをなぞる」のだが、シミュレートされたイメージをソフトウェアで操作する場合、「手は通常、与えられたシンボルのセットから線を選択するのであり、そのシンボルは対象に対し、類似的な関連性を──ゆえに触知的関連性も、感情的関連性も──何ら持たない」と彼は書く(46)。

デザイン分野におけるコンピュータ使用をめぐっての論争は今後も続くだろう。そしてどちらの側も、強力な証拠や説得力ある主張を提供しつづけるだろう。デザインソフトウェアもまた、現在あるデジタルツールの限界をいくつか解消する方向へ発展しつづけるだろう。だが、未来がどうなるにせよ、建築家をはじめとするデザイナーたちの経験は、コンピュータが決して中立的なツールではないことを明らかにしている。よかれ悪しかれ、それは人間の作業と思考の方法に影響を与える。ソフトウェアプログラムは特定のルーティンをたどるものであるから、特定の作業方法をやりやすく、また別の特定の作業方法はやりにくくしてしまう。そしてプログラムのユーザーは、このルーティンに適応していく。作業の性格と目的も、作業を判断する基準も、この機械の能力によって形成される。デザイナーや職人（あるいはこの場合、誰でもいいのだが）があるプログラムに依存したとすれば、その人はプログラム製作者の予断を受け入れたことになる。じきにその人は、そのソフトウェアができることに価値を置くようになり、できないことについては、重要ではない、または無関係である、または単純に想像もできないこととして却下してしまうようになる。そのように適応しなければ、自分の職業分野において端っこに追いやられてしまう危険性があるのだ。

プログラムの仕様だけでなく、単純に世界からスクリーンへと作業を移すだけでも、知覚の深い変化が生じる。物質性よりも抽象性のほうがより強調される。計算力が増大し、感覚的関与は減じる。暫定的なもの、曖昧なものよりも、正確なものや明白なものが優先される。コロラド州ボールダーにある小さな建築事務所、Arch11の創設者であるE・J・ミードは、デザインソフトウェアの効率性を賞賛しながらも、RevitやSketchUpのような人気プログラムが、あまりに指図を行ないすぎるのではないかと懸念している。デザイナーは壁や床などの面積をタイプし、ボタンをクリックするだけでよい。するとソフトウェアがディテールをすべて生成し、ボードやコンクリートブロック、タイル、支柱、絶縁体、モルタル、漆喰のテクスチャなど、全部自動的にドローイングする。その結果、建築家の作業と思考は均質化しつつあり、デザインされる建物も予測可能なものとなっているとミードは考えている。彼はわたしにこう語った。「一九八〇年代は、建築雑誌をめくれば個々の建築家の手つきを見ることができた」。今日見られるのはおおよそソフトウェアの機能だ。「最終製品におけるテクノロジーのオペレーションを読むことになるんだよ」[47]。

ベテランの医療従事者たち同様、ベテランのデザイナーたちもまた、オートメーション化されたツールやルーティンへの依存度が増すと、学生や若手たちが、業務の繊細な部分を学ぶのが難しくなるのではないかと怖れている。マイアミ大学の建築学教授、ジェイコブ・ブリルハートは、Revitなどのプログラムが提供する簡単なショートカットのおかげで、「修業プロセス」が損なわれていると考えている。デザインのディテールを埋め、素材を特定するのをソフトウェアに頼ることは、「知性と想像力、感情を欠いた、陳腐で怠惰で退屈なデザインを生み出すことにしかならない」。これまた医師たちの経験を反復するかのように、この分野に生まれつつあるカットアンドペースト文化のせいで、若手建築家たちは「オフィスのサーバにある過去のプロジェクトから、ディテールや立面図、壁部をばらばらに引っぱってきて、再度寄せ集める」ことをしていると彼は見る。(48) 行動と知とのつながりは断絶しつつある。

クリエイティヴな職業に現在立ちはだかっている危険は、コンピュータの超人的な速度と正確さ、効率性に目がくらんだデザイナーや芸術家たちが、最終的に、オートメーション化されたやり方こそが最良だと思いこんでしまうことだ。ソフトウェアが提示するトレードオフに、彼らは考えなしに同意してしまうだろう。彼らはほとんど抵抗のない道を駆け下りていく。ほんとうはわずかな抵抗、わずかな摩擦こそが、最良のものをもたらしてくれるのかもしれないのに。

政治科学者でオートバイ整備工であるマシュー・クローフォードは言った。「ほんとうに靴ひものことを知るには、靴ひもを結ばなければならない」。これは、二〇〇九年刊行の著書『魂を磨く仕事講座〔*Shop Class as Soulcraft*〕』でクローフォードが探究した深い真実を、ごく端的に示す言葉である。「思考が行動と関連しているとすれば、世界を適切に**つかむ**というタスクは、知的な意味で、われわれが世界で何をするか次第である」。(49) クローフォードの議論はドイツの哲学者、マルティン・ハイデガーに依拠している。ハイデガーは、われわれに可能な最も深い理解形態は「単なる知覚的認知ではなく、むしろ、物事を扱い、使い、世話をすることなのであり、これ自体に独自の「知」があるのだ」と述べている。[50]

われわれは知的労働を、あたかも肉体労働とは違うもの、さらには肉体労働と相容れないものとして語りがちであるが——本書の最初のほうで、わたしもそのように語っていたことを認めねばならないが——両者を区別するのは自己満足であり、かなり軽薄なことでさえある。どんな労働も知的労働なのだ。大工の精神は、保険数理士のそれと変わらず活性化され、集中している。建築家の実績は、ハンターのそれに劣らず身体と感覚次第である。他の動物に当てはまることは人間にも当てはまる。精神は頭蓋骨のなかに閉じこめられているわけではなく、身体を通じて拡張されている。われわれは脳によってだけでなく、目や耳、鼻や口、手足や胴体によっても思考している。そして、手の届く範囲を広げようと道具を使うとき、われわれはその道具によっても思考している。アメリカの哲学者で社会改良家であったジョン・デューイは、一九一六年に次のように書いた。「考えること、または知識を獲得することは、しばしば考えられているような、安楽椅子に座って行なうこととはほど遠い。脳内の変化と同じくらい、手や足、あらゆる種類の道具や器具が、その一部を成しているのだ」[51]。行動することは考えることであり、考えることは行動することである。

精神による熟慮と、身体による動きとを区別したいというわれわれの欲望は、いまなお続いているデカルト的二元論の呪縛の表われである。考えることについて考えると、われわれはすぐさま精神を、したがってわれわれの自己を、頭蓋内の灰白質のなかに位置づけて、残りの身体を、神経回路が詰まっている機械的な生命維持システムと見なしてしまう。精神と身体とが互いに独立して活動していると考える、この心身二元論は、デカルトや、それに先立つプラトンといった、哲学者たちの思いつきという以上に、意識それ自体の副作用であるように思われる。精神活動の大部分は舞台裏で、無意識の影のなかで進行しているのだけれど、われわれは、意識が開けておいてくれている小さな、しかし明るい灯のともされている窓にしか気づいていない。そしてわれわれの意識は執拗に、これは身体から切り離されているのだとわれわれに告げる。

ＵＣＬＡの心理学教授、マシュー・リーバーマンによると、この錯覚は、われわれが身体について考える際に使う脳の部位が、精神について考えるときに使う部位と異なることから来ているという。「自分の身体について、およびその動きについて考えるとき、脳の右半球外表面の、前頭前野と頭頂野が使われる。これに対して精神について考えるときは、脳の中央部、左右の半球が接するあたりの前頭前野と頭頂野が使われる」と彼は説明する。脳の別々の部位が処理した経験を、意識は別々のカテゴリーに属するものとして解釈する。心身二元論という「回線に組みこまれた錯覚」は、現実の「性質の区別」を反映するものではないが、にもかかわらず「われわれにとっては直接的な心理的リアリティ」があるのだとリーバーマンは強調する。(52)

自分のことを知れば知るほど、この特定の「リアリティ」がどれほどミスリーディングであるかがわかってくる。現代の心理学と神経科学において、最も興味深く、最も教えてくれるところの多い研究分野のひとつに、「身体化された認知〔embodied cognition〕」と呼ばれるものがある。今日の科学者や学者たちは、一世紀前のジョン・デューイの洞察を裏づけつつある——脳と身体は同じ物質からできているだけでなく、その働きもまた、われわれが思っているよりもはるかに緊密にからみ合っているのだ。「思考」を構成する生理的プロセスは、頭蓋内の神経による計算からだけでなく、全身の動きと感覚的知覚からも生じている。エディンバラ大学の心理学者で、「身体化された認知」について幅広い媒体に書いているアンディ・クラークは、次のように説明する。「たとえば、しゃべりながらわれわれが取る身体的身ぶりが、脳にかかっている認知的負荷を実際に減少させていること、あるいは、脚の筋肉や腱の生物力学が、歩行制御の問題をきわめて単純化していること、こうしたことの証拠は充分にある」[53]。研究によれば網膜は、かつてそう信じられていたような、生《なま》のデータを脳に送るだけの受動的なセンサーではない。何をわれわれが見るか、能動的に形成しているのだ。眼自体も知性を持っているのである[54]。さらに概念的思考さえもが、感覚や運動のための身体組織と関わっているらしい。世界にある物体や現象——たとえば木の枝や一陣の風など——について抽象的ないし形而上的に思考するとき、われわれはそういった事物についての身体的経験を、頭のなかで再演、またはシミュレートしているのだ[55]。「われわれのような生物にとって、身体と世界、行動は、われわれが精神と呼ぶ、あのとらえどころのないものの共同製作者なのだ」とクラークは述べる[56]。

脳、感覚器官、および身体のその他の場所に、認知機能がどのように分配されているかはいまなお研究と議論の途上にあり、「身体化された認知」の立場を取る者たちのなかには、個々の精神は身体の外の周辺環境にまで拡張しているというとてつもない論を主張する者もいて、こうした論は現在物議を醸している。明らかなことは、われわれの物理的存在が、それを生み出した世界から切り離せないのと同じくらい、われわれの思考を、われわれの物理的存在から切り離すことはできないということだ。哲学者、ショーン・ギャラガーは次のように書いている。「乳児期からすでに始まっている基本的な知覚・感情プロセスも、他者との繊細な相互作用も、言語の獲得と創造的使用も、判断や隠喩を含む高度な認知能力も、意図的活動における自由意志の行使も、人類にさらなるアフォーダンスを与える文化的人工物の創造も、およそ人間の経験のなかで、身体化された人間に触れられないままであるものはない」[57]。

「身体化された認知」の概念は、人類がテクノロジーを見事に使いこなしてしまう理由を説明してくれるかもしれないとギャラガーは示唆する。周辺環境に同調するわれわれの身体と脳は、道具などの人工物を、思考プロセスにただちに取り入れる——神経学的に言えば、事物を自己の一部として扱うのだ。あなたが杖をついて歩くとき、ハンマーで作業するとき、剣を持って戦うとき、あなたの脳はその道具を身体の神経地図に組みこむ。身体と事物とを神経系が混合することは、ヒトだけに見られることではない。サルは棒を使って地面からアリやシロアリを掘り出し、ゾウは葉のついた枝を使ってハエを追い払い、イルカはエサを求めて海底を掘るとき、怪我をしないよう海綿を使う。だが、意識的推論と計画に対するホモ・サピエンスのすぐれた適性ゆえ、われわれはあらゆる目的のすぐれた道具や器械を作り出すことができ、そうすることで精神と身体のキャパシティを広げてきたのだった。クラークの言う「認知的ハイブリッド形成〔cognitive hybridization〕」の傾向、すなわち、生物的なものとテクノロジー的なもの、内的なものと外的なものとを混合する傾向をわれわれは有している[58]。

テクノロジーを自己の一部にすることが容易であるがゆえ、われわれは迷走することもある。最も利益になるとは限らないかたちで、道具に力を与えてしまうことがあるのだ。われわれの時代の最大のアイロニーのひとつは、思考や記憶、スキルの発達において、身体的行動と感覚的知覚が重要な役割を果たしていると科学者たちが発見しつつあるまさにそのときに、われわれが世界で行動する時間は減少し、コンピュータ・スクリーンという抽象的媒体を通じて、生活や労働を行なうようになっているということだ。われわれはみずからを脱身体化し、みずからの存在を感覚面から狭めている。汎用型コンピュータを作り出したわれわれは、倒錯的にも、道具を使って労働することの身体的喜びを、われわれから奪う道具を発明したのだ。

知能は身体から独立して動いているという、われわれの直感的で誤りを含んだ考えは、事物の世界にわれわれを含めることを、等閑視することにもつながる。すると、コンピュータ——どこから見ても人工の脳、「考える機械」であるもの——は、精神活動を行なうのに充分な、それどころかすぐれたツールであると、思いこむのもたやすくなる。グーグル社のマイケル・ジョーンズは、マッピング・ツールをはじめとする同社のオンラインサービスのおかげで、「IQにしておよそ二〇ポイントほど人々は賢くなっている」と、既定事実として述べている。(59) 旅行したり、建物を設計したり、その他思考と独創力を要する作業に従事するのにソフトウェアのスクリプトに頼っても、何ひとつ、あるいは少なくとも重要なものは何ひとつ犠牲にすることはないと、脳にだまされてわれわれは思いこんでいる。さらに悪いことに、別の選択肢があることにも気づかないままだ。世界をつかむ力を弱めるのではなく、強める方向へソフトウェア・プログラムやオートメーション・システムを作り変えるのも可能だということを、われわれは無視している。しかし、コンピュータが与えてくれる多くの恩恵を失うことなしにガラスの檻を破る方法を、ヒューマンファクターなどの分野の専門家たちは発見しているのだ。

第７章

人間のためのオートメーション

結局、誰が人間を必要としているのか?

オートメーションについての議論では、さまざまなレトリックのかたちを取りながら、この問いが頻繁に浮上する。コンピュータがそれほど急速に発展しているのだとしたら、そしてそれに比べて人々が、のろくて不器用で間違いをしがちに見えるのであるのなら、人間の監視や介入なしで誤りなく動く、完全に自足したシステムをなぜ作らないのか? なぜ等式から人的要素をすっかり取り除かないのか? 「われわれはロボットに引き継がせてしまう必要がある」と、テクノロジー理論家のケヴィン・ケリーは、二〇一三年発行の『ワイアード』誌のカバーストーリーで宣言した。彼は飛行機を例に取る。「オートパイロットとして知られるコンピュータの脳は、787ジェット旅客機を、まったく助けを借りることなく飛ばすことができる。しかし不合理にもわれわれは、「万が一に備えて」人間のパイロットを、オートパイロットのお守《も》りとしてコクピットに乗せている」(1)。グーグルの自動運転車が、人間が運転していて事故を起こしたという二〇一一年のニュースに、ある有名テクノロジーブログのブログ主は、「もっとロボットドライバーを!」と嘆いた(2)。シカゴの公立学校の努力に対し、アンディ・ケスラーは『ウォールストリート・ジャーナル』で、半分冗談でこうコメントした。「教師なんか使うのはやめて、四〇万四一五一名の生徒全員に、iPad か Android のタブレットを配ってはどうか?」(3)。尊敬を集めるシリコンヴァレーのヴェンチャー投資家、ヴィノッド・コースラは、二〇一二年のエッセイのなかで、医療ソフトウェア――彼の呼び名だと「ドクター・アルゴリズム」――がプライマリーケアの医師の診断補助だけにとどまらず、医師全員の役割を果たすようになれば、医療はずいぶん進歩するのではないかと提案した。「最終的に、平均的な医師は必要なくなるだろう」と彼は書いている。(4) 不完全なオートメーションを治療するのは、全面的なオートメーションなのだ。

そそられる考えだが、単純すぎる。機械はその製造者同様、誤る可能性を持っている。最も進んだテクノロジーであっても、遅かれ早かれ壊れたり、作動しなくなったりするだろうし、コンピュータ・システムの場合なら、デザイナーやプログラマーがまるで予測していなかった状況に出会って、アルゴリズムが立ち往生してしまうだろう。二〇〇九年初め、バッファロー郊外でのコンティネンタル・コネクション機墜落事故のほんの数週間前のこと、USエアウェイズのエアバスA320がニューヨークのラガーディア空港を離陸する際、カナダガンの群れが飛びこんだせいでエンジンがすべて停止してしまったことがある。チェズレイ・サレンバーガー機長とジェフリー・スカイルズ副機長はすみやかかつ冷静に行動し、息詰まるような三分間ののち、故障した機体を無事ハドソン川に不時着させた。乗員乗客は全員脱出した。パイロットがA320に「お守り」として乗りこんでいなかったなら、最新オートメーションを搭載したジェット機は墜落し、乗員乗客はほぼ間違いなく全員死亡していただろう。旅客機のエンジンがすべて停止するというのはまれである。だが、機械の不調、オートパイロットの故障、悪天候などの予期せぬ出来事から、パイロットが飛行機を救わなければならなくなるのはまれではない。ドイツの雑誌『デア・シュピーゲル』は、航空機の安全に関する二〇〇九年の記事のなかで、フライ・バイ・ワイヤ方式の飛行機のパイロットは「エンジニアの誰も予想していなかった、厄介で新しい驚くべき事態に、何度も何度も遭遇している」と書いている。[5]

同じことは至るところで見られる。グーグルカーのプリウスを人間が運転していたときに起こった不運は広く報道された。われわれにあまり伝えられていないのは、グーグルカーなどの自動運転車のテストカーに乗っているバックアップのドライバーは、コンピュータが処理できない操作をいつも行なわねばならないことだ。グーグル社は、都心や住宅街の道ではマニュアル運転するよう求めており、グーグルカーの操作を希望する従業員はみな、緊急時の運転技術についての厳しい訓練を受けねばならない。[6]ドライバー不要の車は、実は思われているほどドライバー不要ではないのである。

医療の場合、診療コンピュータが提示する誤った指示や提案を、医療従事者が却下しなければならないことがよくある。コンピュータによる薬品発注システムは、調剤時にしばしば見られたエラーをいくらか減らしてくれたが、一方で新しい問題も生じている。ある病院で二〇一一年に調査したところ、薬品発注を自動化してから、二重発注の事例が実際に増加していることがわかった。[7]診断ソフトウェアも完璧からはほど遠い。ドクター・アルゴリズムはたいていの場合、正しい診断と正しい処置をしてくれるだろうが、あなたの症状が確率分析に上手くマッチしなかった場合、診察室にドクター・ヒューマンがいて、コンピュータの計算を却下してくれることを、あなたはありがたく思うだろう。

オートメーション・テクノロジーが複雑化し、ソフトウェアの指示やデータベース、ネットワーク・プロトコル、センサー、機械部品などがリンクして依存し合い、相互接続の度合いが増すにつれ、故障の原因となりうるものも増えていく。システムは、科学者が言うところの「カスケード故障〔cascading failures〕」を起こしやすくなる。ある一部分の小さな不調が、広範囲にわたるカタストロフィックな故障の連鎖を引き起こす現象のことだ。二〇一〇年に『ネイチャー』誌に掲載された文章のなかで、ある物理学者のグループは、われわれの世界は「相互依存ネットワーク」の世界だと述べている。「水道、輸送、燃料、発電所などのさまざまなインフラ」が、電子的リンクをはじめとするリンクによって「つながって」いるため、結果的にその全部が「ランダムな故障に対してきわめて反応しやすく」なっている。このことは、つながりがデータ交換のみに限定されている場合にも当てはまる。(8)

どこが弱いのか見分けるのも難しくなる。過去の工業機械の場合、「各部分のあいだの相互作用は徹底的に計画し、理解し、予想し、保護することができた。そしてシステム全体の設計も、日常的用途に供される前に、入念に試験することができた。現代のハイテクシステムには、もはやこうした特性はない」と、MITのコンピュータ科学者、ナンシー・レヴソンは著書『安全な世界の設計〔*Engineering A Safer World*〕』で説明する。ナットとボルトでできた前任者たちに比べ、「知的に管理可能」な度合いが少ないのである。(9)すべての部分がそつなく動くかもしれないが、それでも、システムデザインにおける小さなエラーや見落とし――ソフトウェアの何百、何千行ものコードのなかに埋もれてしまうような些細な誤り――が、大きな事故を引き起こすかもしれないのだ。

こうした危険性は、コンピュータが決定を行ない、アクションを作動させる際の信じがたいほどの速度によって、さらにひどくなる。その事実が露わになったのは二〇一二年八月一日朝の身の毛もよだつような一時間、ウォール街最大の金融サービス会社、ナイト・キャピタル・グループが、株売買のための新しいオートメーション・プログラムを作動させたときのことだった。この最先端のソフトウェアには、テスト段階で検出されなかったバグが含まれていた。無許可の不合理な発注がたちまち大量になされ、毎秒ごとに二六〇万ドル分の株が取り引きされた。四五分後、同社の数学者とコンピュータ科学者たちが問題の原因を突き止め、暴走しているプログラムをシャットダウンしたときには、七〇億ドル分もの誤った取り引きがなされていた。同社は最終的におよそ五億ドルの損失を出し、破産の危機にまで追いこまれた。その後一週間のあいだに、他のウォール街の企業が合同で同社を経済援助したことで、金融業界に再び惨劇が起こることは回避された。

もちろんテクノロジーは改良され、バグは修正される。それでも完全無欠さというのは決して到達できない理想である。仮に完璧なオートメーション・システムが設計され、作られたとしても、やはりそれは不完全な世界で動かされるのだ。自動運転車はユートピアを走るわけではない。ロボットが仕事に精を出す工場は天上の楽園にあるわけではない。ガンの群れはぶつかってくる。雷も落ちる。完全に自足した、完全に信頼できるオートメーション・システムは作成可能だと考えるのは、それ自体オートメーション・バイアスの表われである。

だが残念なことに、作成可能だと信じているのはテクノロジーを研究する学者先生たちばかりではない。エンジニアやソフトウェア・プログラマー——システム設計のほかならぬ当事者——までもがそうなのだ。『オートマティカ』誌に一九八三年に掲載された、いまや古典となっている文章のなかで、ユニヴァーシティ・カレッジ・ロンドンのエンジニアリング心理学者リザン・ベインブリッジは、コンピュータ・オートメーションの核にある難問が何であるかを記述している。設計者は多くの場合、人間が、少なくともコンピュータと比較して「信用できない、非効率な」存在だと考えているため、システムのオペレーションにおいて、できるだけ小さな役割を人間に与えようとする。最終的に人間は単なるモニター、スクリーンを受動的に監視するだけの存在になる。[10] しかしその仕事は、精神がふらふらさまようことで悪名高いわれわれ人間が、とりわけ不得意としているものだ。第二次世界大戦中、ドイツの潜水艦を監視していた英軍のレーダー技師を対象とした、警戒状態に関する研究を読むと、高度に動機づけられた人々でさえ、相対的に変化の少ない情報を三〇分も見つめていると、集中力を保つことができなくなるのだとわかる。[11] 退屈し、ぼんやりし、集中力は霧散する。「つまり、可能性が高くない異常事態についてモニタリングするという基本的役割を実行するのは、人間的に不可能だということだ」とベインブリッジは書いている。[12]

そして人間のスキルは「使われなければ劣化する」ものであるから、経験のあるシステム・オペレータであっても、主な仕事が行動よりも監視であれば、やがて「未経験な者」のように行動しはじめるだろうと彼女はつけ加える。使わないがゆえに本能と反射がさびついていけば、問題を突き止め、診断するのが困難になり、反応もオートマティックで迅速というよりは、熟慮されたスローなものになるだろう。状況認識の喪失と合わさり、ノウハウの劣化は、何か間違いが——遅かれ早かれ起こることだが——起こったときに、オペレータが不適切な行動を取る確率を高めることになる。そしてそんなことが起こってしまったら、システム・デザイナーはオペレータの役割をいっそう制限するだろうから、オペレータはさらに行動から引き離され、将来ヘマをする確率がさらに高まるだろう。システム中で最も脆弱なリンクは人間だという想定は、それ自体自己実現的なものなのである。

人間工学、すなわち、使用する人々に合わせて道具や仕事場をどう整えるかについての学問は、少なくとも古代ギリシアにまでさかのぼる。ヒポクラテスは「診療所内において」のなかで、手術室の照明と装置、医療器具の並べ方と扱い方、さらには外科医の身だしなみまで細かく指示している。古代ギリシアの多くの道具のデザインを見ると、道具の形態や重さ、バランスが、労働者の生産力やスタミナ、健康に影響を与えることを、精緻に考慮していたことがわかる。古代アジアの文明でも、労働者の心身の健康を念頭に置いて作業道具がデザインされていた証拠が見られる[13]。

とはいえ人間工学が、さらに理論的ないとこであるサイバネティックスとともに、学問分野として誕生するのは第二次世界大戦のときである。経験のない兵士や新兵何千人もに、複雑で危険な兵器や機械をまかせなければならないうえ、訓練の時間もほとんどなかった。扱いにくいデザインや、わかりにくい操作法は、もはやそのままにはしておけない。ノーバート・ウィーナーなどの先駆的思想家や、米国空軍の心理学者ポール・フィッツとアルフォンス・チャパニスらのおかげで、複雑なテクノロジー・システムを上手く動かしていくにあたっては、機械の部品や電子的レギュレータと同じくらい、人間もまた不可欠な役割を果たすのだと、軍や産業のプランナーは考えるようになった。厳密なテイラー主義のやり方のように、まず機械を最適化して、それに対して労働者が適応するよう強いるわけにはいかない。労働者に合うよう機械をデザインしなければいけないのである。

最初は戦争遂行努力に、続いては商業や政治、科学にコンピュータを組みこむ必要に駆られ、おおぜいの心理学者や生理学者、神経生物学者、エンジニア、社会学者、デザイナーたちが、それぞれの多様な能力を献身的に捧げ、人間と機械との相互作用についての研究を始めた。研究対象となる場は戦場や工場であったかもしれないが、志はとても人間的なものだった。人間とテクノロジーとを、生産的で強靭で安全な共存関係、調和的なパートナーシップへと至らしめ、両者から最良のものを引き出そうというのである。われわれの時代が複雑系の時代だとすれば、人間工学者がわれらの形而上学者である。

少なくともそうあるべきだろう。人間工学、または現在広く知られている言葉で言えば、ヒューマンファクターエンジニアリングの分野での発見と洞察は、非常に多くの場合、無視されるかぞんざいに扱われるかである。人間の心身に対してコンピュータなどの機械が与える影響についての懸念は、最大限の効率と速度、正確性を達成しようとする――または単純に、できるかぎり多くの利益を上げようとする――欲望によって、いつも打ち負かされてきた。ソフトウェア・プログラマーは人間工学についてほとんど、あるいはまったく訓練を受けておらず、関連するヒューマンファクターの研究成果にもおよそ関心を払わない。これでは、数学と論理にのみ注目するエンジニアやコンピュータ科学者が、ヒューマンファクターの分野の学者たちの「ソフトな」関心を嫌悪するのも当然だろう。人間工学のパイオニア、デイヴィッド・マイスターは、亡くなる数年前の二〇〇六年にみずからのキャリアを振り返り、同僚たちと自分は「いつも逆境のなかで研究しており、達成されたことはみなほとんど期待されていないものだった」と書いている。テクノロジーの進歩は「利益を求める動機と結びついており、したがって、人間をほとんど考慮しない」と、彼は悲しげに結論した(14)。

いつもそうだったわけではない。人々がテクノロジーの進歩を歴史における強力な力だと考えるようになったのは、啓蒙主義による科学的発見が産業革命の実用的機械へと変換されはじめた、一八世紀後半のことだった。それはまた、決して偶然ではないのだが、政治的変動の時代でもあった。啓蒙主義の民主的・人道的理想はアメリカとフランスの革命へと結実し、これらの理想は、社会に科学観・テクノロジー観を植えつけた。技術の進歩は――知識人によってであり、必ずしも労働者によってではなかったが――政治改革の手段として評価された。進歩は社会的側面から規定され、テクノロジーはサポート役を果たした。ヴォルテールやジョゼフ・プリーストリー、トマス・ジェファソンなどの啓蒙主義思想家たちは、文化史家レオ・マークスの言葉を借りれば、「新たな科学やテクノロジーを、それ自体目的としてではなく、社会の包括的変革を実行する道具として」見ていた。

けれども一九世紀半ば、少なくとも合衆国においては、改革主義的な見方よりも、テクノロジー自体が主役となるまったく別の進歩観が優位になりはじめる。「産業資本主義がさらに発展するなかで、アメリカ人は科学とテクノロジーの進歩をいっそう熱狂的に祝福するようになったが、この概念を、社会的・政治的解放という目標からは引き離すようになった」とマークスは書く。その代わり彼らは、「科学に基づくテクノロジーの革新は、それ自体進歩にとっての充分かつ信頼できる土台であるという、いまではおなじみとなっている見方」を取るようになったのだった。[15] より大きな善への手段だとかつて見なされていた新テクノロジーは、それ自体善としてあがめられるようになったのである。

となれば、ベインブリッジが示唆するとおり、われわれ自身の時代において、複雑なオートメーション・システムのなかでの分業を、コンピュータの能力が決定していることはほとんど驚くにはあたらない。生産性を上げ、労働コストを下げ、ヒューマンエラーを回避する――さらに進歩する――ためには、できるかぎり多くのアクティヴィティについて、制御権をソフトウェアに割り当ててやりさえすればよく、ソフトウェアの能力が上がったら、その権域をさらに拡張してやればよい。テクノロジーは多ければ多いほどいい。血と肉を持ったオペレータは、異常を監視することや、システム故障の際に緊急バックアップすることなど、どうやってオートメーション化したらいいのかデザイナーが思いつかなかったタスクのためだけに残される。エンジニアが「ループ」と呼ぶもの——システムの瞬間ごとのオペレーションをコントロールする、アクションとフィードバック、決定のサイクル——から、人間はますます押し出される。

この支配的なアプローチを、人間工学者は「テクノロジー中心的オートメーション〔technology-centered automation〕」と呼んでいる。テクノロジーをほとんど宗教的信仰に近い態度であがめ、同じくらい熱狂的に人間不信を奉じるこのアプローチは、人間的な目標を、人間嫌い的な目標と取り換える。「誰が人間を必要としているのか?」という、テクノロジー好きな夢想家たちのもっともらしい口ぶりを、デザイン倫理へと転じてしまう。その結果生まれた機械やソフトウェアが仕事場や家庭に入ってくると、人間嫌い的な考え方も一緒にわれわれの生活に入ってくる。認知科学者であり、プロダクトデザインに関して影響力のある本をいくつか著わしているドナルド・ノーマンは、次のように書いている。「社会は、機械中心志向の生活へと意図せずはまりこんでしまった。その志向性は、人間のニーズよりもテクノロジーのニーズを強調し、それゆえ人間をサポート役へと追いやるものであり、われわれが最も向いていないものである。さらに悪いことに、機械中心の見方は人間を機械と比較し、われわれを欠けている存在、正確な反復的行為ができない存在だと見なす」。いまや「社会に広まっている」にもかかわらず、この見方は、われわれ自身についてのわれわれの感覚をゆがませる。「われわれがやるべきではないタスクと活動を強調し、われわれの本源的なスキルと属性——仮に機械が行なっても上手くできないだろう活動——を無視する。機械中心の見方を取れば、物事を人工的な、機械的な利害から判断することになる」[16]。

機械好きな人々が、機械的な人生観を持つのはまったく論理的なことだ。革新を背後で推進するものはしばしば、ノーバート・ウィーナーの言葉によると、「歯車が回るのを見たいというガジェット好きの欲望」である[17]。そしてそうした人々が現在、社会の動きを支配または媒介している、複雑なシステムやソフトウェアのデザインや構築をコントロールしているのも、同様にまったく論理的なことだ。コードを知っているのは彼らである。社会がさらにコンピュータ化されていけば、プログラマーは知られざる立法者となる。ヒューマンファクターを周縁的な関心だと規定することで、テクノロジー主義者は、自身の欲望の実現の主たる障害物も取り去ることができ、テクノロジーの進歩の飽くなき追求は自己正当化される。テクノロジーを、主にテクノロジー的利害に基づいて判断することは、ガジェット好きに白紙委任状を与えるようなものだ。

オートメーションに関する決定をテクノロジーに主導させようとする傾向は、支配的な進歩イデオロギーに合致するというだけでなく、実際的な利点も持っている。システムビルダーの仕事を大きく単純化してくれるのだ。エンジニアとプログラマーは、コンピュータや機械に何ができるかだけを考えればよい。すると焦点が狭まり、プロジェクトの仕様を絞ることができる。人間の心身の複雑さや気まぐれさ、もろさと格闘することから彼らは解放される。だが、デザイン戦略としていかに強力であろうとも、テクノロジー中心的オートメーションの単純さはまやかしだ。ヒューマンファクターを無視したところで、ヒューマンファクターを取り去ったことにはならない。

しばしば引用されている一九九七年の論文、「オートメーションは驚きである〔Automation Surprises〕」のなかで、ヒューマンファクターの専門家、ナディーン・サーターとデイヴィッド・ウッズ、チャールズ・ビリングズは、テクノロジー中心的アプローチの起源をたどっている。それがどのようにして「近代テクノロジーと関連する神話、偽りの希望、誤って導かれた意図」から生まれ、それらをいかに反映しつづけているかを彼らは記述する。最初はアナログで、続いてデジタルで登場したコンピュータは、エンジニアと資本家たちに、電子的にコントロールされたシステムを理想視させた。彼らはコンピュータを、人間の非効率性と誤謬可能性を治療する万能薬のようなものだと見なした。人間の行為の雑然とした世俗性と比べると、コンピュータのオペレーションとアウトプットの秩序と清潔さは、天から送られたもののようにも思われた。サーターたちは次のように書く。「オートメーション・テクノロジーは元々、作業の正確さと経済性を増すと同時に、オペレータの負担と訓練の必要性を減らすことを目的に開発された。人間の関与はあるとしてもごくわずかであり、したがってヒューマンエラーの可能性が減少ないし消去されるような、自律的システムを作り出すことは可能だと考えられていた」。この考え方は、またしても例のロジックで、「オートメーション・システムは、システム全体における人間的要素をそれほど考慮しなくともデザインできる」という前提へとつながる[18]。

支配的なデザインアプローチを支えているこの欲望と信念は、稚拙で損害を与えるものであることが明らかになったとサーターたちは続ける。オートメーション・システムは、多くの場合「作業の正確さと経済性」を拡張するものであったが、他の側面では期待にかなうものではなく、まったく新しい問題群を持ちこんだ。欠点のほとんどは「高度に自動化されたシステムであってもなおオペレータの関与を必要とし、したがって、人間と機械とのコミュニケーションとコーディネートとが必要とされるという事実」から来ている。だが、オペレートする人間のことを充分考慮することなくシステムはデザインされているのだから、そのコミュニケーション能力、コーディネート能力は乏しいものだ。その結果、コンピュータ化されたシステムは仕事に関する「完全な知」を欠くものとなり、「外界への包括的アクセス」は人間だけが提供できることとなる。「オートメーション・システムは、みずからの意図やアクティヴィティに関していつ人間とのコミュニケーションを開始したらいいか、あるいは、いつ追加的情報を人間に請求したらいいかがわからない。必ずしも適切なフィードバックを人間に提供するわけではなく、そのため人間も、オートメーションのステイタスと活動をたどるのが難しくなり、望ましくないアクションを回避すべく介入する必要性に気づきにくくなる」。オートメーション・システムの混乱の多くは、「人間と人間との基本的インタラクション能力を発揮できるような人間と機械とのインタラクションを、デザインできていないこと」から来ている。(19)

エンジニアとプログラマーが、自分たちの創造物の働きをオペレータに隠し、あらゆるシステムを謎めいたブラックボックスに変えてしまうことで、さらに問題は悪化する。口にはされないものの、ソフトウェア・プログラムやロボットの複雑さを把握するだけの知性や訓練が、普通の人間にはないのだという前提がそこにはある。オペレーションや決定を統括しているアルゴリズムやプロシージャについてあまり説明すると、相手は混乱してしまうか、もっと悪い場合、システムをいじってみたくなるかもしれない。何も知らせないままでいるほうが安全だ。けれどもここでもまた、個人の責任を取り去ることでヒューマンエラーを回避しようとする試みが、結果的にエラーの確率を増してしまう。無知なオペレータは危険なオペレータだ。アイオワ大学のヒューマンファクターの教授、ジョン・リーが説明するとおり、「その〔オペレートしている〕人間の制御戦略やメンタルモデルと合致しない制御アルゴリズム」を、オートメーション・システムが使っているのはよくあることだ。それらのアルゴリズムを理解していない場合、その人間が「オートメーションのアクションと限界を予想する」ことは不可能である。それぞれ互いに相容れない前提の下で人間と機械は作業し、両者の意図は最終的に合致しなくなる。機械を理解できないことで、人間は自信もなくしてしまいかねず、何か起こったときに「介入しようとする意欲が起こりにくくなる可能性もある」と、リーは報告する。[20]

ヒューマンファクターの専門家たちはずっと前から、テクノロジー第一主義のアプローチから離れ、「人間中心的オートメーション〔human-centered automation〕」を取るようデザイナーたちにうながしている。人間中心のデザインは、機械の能力の査定から始まるのではなく、機械をオペレートする、または機械とインタラクトする人間の力と限界を、慎重に見定めることから始まる。テクノロジーの発達を、元々の人間工学を推進していた人間主義的原理へと立ち戻らせようとするのだ。その目的は、コンピュータの速度と正確さを利用するだけでなく、労働者が――ループの外ではなく、内側で――関与的で、能動的で、注意力を持っていられるよう、役割と責任を分担させることである。[21]

その種のバランスを取るのは難しいことではない。何とおりもの真っ向からのやり方でそれは実現できると、何十年にもわたる人間工学の研究成果は示している。重要な機能のコントロールをコンピュータからオペレータへ、頻繁ながらも不規則な間隔で移すことができるよう、システムのソフトウェアはプログラムできる。いつ主導権を取る必要性が生じるかわからないと知っていれば、人間は注意深く関与的になり、状況認識と学習が促進される。デザイン・エンジニアはオートメーションの範囲を制限し、コンピュータを使っている人々が受動的で観察的な役割へ引き下げられるのではなく、やりがいのあるタスクに取り組めるようにすることができる。やることを増やせば、生成効果の維持にもつながる。デザイナーはまた、視覚的アラートだけでなく聴覚的・触覚的アラートをも使って、システムのパフォーマンス――コンピュータが扱っているアクティヴィティに関することも含めて――についての、直接的な感覚的フィードバックをオペレータに与えることもできる。定期的なフィードバックは関与の度合いを高め、オペレータが注意力を保つことを助けてくれる。

人間中心的アプローチの最も興味深い応用例のひとつが、「アダプティヴ・オートメーション」である。アダプティヴ（適応的）なシステムにおいては、コンピュータはオペレートしている人間に注意を払うようプログラムされる。ソフトウェアと人間のオペレータとの分業のあり方は、所与の時点で何が起こっているかによって間断なく調整される。[22] たとえば、オペレータがこみいった作業を行なわねばならなくなったことにコンピュータが気づくと、コンピュータはそれ以外のタスクをすべて引き受ける。他のことに気を取られることがなくなり、オペレータは重要な難題に全力を注ぐことができる。通常の状況下では、コンピュータはより多くのタスクをオペレータにまかせることで、オペレータが状況認識を維持し、スキルを実践できるようにする。アダプティヴ・オートメーションは、コンピュータの分析能力を人間的用途に回すことで、オペレータのパフォーマンスをヤーキーズ＝ドッドソン曲線のピークに保ち、認知的負荷の過剰も過少も防ぐことができる。インターネット創設の先頭に立った国防総省の研究所、DARPA〔Defense Advanced Research Projects Agency 国防高等研究計画局〕は、さらに「神経人間工学〔neuroergonomics〕」システムの開発に取り組んでいる。脳や身体のさまざまなセンサーを用い、「個人の認知状況を検知して、知覚と注意力の、およびワーキングメモリの障害を克服するようタスク・パラメータを操作」できるシステムである。[23] アダプティヴ・オートメーションはまた、人間とコンピュータの労働関係に、人間性を吹きこむことを約束するものでもある。このシステムをいち早く使った者のなかには、機械をオペレートしているというよりも、人間の同僚と協力して働いているかのようだったと報告する人々もいる。

オートメーションの研究は、コクピットやコントロールルーム、戦場などで使われるような、大規模で複雑でリスクの多いシステムに集中する傾向がある。こうしたシステムが故障すれば、多くの人命や多額の金銭が失われるかもしれない。だがこの研究は、医師や弁護士、経営者などの分析的仕事につく人々が使う、決定支援アプリケーションの設計にも関連するものだ。こうしたプログラムは、学習と操作が容易なものになるよう、個人によるテストを何度も行なって作られるものであるが、ユーザーフレンドリーなインターフェイスの下を覗き見れば、テクノロジー中心的倫理がいまだ支配的であるのがわかるだろう。「通常エキスパートシステムはプロテーゼ（補綴）として働く。欠陥があり、一貫性のない人間の推論を、もっと正確なコンピュータのアルゴリズムで置き換えようとするものである」とジョン・リーは書いている。[24] それは人間の判断を補足するというよりは、これに取って代わることを意図している。アプリケーションがデータを飲みこむスピードや、予測する能力が上がるたび、決定の責任を専門家からソフトウェアへと、プログラマーはいっそう移行させていく。

オートメーションが個人に与える影響を誰よりも深く研究しているラジャ・パラスラマンは、このアプローチは間違っていると考える。決定支援アプリケーションが最良の働きをするのは、特定の行為を推薦することなしに、必要な瞬間に関連情報を専門家に伝えるときだと彼は主張する。[25] 最も賢明で、最もクリエイティヴなアイディアが人から生まれるのは、考える余地が与えられたときだ。リーも同意する。「オートメーションの度合いが少ないアプローチ、つまりオペレータを批評する役割にオートメーションを置くアプローチのほうが、よい成果をより多く出す」と彼は書く。最良のエキスパートシステムは、「別の解釈、仮説、選択」を提示するものだ。追加的な、しばしば予期せざる情報は、人間の判断をゆがめる自然の認知バイアスに対抗してくれる。分析や決定を行なう者に、問題を違う角度から見るよう、より幅広い見解を考慮するよううながしてくれる。だがリーは、最終的決定は人間にゆだねるべきだと強調する。完全なオートメーション化を行なわない場合のほうが、つまり「批評的アプローチで用いられるような低レベルのオートメーションのほうが、エラーを引き起こしにくい」ことの証拠が得られていると彼は言う。[26] データを素早くより分ける仕事においてはコンピュータはまさっているが、人間のエキスパートたちは、このデジタルなパートナーよりも知恵ある繊細な思考者なのだ。

専門職が思考し、判断する余地を確保することは、人間的アプローチによるオートメーションを、クリエイティヴな仕事において求める者たちにとっても目標である。一般的なＣＡＤプログラムの押しつけがましさを批判するデザイナーは数多い。サンフランシスコのゲンスラー事務所の建築家、ベン・トラネルは、デザインの可能性をコンピュータが広げてくれたことを賞賛する。ゲンスラー事務所が新しく設計した、エネルギー効率がよくらせん状にねじれた形態の上海タワーは、コンピュータなしでは「建てられなかっただろう」建物の例だと彼は指摘する。だが一方、デザイン・ソフトウェアの直解主義――インプットされるあらゆる幾何学的要素について、意味と用途を定義するよう建築家に迫る姿勢――は、フリーハンドのスケッチが促進していたオープンエンドで未構築な探究を、あらかじめ封鎖してしまうものではないかと彼は懸念する。「手描きの線はさまざまなものになりうるが、デジタルの線はひとつのものでしかないのです」[27]

すでに一九九六年、建築学教授のマーク・グロスとエレン・イ＝ルエン・ドが、直解主義のCADソフトウェアに対するオルタナティヴを提案していた。「ユーザーの意図的な多義性、曖昧さ、不正確さをキャプチャし、そうした特質を視覚的に伝える」ことのできる「紙のような」インターフェイスを持つアプリケーションの、概念的青写真を彼らは考えたのである。それはデザイン・ソフトウェアに「スケッチが有する示唆的能力」を与えようとするものだった。[28] それ以来ほかにも多くの学者たちが、似たような提案を行なってきた。最近も、イェール大学のコンピュータ科学者、ジュリー・ドーシーの率いるチームが、「メンタル・カンヴァス」を提供するデザイン・アプリケーションのプロトタイプを作っている。このシステムは、2Dのドローイングを3Dのヴァーチャル・モデルへとコンピュータに自動的に変換させるのではなく、タッチスクリーン式のタブレットをインプット・デバイスに用い、建築家が3Dでラフスケッチを行なえるようにするものだ。「デザイナーは、多角形のメッシュや、限定要因となるパイプラインの融通の利かなさに縛られることなく、線を何度も引き直すことができる。われわれのシステムは、アイディアがまだ固まっていないうちに幾何学的正確さを課すのではなく、アイディアの展開につれて繰り返し洗練を行なうことを容易にするものだ」[29]。押しつけがましさの少ないソフトウェアを使えば、デザイナーの想像力はより羽ばたきやすくなるだろう。

テクノロジー中心的オートメーションと、人間中心的オートメーションとの緊張関係は、学者たちの理論的関心の対象というだけにはとどまらない。実業家、エンジニア、プログラマー、政府などが日々行なう決定に、これは影響している。航空産業の場合、三〇年前にフライ・バイ・ワイヤ・システムが導入されて以来、二大航空機製造会社は、デザイン問題に関して別々の立場に立ってきた。エアバス社はテクノロジー中心的アプローチを取っている。目標は、機体を本質的に「パイロットに扱いやすい」ものにすることだ[30]。従来かさばる操縦桿が正面に設置されていたのを、パイロットの横に小さな操縦レバーを置くよう変更したのが、その目標の表われのひとつである。このゲームコントローラのようなレバーは、フライト・コンピュータへのインプットを、最少限の肉体的労力で効率よく行なってくれるが、パイロットへの触覚的フィードバックはない。グラスコクピットの理念とも一致することだが、これは飛行士ではなくコンピュータ・オペレータとしてのパイロットの役割を強調している。エアバス社はまた、ソフトウェアが特定したフライトエンベロープ〔飛行包絡線。飛行可能な速度や高度のこと〕のパラメータ内に機体を保つため、特定の状況下ではパイロットの指示をコンピュータが却下できるようにもプログラムしている。パイロットではなくソフトウェアが、究極的にはコントロールしているのだ。

ボーイング社はフライ・バイ・ワイヤ方式の飛行機を設計するにあたり、もっと人間中心的な方針を取っている。ライト兄弟も喜ぶだろうことに、同社は、パイロットの指示をフライト・ソフトウェアが却下しないようにしているのだ。極限的な状況であっても、パイロットは操縦に対する最終的権限を保持する。昔ながらの大きな操縦桿を残しているだけでなく、操縦メカニズムを直接コントロールしていた時代にパイロットが感じていた感触をまねた、人工的フィードバックが与えられるようにもなっている。操縦桿は電子信号をコンピュータに送るだけなのだが、補助翼や昇降舵などの操縦面が動くときの感触を模倣した、触覚的抵抗を伝えるようプログラムされているのだ。ジョン・リーによると、機体の方向や動作における重要な変化をパイロットに伝えるのに、視覚的キューだけを使うよりも、触覚的フィードバックを使ったほうがはるかに効果的であると、研究からわかっているという。そして、脳は触覚的信号と視覚的信号とを別々のやり方で処理しているため、「触覚的警告」は「同時に行なっている視覚的タスクを邪魔」しない傾向がある。(31) ある意味、この合成的な触覚的フィードバックは、ボーイング機のパイロットをグラスコクピットから連れ出している。ワイリー・ポストがロッキード・ヴェガを着ていたのと同じような感じでジェット機を着ているわけではないだろうが、エアバス機のコクピットにいるときよりも、フライトをよりいっそう身体的に経験できる。

エアバス社は素晴らしい飛行機を造っている。ボーイング社製よりもこちらの飛行機を好むパイロットもいるし、二社の安全性の記録はほぼ同じだ。だが最近の事例は、エアバス社のテクノロジー中心的アプローチの欠点を明るみに出している。航空専門家のなかには、エールフランスの事故の原因のひとつが、エアバス社のコクピット・デザインにあると考える者もいる。ヴォイスレコーダーの音声を書き起こしたものを読むと、手動操縦しているあいだ、ピエール＝セドリック・ボナンはサイドスティックを引きつづけ、副操縦士のデイヴィッド・ロバートは、ボナンの致命的な間違いに気がつかないままだったことがわかる。ボーイング機のコクピットなら、各パイロットには互いの操縦桿がはっきり見えるから、お互いがどのように操縦しているかもわかる。それでも充分でないと言われるなら、二つの操縦桿は一体となって動くのだとお伝えしよう。ひとりが操縦桿を引けば、もう一方のパイロットの操縦桿もその方向に動く。視覚的キューと触覚的キューを通じ、ふたりのパイロットはシンクロしたままでいられる。これに対して、エアバス社のサイドスティックははっきりと視認できず、動きもずっと小さく、それぞれ独立して動く。だから同僚が何をやっているかを見落としやすい。ストレスが高まり、視野が狭まる緊急時であればなおさらだ。

ロバートが早いうちにボナンの間違いに気づいて修正していたなら、A330は立て直せていたかもしれない。人間中心的な操縦システムを持つボーイング機のコクピットだったら、エールフランスの事故が「起こる確率はずっと少なかった」だろうとチェズレイ・サレンバーガーは言う[32]。一九九七年に退職するまで、エアバス社のトップ・デザイナーだった明晰で誇り高いフランス人エンジニア、ベルナール・ジグレールでさえ、同社のデザイン哲学への疑念を最近表明している。エアバス社本部のあるトゥールーズで、作家ウィリアム・ランガウィーシュのインタビューに答え、彼はこう語った。「操縦が簡単すぎる飛行機を造ってしまったのではないかと時々思います。難しい飛行機だったら、乗員はもっと警戒するでしょう」。さらに続けてこのように言う。エアバス社は「パイロットの座席のなかに、椅子を蹴り上げる装置を組みこんでおくべきだった」。[33]冗談だったかもしれないが、このコメントは、ヒューマンファクターの研究者たちが、人間のスキルと注意力の維持について発見した内容と一致している。見事なキックこそが、あるいはそれに相当するテクノロジー上の何かが、まさにオートメーション・システムがオペレータに与えるべきものであることがしばしばあるのだ。

手動操縦をパイロットに奨励するよう各航空会社に伝える安全警告を二〇一三年に出したとき、連邦航空局はまた、暫定的とはいえ、人間中心的オートメーションを好む立場を取っていたと言える。パイロットをしっかりとループのなかに位置づければ、ヒューマンエラーの可能性は減少し、オートメーションの故障の影響はやわらぎ、空の旅が現状よりも安全になるだろうと気づいたのだ。オートメーション化を進めることは必ずしも賢明な選択ではない。ヒューマンファクターの優秀な研究者をおおぜい抱えている連邦航空局は、国の航空管制システムの野心的な「NextGen」オーバーホール計画を立てるにあたっても、人間工学に非常に注目している。このプロジェクトの包括的目標のひとつは、「人間のパフォーマンスに適応し、これを補い、これを増幅する航空システムを作り出す」ことである。[34]

金融業界では、カナダロイヤル銀行もまた、テクノロジー中心的オートメーションの波に逆らいつつある。ウォール街での取り引きにあたり、著作権のあるソフトウェア・プログラムであるTHORを、同銀行は導入した。売買の注文の伝達を遅らせ、アルゴリズムによる高速取り引きを防ぐプログラムである。注文を遅らせると、しばしば取り引きが、顧客にとって魅力的な条件で決着することがわかった。現在一般的である高速データ・フローへのテクノロジーの流れに抵抗することには、代償がともなうことを同銀行は認めている。高速取り引きを避けたことで、どの取り引きにおいても得られる利益は少し少ないものとなっているのだ。だが長期的に見れば、クライアントの信用を高め、リスクを減少させることになり、全体としてより高い利益へとつながるものと同銀行は考えている。(35)

カナダロイヤル銀行の前重役のひとり、ブラッド・カツヤマの考えはさらに進んだものだ。高頻度取り引きによって株式市場がゆがめられていることを見て取った彼は、ＩＥＸという、より公正な新しい取引市場の立ち上げにかかったのである。二〇一三年後半に立ち上げられたＩＥＸは、オートメーション・システムに歯止めをかけている。取り引きに参加しているメンバー全員が、値付けなどの情報を同時に受け取れるよう、ソフトウェアがデータのフローを管理している。コンピュータを市場のすぐ隣に置いている捕食者《プレデター》的商社が有利だったのを、やわらげるのがその意図だ。またＩＥＸは、高速アルゴリズムに有利な種類の、特定の取り引きや特定の手数料方式を禁止している。カツヤマたちは精密なテクノロジーを用い、人間とコンピュータとのあいだのプレーイング・フィールドを公平なものにしようとしているのだ。各国の規制機関もまた、法や規制を通じて、オートメーションによる取り引きにブレーキを掛けようとしている。二〇一二年、フランスは株取り引きに少額の税をかけ、一年後イタリアもそれにならった。高頻度取り引きのアルゴリズムは通常、数量ベースの裁定取引を実行する――各取り引きはごくわずかな利益しか出さないが、ほんの一瞬のあいだに何百万もの数の取り引きが行なわれる――よう設計されているため、取り引きにかかる税がごく少額だとしても、プログラム全体の魅力をなくすには充分なのである。

オートメーションに歯止めをかけようとする、こうした試みは励みになる。少なくとも一部の企業、一部の政府機関は、一般に広まっているテクノロジー第一の姿勢に疑念を投げかけていることがわかる。だがこうした努力は例外にとどまっており、連続的成功はまるで保障されるどころではない。テクノロジー中心的オートメーションが支配的になってしまった以上、進歩の方向を変えるのは非常に難しい。どのように仕事がなされるか、どのようにオペレーションは組織されるのか、何を消費者は求めるのか、どのように利益は出るのかを、ソフトウェアはかたちづくるようになっている。それは経済や社会に据えつけられ、動かせないものになっている。このプロセスは、歴史家トマス・ヒューズの言う「テクノロジー的モメンタム〔technological momentum　テクノロジーの勢い〕」の実例である。[36]新しいテクノロジーは、初期の段階では従順だ。その形態と用途は、設計した者の欲望だけでなく、使用する者たちの関心、社会全体の利害によっても形成されうる。だが、物理的インフラや商業的・経済的配列、個人的・政治的な規範や期待のなかにいったん根づいてしまうと、これを変化させることはとてつもなく難しくなる。この時点でテクノロジーは、社会体制の不可欠な構成要素となっている。慣性力を増し、道を進みつづける。個々のテクノロジー要素はもちろん時代遅れになるだろうが、それらは新しいものに置き換えられて、既存のオペレーションモードと、それに関連するパフォーマンスと成功の方法を、洗練し、延命させていく。

たとえば商業航空システムは現在、コンピュータ制御の正確性に依拠している。最も燃料効率のいいルートを割り出すのはパイロットよりもコンピュータのほうが得意だし、コンピュータ制御の飛行機は、人間が操縦する飛行機よりも近い距離で飛ぶことができる。パイロットの操縦スキルを上げようとすることと、より高度なオートメーション飛行の追求とは、根本的に緊張関係にある。パイロットに手動操縦を練習する時間を与えようとしても、航空会社は利益を犠牲にしたくないし、監督機関も航空システムの能力を削減したくはない。オートメーション関連の大事故がまれに起こっても、それがいかに恐ろしい事故であろうと、効率的で利益の高い輸送システムの代償だととらえられるだろう。医療の場合、保険会社も病院も、それから言うまでもなく政治家も、低コストをただちに実現し、生産性を上げてくれることをオートメーションに期待している。自分たちの非常に繊細で価値ある能力が、長期的に浸食されてしまうのではないかと医師たちが憂慮しているとしても、医療業務や処置をオートメーション化しようとするシステム提供者への圧力を、保険会社も病院も政治家も、ほとんど間違いなく食い止めようとしつづけるだろう。金融の場合、コンピュータは取り引きを一〇マイクロセカンドで——つまり一〇万分の一秒で——実行できるが、何かの出来事などの刺激に人間の脳が反応するには、四分の一秒近くがかかる。トレーダーがまばたきをするあいだに、コンピュータは何万件もの取り引きを処理できるのだ。[37] コンピュータの速度は、人間を現場から追い出してしまった。

ある分野で広く採用された、したがって勢い《モメンタム》のついたテクノロジーは、その仕事にとって最良のものに違いないと一般に思われている。この観点からすると進歩とは、疑似ダーウィン主義的なプロセスだ。さまざまなテクノロジーが開発されてユーザーやバイヤーを競い合い、厳密な試験と比較の期間を経て、その束のなかから市場は最良のものを選び出す。適者であるツールだけが生き残る。だから社会は、採用しているテクノロジーが最適のものだと自信を持つことができる——そして、途中で捨て去られた選択肢には、何らかの致命的な欠陥があったのだと。それは、安心して進歩を受け入れる気持ちにさせてくれる見方であり、歴史家の故デイヴィッド・ノーブルの言葉を借りれば、「客観的科学、経済的合理性、および市場に対するシンプルな信頼」に基づく見方である。だがノーブルは、一九八四年刊行の著書『生産の諸力〔*Forces of Production*〕』のなかでさらに続けて、これはゆがんだ見方だと語っている。「これはテクノロジーの発展を、一方では自律的で中立的な技術的プロセスとして描き、他方では、冷たく合理的な自己調節的プロセスとして描いているが、そのいずれも人間や権力、制度、競合する諸価値、あるいはさまざまな夢を、考慮に入れてはいない」[38]。テクノロジーの進歩についての現在普及している見方は、歴史の複雑さや気まぐれ、解明しがたさではなく、単純で遡及的なファンタジーを提示しているのだ。

ノーブルは、第二次世界大戦後、機械を道具として使う産業においてオートメーション化が進むなかで、テクノロジーが実際に受け入れられ、モメンタムを得ていった複雑な過程を明らかにしていく。発明家やエンジニアたちは、旋盤やボール盤などの工場の道具のプログラミングとして、いくつもの種類の技術を開発していた。それぞれメリットもデメリットもあった。なかでも最もシンプルで上手くできていたシステムに「スペシャルマティック〔Specialmatic〕」というものがある。開発者はプリンストン卒のエンジニア、フェリックス・P・カラザーズ。オートメーション・スペシャルティズという名の、ニューヨークにある小さな会社が売り出した。並んだキーやダイアルを使ってエンコードし、機械を操作するシステムであるスペシャルマティックは、プログラミングを、工場にいる熟練の機械工にゆだねるものだった。機械操作者は「見た目や音、金属を切る匂いなどに関する積み重ねた経験に基づき、供給量や速度を設定したり調節したりできた」とノーブルは言う[39]。経験のある職人の暗黙知的なノウハウをオートメーション・システムに取り入れたというだけでなく、スペシャルマティックには経済的利点もあった。機械をプログラムするエンジニアやコンサルタントたちに、製造業者が支払いをする必要がなかったのである。カラザーズの開発したこのテクノロジーは、『アメリカン・マシニスト』誌から賞賛された。同誌はスペシャルマティックが「セットアップとプログラミングを完璧に機械上で行なえるよう設計されている」と述べた。これによって機械工は、オートメーションによる効率化という利点を得られると同時に、「機械の作動する全サイクルにおいて、その機械を全面的にコントロール」することができる。[40]

だが、スペシャルマティックが市場に根づくことはなかった。カラザーズがこれの開発に取り組んでいたのと同時期、合衆国空軍は、長きにわたって軍と協力関係にあったMIT研究チームによる「数値制御〔numerical control＝NC〕」開発研究プログラムに大金をつぎこんでいたのである。それは現代のソフトウェア・プログラミングの先駆にあたる、デジタル・コーディング技術だった。数値制御は、政府による寛大な助成と、高名な大学の産物だという名声に後押しされただけではない。やむことのない労使間闘争に直面し、労働者と組合の力をそぐべく、機械のオペレーションのコントロール権を欲していた経営者や管理者たちにもアピールしたのである。数値制御には、最先端テクノロジーの輝きもあった――戦後芽生えていたデジタル・コンピュータへの熱狂と、それは同時期にあったのである。生産技術者協会〔Society of Manufacturing Engineers＝SME〕の論文がのちに書いているように、MITのシステムは「複雑で経費のかかる怪物」だったかもしれないが、[41] GEやウェスティングハウスなどの巨大企業がこのテクノロジーの採用へと殺到したため、スペシャルマティックなどの他の選択肢に勝機はなかった。数値制御は、生存を賭けた激しい進化の戦いに勝利したどころか、戦いが始まる前に勝利を宣告されていたのである。人間よりもプログラミングが優位に立つことになり、テクノロジー第一主義のデザイン哲学はモメンタムを増していった。一般大衆は、そんな選択がなされたことすら知らなかった。

テクノロジー中心的オートメーションの悪影響について、エンジニアとプログラマーだけが責任を負わされるべきではない。確かに彼らは、機械にたずさわる者だけに限定されるような、狭い範囲の夢と欲望を追求しているとして責められるべきときもあるかもしれないし、物理学者フリーマン・ダイソンの言葉を借りれば、「限りなき権力の錯覚を人々に与える」ような「技術的傲慢さ」も持ちやすいかもしれない[42]。だが彼らはまた、雇い主やクライアントの要求に応えているのでもある。ソフトウェア開発者は、仕事のオートメーション化のためにプログラムを書くことで、つねにトレードオフに直面する。専門知識・専門技術を発達させるのに必要な行動を取ること――オートメーションの範囲を狭め、人間にもっと能動的で大きな役割を与え、リハーサルと反復によってオートメーション性を発達させること――には、速度と収益の犠牲がともなう。学習には非効率性が必要なのだ。生産性と利益の最大化を目標とするものである企業が、そのようなトレードオフを受け入れることは、あるとしてもごくまれだろう。結局のところ、彼らがオートメーションに投資する主たる理由は、労働コストを下げ、オペレーションを合理化することなのだから。

個人であるわれわれもまた、どのソフトウェア・アプリケーションを、あるいはどのコンピュータ関連デバイスを使うのかを決めるにあたり、いつも効率性と便利さを求めている。もっと懸命に、もっと長時間働かせるようなプログラムやガジェットではなく、仕事量を減らして自由時間を増やしてくれるようなものを選ぶ。テクノロジー企業は製品をデザインするとき、当然そうした欲望に応じようとする。使うときに最も努力が要らず、最も考えずに済むような製品を提供すべく、彼らは激しく競い合う。ソフトウェア企業、インターネット企業の多くを導いている哲学を、グーグル社重役のアラン・イーグルはこう説明した。「グーグルをはじめとするそうした場はすべて、テクノロジーを、頭を全然使わないで済むぐらい簡単なものにしようとしているのです」[43]。商業ソフトウェアの開発と使用においては、そのソフトウェアが産業システムを支えるものであろうとスマートフォンのアプリを支えるものであろうと、人間の能力に対する抽象的な不安など、時間と金銭の節約可能性に対してはまるで太刀打ちできないのである。

社会は将来、オートメーションをより賢明に使うようになるだろうか、コンピュータの計算と個人の判断とのバランスを、および効率性の追求と専門知識の発展とのバランスを上手く取るようになるだろうかと、わたしはパラスラマンに聞いてみた。彼は少し考えてから、皮肉な笑いを浮かべてこう言った。「わたしはあまり楽天的な人間ではないんですよ」。

幕間――墓盗人とともに

わたしは苦境に陥っていた。セス・ブライアという名の頭のおかしい墓盗人と――進んでそうしたのではなく、必要性から――手を組んでしまったのである。クーッ教会横の墓地で出会って間もなく、セスはプライドを持ってこう言った。「俺は食べない。眠らない。風呂にも入らない。全部どうでもいい」。わたしが探していた何人かの人物の所在を彼は知っており、そこへ連れていく交換条件として、新鮮な死体の一団を持ち出してクリッチリー牧場を横切り、タンブルウィードという埃まみれのゴーストタウンまで運ぶよう彼に要求されたのである。わたしはセスの馬車を走らせ、後部座席のセスは、死者たちが身に着けている貴重品を漁っていた。この旅は試練だった。盗賊たちの奇襲は見事切り抜けた――わたしの銃の腕前はなかなかのものなのだ――けれど、ギャップトゥース・リッジ近くのがたつく橋を渡っていたとき、遺体の重みが移動して、馬を制御できなくなってしまった。馬車は谷へと突っこみ、わたしは画面一面に血を飛び散らせて死亡した。清めの数秒間ののちに復活し、再びこの試練に挑まされた。五回も六回も失敗したところで、ミッションをコンプリートすることなど無理なのではないかと絶望しはじめた。

わたしがプレーしていたのは、見事に作られているが話は間抜けである、「レッド・デッド・リデンプション」という題名のオープンワールド型のシューティングゲームで、前世紀初めのニュー・オースティンという謎めいた南西部国境地帯を舞台にしている。プロットは純粋ペキンパー〔『ワイルドバンチ』（一九六九）などの映画監督サム・ペキンパーのこと〕だ。ゲームを始めると、元アウトローのストイックな牧場主、ジョン・マーストンの役を引き受けることになる。彼の右頬には長く深い傷が何本か、象徴的に刻まれている。マーストンは妻と幼い息子を連邦保安官によって人質に取られ、かつての犯罪仲間たちを見つけ出すよう脅迫される。ゲームをコンプリートするには、熟練とスキルを要するさまざまな偉業をこのガンマンに達成させていかねばならない。あとになるにつれてその偉業は、達成するのがどんどん難しくなっていく。

あと何回かやってみて、ぞっとする積み荷を乗せたその馬車で橋を渡ることがようやくできた。それどころか、Xboxに接続されたフラットスクリーンのテレビの前で、暴力に満ちた時間を何時間も過ごしていたわたしは、これでこのゲームに用意された五〇余りのミッションを、すべてクリアしてしまったのだった。その報酬として、自分自身が——つまりジョン・マーストンが——この追跡の旅へと彼を追いやったまさにその保安官たちによって、撃ち殺されるのを目にしたのである。どんよりした気分になるようなエンディングはさておき、わたしは達成感をもってこのゲームを終えた。わたしは野生馬をロープで捕らえ、コヨーテを撃ってその皮をはぎ、列車強盗をし、ポーカーでそこそこの額を稼ぎ、メキシコ革命に参加して戦い、飲んだくれの無礼者から娼婦を助け、まさに『ワイルドバンチ』的なやり方で、ガトリング・ガンで悪党どもをあの世へ送ったのだった。わたしは試され、中年の反射神経は難題に応えて鍛えられた。歴史的勝利ではなかったかもしれないが、勝利ではある。

ビデオゲームは、やったことのない人たちから忌み嫌われる傾向がある。出てくる流血の量を考えれば理解はできるが、残念なことである。かなり上手くできていること、たびたび美しくもあることのほかに、最良のゲームは、ソフトウェア・デザインのモデルにもなっているのだ。アプリケーションがスキルの減退ではなく、その発達をうながすこともあるのだとそれらは示しているのである。ビデオゲームをマスターするには、徐々に難度を増していく挑戦に立ち向かい、自分の能力の限界を押し広げていかなければならない。どのミッションにもゴールがあり、上手くできたときの報酬もあり、フィードバック（たぶん血が飛び散ることとか）は直接本能に訴えるものであることが多い。ゲームはフロー状態を促進し、面倒な作業を、第二の天性になるまで繰り返すようプレーヤーにうながす。ゲーマーが習得するそのスキルは些細なものであるかもしれない――たとえば、想像上の橋を想像上の馬車が渡れるよう、プラスチック製のコントローラを操作するなど――けれど、その習得は徹底的であり、次のミッションや次のゲームのなかで、またそのスキルを行使できるだろう。彼はエキスパートになるのであり、そしてその過程はとても楽しい（＊）。

われわれがパーソナルな生活で使うソフトウェアのなかで、ビデオゲームは例外である。

一般的なアプリやガジェット、オンラインサービスのほとんどは、便利さ、またはメーカーの言葉によれば「ユーザビリティ」を目指して設計されている。数回タップしたり、指でスクロールしたり、クリックしたりするだけで、学習も練習もほとんどなしにプログラムはマスターできる。工業や商業で使われているオートメーション・システム同様、思考という負荷を人間からコンピュータへ移すようそれらは設計されている。ミュージシャンやレコード・プロデューサー、映画監督、写真家などが使うハイエンドなプログラムでさえ、使いやすさに重点が置かれるようになっている。かつては専門家のノウハウを必要とした複雑な視聴覚効果が、いまではボタンを押すだけ、またはスライダをドラッグするだけで実現できるのだ。背景にある概念を理解する必要はない。ソフトウェアのルーティンに組みこまれているのだから。これこそが、ソフトウェアを幅広い人々——努力なしに効果を得たいと望む人々——に使えるものにしたことによる、リアルな恩恵である。だが、ディレッタントを取りこんだことの代償は、専門性の低下であった。

尊敬を集めているソフトウェア・デザイン・コンサルタントのピーター・マーホールズは、自分たちの作品に「摩擦のなさ」と「シンプルさ」を求めるようプログラマーたちにアドバイスしている。成功するデバイスやアプリケーションは、技術的複雑さを、ユーザーフレンドリーなインターフェイスの裏に隠しているものだと彼は言う。それらはユーザーの認知的負荷を最少限にする。「シンプルなものは、多くの思考を必要としない。選択は消去され、想起も求められない」[1]。クリストフ・ファン・ニムウェヘンの「宣教師と人食い部族」の実験に登場したような、学習とスキル形成、記憶の知的プロセスを跳び越えてしまう種類のアプリケーションは、こうしたレシピで作り出されるものだ。これらのツールはわれわれにほとんど何も要求せず、そして認知的に言えば、ほとんど何も与えてくれない。

* ビデオゲームはプログラマーにとってモデルになると言ってはいるものの、わたしは「ゲーミフィケーション」なる醜い名前でとおっている、流行りのソフトウェア・デザイン方法を認めているわけではない。それは、何らかの指定されたアクティヴィティを繰り返すよう人々を動機づける、または操作するために、ゲームのような報酬システムを用いるアプリやウェブサイトなどについて言われる言葉だ。心理学者B・F・スキナーのオペラント条件づけ実験に基づき、ゲーミフィケーションは、フロー状態のダークサイドを利用する。人間は、フロー状態がもたらす快楽と報酬を維持しようとして、ソフトウェア使用に耽溺することがある。悪名高い例をひとつ挙げると、コンピュータ制御によるスロットマシーンは、フローへの依存をプレーヤーに引き起こすよう設計されており、これについてはナターシャ・ダウ・シュルが、空恐ろしい気持ちにさせる著書、『デザインされた依存症――ヴェガスのマシーン・ギャンブル〔*Addiction by Design: Machine Gambling in Vegas*〕』(Princeton: Princeton University Press, 2012)のなかで記述している。通常「人生を肯定し、回復し、豊かにする」ものである経験が、ギャンブラーにとっては「枯渇させ、罠にはめるかのような、自律性の喪失と結びついた」ものになるのだと彼女は書く。ダイエットなど、有益であることを意図した目的で使われているときでさえ、ゲーミフィケーションは皮肉な力を発揮する。テクノロジー中心的デザインの解毒剤であるどころか、むしろそれを極点にまで持っていってしまうのだ。これは人間の意志をオートメーション化しようとするものである。

マーホールズの言う「とにかくそいつは動くんだ」的デザイン哲学には、おおいに利点がある。デジタル時計のアラームをセットしたり、WiFiルーターの設定を変えたり、マイクロソフトのWordのツールバーを理解したりしようとして苦労したことのある人ならば、シンプルさの価値がわかるだろう。不必要に複雑な製品は時間を浪費し、しかもその報いがほとんどない。確かに何もかもについてエキスパートになる必要はないが、知的質問や社会的つながりのプロセスを、ソフトウェア作成者がスクリプトで実行するようになるにつれ、摩擦のなさという理想は、問題をはらんだものになってきている。それはわれわれからノウハウを削り取るだけでなく、ノウハウは重要なものであり、涵養する価値のあるものだという考え方までも削り取る。今日のライティングアプリやメッセージアプリの実質上すべてに組みこまれている、校正やスペル修正のアルゴリズムを例に考えてみよう。スペルチェッカーは、かつては教師として働いていた。間違いと思われるものを際立たせて注意を喚起し、その過程で、ちょっとしたスペリングの授業をしてくれた。使うことで学習ができた。いまやこのツールには、自動修正の機能が組みこまれている。警告することもなく、ただちにこっそりとミスを失くしてしまう。フィードバックもなければ「摩擦」もない。あなたは何もわからないし、何も学ばない。

あるいは、グーグルのサーチエンジンのことを考えてみよう。元々のフォームでは、空《から》のテキストボックスしか提示されていなかった。インターフェイスはシンプルさの見本だったが、サービス自体は質問の仕方について考えること、最良の結果を得るためにキーワードを意識的に選んで並べることをまだ要求していた。それはもはや必要ない。二〇〇八年、何を探しているのかを予想する予測アルゴリズムを用いたオートコンプリート・ルーティン、グーグルサジェストが導入された。いまでは、サーチボックスにタイプしはじめるや、質問を完成させるためのサジェスチョンをグーグルは提供してくる。続けて文字を入れていくにつれ、新たなサジェスチョンが登場する。グーグル社の過剰な気遣いの裏にあるのは、強情で、ほとんど偏執狂的な効率性の追求である。人間嫌い的なオートメーション観を持つグーグルは、人間の認知能力を不出来で不正確で厄介な生物学的プロセスだと見ており、コンピュータが扱ったほうが上手く行くと考えている。「いまから数年経ったら、検索される質問の大部分は、実際に問わなくても解答されるだろうとわたしは予想している」と言うのは、二〇一二年にグーグル社エンジニアリング部門のディレクターに任命された、発明家で未来学者のレイ・カーズワイルである。同社は「これがあなたが知りたくなるだろうことだと、わかってしまう」だろうと彼は言う。[2] その究極的な目標は、検索行為を完全にオートメーション化し、人間の意志を追い出してしまうことである。

フェイスブックなどのSNSも、同様の野心に突き動かされているように見える。友だちではないかと思われる人を統計的に「発見」したり、「いいね！」ボタンなどで愛情のしるしをクリックひとつで残せるようにしたり、人間関係の時間のかかる側面の多くを自動的に管理することで、面倒な連携プロセスを合理化しようとしているのである。フェイスブックの創設者、マーク・ザッカーバーグは、こうしたことすべてを「摩擦のないシェア〔frictionless sharing〕」として讃えている――社交から意識的努力を取り除いたのだ。だが、速度や生産性、標準化といった官僚主義的理念を、他者との関係性に適用することにはどこか反発を感じさせるものがある。最も意味のある絆は、市場での取り引きや、慣例化されたデータ交換から生まれるものではない。人間はネットワークのグリッド上のノードではないのだ。人間の絆には信頼と礼節と犠牲が必要であり、それらは全部、少なくともテクノクラートの考えにおいては、非効率性と不便さの原因である。社会的つながりから摩擦を取り去ることは、そのつながりを強化するものではなく、むしろ弱めてしまう。消費者と商品とのつながりに似たものにしてしまうのだ――簡単に形成され、同じくらい簡単に壊れてしまうものに。

子どもたちを絶対に自由にはさせないお節介な親たちにも似て、グーグルやフェイスブックやパーソナル・ソフトウェアのメーカーたちは、十全で活力ある人生のために不可欠だと、少なくとも過去においては思われていた性質を、最終的には弱め、消し去ってしまう。その性質とはすなわち、工夫、好奇心、独立心、忍耐、勇敢さといったものだ。将来われわれはそうした美徳を、身代わりでしか経験できなくなるかもしれない――たとえばスクリーンを通じて入ることのできる空想の世界で、ジョン・マーストンのような登場人物を演じることによって。

第８章

あなたの内なるドローン

一二月半ば、寒い霧の夜のこと。あなたは職場のホリデイパーティーから、車を運転して帰路に着く。というより、車を運転してもらって帰路に着く。最近初めて自動運転車——グーグルがプログラムしたメルセデス製の、eSmart エレクトリック・セダン——を買ったばかりで、ハンドルを握っているのはソフトウェアなのだ。自動調整式のLEDヘッドライトの光のなかで、道がところどころ凍結しているのが見えるし、絶えずアップデートされるダッシュボードのディスプレイのおかげで、車が速度とトラクションを適切に調整していることがわかる。すべてが順調だ。あなたはくつろいで、今晩の堅苦しい宴をぼんやり思い返す。しかし、家の敷地からわずか数百ヤードの、木が密集した一本道で、ちょうど車の正面に動物が飛び出して立ち止まる。ご近所で飼われているビーグル犬だ——いつも放し飼いなのだ。

ロボット運転手はどうするだろう？　車が横滑りする危険を冒してまで、イヌを救おうとブレーキを踏みこむだろうか？　それとも、あなたとあなたの車が被害をまぬがれるよう、ヴァーチャルな足はブレーキを踏まず、ビーグル犬を犠牲にするだろうか？　どのように変数と確率をより分けて評価し、何分の一秒かでの決定にたどり着くのだろうか？　ブレーキをかければイヌは五三パーセントの確率で生存し、一八パーセントの確率で車は損傷し、四パーセントの確率であなたが怪我をするだろうとアルゴリズムが計算した場合、イヌを守ろうとするのが正しいという結論に至るだろうか？　ひとりでに動くソフトウェアは、数字の集合からどのようにして、実際的であると同時に道徳的である結論を導き出すのだろうか？

道に飛び出した動物が隣人のペットではなく、あなたのペットだとしたらどうだろうか？　いや、イヌではなく子どもだとしたら？　朝の出勤途中だとしよう。あなたが前夜に届いたEメールをスクロールして見ているあいだ、自動運転車は制限時速四〇マイルぴったりで橋を渡っている。学童の一団も橋を渡っていて、あなたの車が走る車線横の歩道を歩いている。監督役の大人もついていて、子どもたちはきちんと行儀よくしているようだ。トラブルの気配はないが、コンピュータは慎重すぎる方法を選ぶので、あなたの車はわずかに減速する。そのとき突然小競り合いがあり、小さな男の子が道路に押し出される。スマートフォンでメッセージを打つのに忙しいあなたは、何が起こっているのか気づかない。車は決断せねばならなくなる。車線を外れて橋から落ち、あなたを事故死させる可能性を選ぶか、それとも子どもをはねるか。ソフトウェアはハンドルにどのような指示をするだろう？　センサー搭載車の後部座席にあなた自身の子どもがシートベルトをして座っていたら、プログラムは別の選択をするだろうか？　反対車線にも車が来ているとしたら？　その車がスクールバスだとしたら？　アイザック・アシモフによるロボット倫理規則の第一原則――「ロボットは人間に危害を加えてはならない。また、その危険を看過することによって、人間に危害を及ぼしてはならない」[1]――は筋のとおった、ほっとする言葉に聞こえるが、世界を現実よりもずっと単純なものと仮定している。

自動運転車の登場は、「人間の生態的地位がまたひとつ終焉したこと」以上のことを表わしていると、ニューヨーク大学の心理学教授ゲアリー・マーカスは言う。それは機械が「倫理体系」を持たねばならない新たな時代の始まりを告げているのだ。[2] すでにその時代は来ていると言う人もいるだろう。ささやかではあるが前兆のように、われわれは道徳的決定をコンピュータにゆだねはじめている。大宣伝されているロボット掃除機、ルンバを例に取ろう。ルンバは埃と昆虫を区別しない。見境なく両方を飲みこむ。とおりかかったコオロギは吸いこまれてお陀仏だ。人間も掃除機でコオロギを轢き殺すことはよくある。少なくとも家への侵入者である場合、虫の生命に価値を置いたりはしない。だが、なかには掃除の手を止めてコオロギをつまみ上げ、戸口へ持っていって放してやる人もいる（古代インドの宗教、ジャイナ教の信者は、いかなる生き物を傷つけることも罪だと考えるから、昆虫を殺したり傷つけたりしないよう細心の注意を払っている）。ルンバをカーペットの上に放った場合、われわれは自分の代わりに道徳的選択をする権限をそのロボットに譲っている。ローンボットやオートモアなどのロボット芝刈り機は、爬虫類、両生類、小さな哺乳類など、より高等な生物を日常的に殺している。たいていの人たちは、芝を刈っているときにヒキガエルや野ネズミが目の前にいるのを見たら、その動物を助けようと意識的に決断するだろう。誤ってつぶしてしまったとしたら、嫌な気持ちになるはずだ。だがロボット芝刈り機は良心の呵責なく殺していく。

現在に至るまで、ロボットなどの機械の道徳をめぐる議論は大部分理論的なもので、ＳＦ小説や、哲学のクラスでの思考実験の題材となってきた。倫理的考察は、道具のデザインにしばしば影響を与えてきた――銃には安全装置、モーターには調速機、サーチエンジンにはフィルターがつけられた――が、機械に良心が求められることはなかった。不測の倫理的事態に合わせてオペレーションを即座に調整する必要はこれまでなかった。テクノロジーの道徳的使用法の問題が持ち上がると、決まって人が介入して解決した。それは将来、もはや必ずしも可能ではなくなる。世界を感知し、そのなかで自律的に動くことに熟達していくにつれ、ロボットやコンピュータは、ひとつの正しい答えなどない状況に必然的に向き合うことになる。厄介な決定を自分で下さねばならない。複雑な人間の活動をオートメーション化するには、道徳的選択をオートメーション化することが不可欠なのだ。

倫理的な判断に関して、人間は完璧とはとても言えない。時に混乱や不注意から、時に意図的に、われわれはたびたび間違いを犯す。そのためこのように主張する人もいる——選択肢を分類し、確率を見積もり、結果を判断するロボットの速度を考えると、とっさの行動が必要な場合、ロボットは人間よりも合理的な選択をできるのではないかと。その見方には確かに正しいところがある。特定の状況、特に金銭や資産だけが問題である場合、素早く確率の計算さえできれば、最善の結果を導く行動を決定するには充分だ。人間のドライバーのなかには、たとえ事故の可能性が上がろうとも、赤に変わろうとしている信号を突破しようとする者もいる。コンピュータは決してそんな軽率なことはしない。だが、道徳的ジレンマはたいていもっと扱いにくいものだ。数学的に解こうとすれば、より根本的な問題にたどり着く。道徳的に曖昧な状況において、何が「最適」または「合理的」な選択であるかを決めるのは誰なのか？　ロボットの良心をプログラムするのは誰なのか？　ロボットの製造業者？　ロボットの所有者？　ソフトウェアの作成者？　政治家？　政府の規制機関？　哲学者？　保険業者？

完璧な道徳的アルゴリズムなどなく、誰もが賛同できる規則へと倫理を還元する方法もない。哲学者たちは何世紀もそれを試みてきたが、上手く行かなかった。冷徹で実利的な計算でさえ主観的なものだ。その結果は意志決定者の価値観や利害関係に左右されているのだから。自動車保険業者にとっての合理的選択は——あのイヌが死んだとして——あなたが隣人のペットを轢きそうになったときに、意図的にであれ反射的にであれ、行なった選択とは違うものだろう。政治学者のチャールズ・ルービンは次のように述べる。「ロボットの時代において、われわれはこれまでどおり——またはひょっとすると、これまでになく——道徳にとらわれることになるだろう」(3)。

それでもアルゴリズムは書かれねばならない。われわれが道徳的ジレンマから離れる方法を計算で導き出せるという考えは、安易すぎる、または不愉快でさえあるかもしれないが、だからといって、ロボットやソフトウェア業者が、道徳的ジレンマを離れる方法を計算せねばならなくなるだろうという事実は変わらない。人工知能が良心に似たものを獲得し、愛情や後悔といった感情を持つ、あるいは少なくともシミュレートできるようにならないかぎり、およびそうなるまでは、われらが計算仲間に他の道はない。道徳的感覚を与える方法を考え出す前に、道徳的行動を取る能力を自動装置《オートマトン》に与えてしまったという事実を、われわれは悔いているかもしれないが、後悔したところで責任から逃れられはしないのだ。倫理体系の時代はすでに到来している。自律型機械が世に放たれることになれば、道徳のコードは、いかに不完全なものであるとしても、ソフトウェアのコードへと書き換えられねばならないだろう。

また別の筋書きはこうだ。あなたは陸軍大佐で、人間と機械の兵士による大隊を指揮している。コンピュータ制御による「スナイパーロボット」の小隊を曲がり角や屋根の上に配置し、ゲリラの攻撃から街を守っている。一台のロボットが、レーザーヴィジョンの視覚で、軍服姿ではない男が携帯電話を持っているのを発見する。その男の動きは、経験から察するに疑わしい。目の前の状況の徹底的分析と、過去の行動パターンの豊富なデータベースから、この人物は六八パーセントの確率で爆弾を爆発させようとしている反乱分子であり、三二パーセントの確率で罪のない傍観者であると、ロボットは瞬時にはじき出す。そのとき、一〇余名の人間の兵士を乗せた輸送車が街路を下ってくる。もし爆弾があれば、いつ爆発してもおかしくない。戦争に一時停止ボタンはないのだ。人間の判断を仰ぐ時間はない。ロボットが行動せねばならない。ソフトウェアはどんな指示を下すだろう。撃つか、控えるか？

われわれ民間人は、自動運転車などの自律型ロボットが持つ倫理的意味にまだ直面したことはないだろうが、軍の状況はかなり違っている。何年にもわたり、防衛部門や士官学校は、生死に関わる決定を戦場の機械にゆだねる方法や、その影響について研究してきた。プレデターやリーパーなどの無人ドローン航空機によるミサイルや爆弾の集中攻撃は、すでにありふれたことになっていて、激しい論戦の的になっている。どちらの側の主張もなかなかだ。ドローンは兵士や操縦士を危害から遠ざけるうえ、攻撃が正確なため、従来の戦闘や砲撃ではまぬがれえなかった負傷者や損害を減らすことができると支持派は主張する。反対派は、集中攻撃は国が支援する暗殺だと考える。爆弾は民間人に死者や負傷者を多数出すだけでなく、言うまでもなく恐怖を与えるのだと彼らは指摘する。もっとも、ドローンによる集中攻撃はオートメーションではなく、遠隔操作である。飛行と偵察は自力で行なっているかもしれないが、発射の決定は、コンピュータの前に座ってライヴ映像をモニタリングし、上官からの厳密な指示の下でオペレーションを行なう兵士によってなされている。最近配備されたミサイル搭載のドローンは、巡航ミサイルなどとさほど変わらない。引き金を引くのはいまでも人間だ。

大きな変化が訪れるのは、コンピュータが引き金を引きはじめたときだろう。完全にオートメーション化された、コンピュータ制御の殺人機械——軍が致死性自律型ロボット〔lethal autonomous robots〕、LARと呼ぶもの——はテクノロジー的に実現可能であり、そのようになってからしばらく経つ。環境センサーは高解像度で正確に戦場をスキャンでき、自動発射のメカニズムは広く使用されていて、銃の発砲やミサイルの発射を制御するコードを書くのも難しくない。コンピュータにとっては、武器を発射するという決定は、株を売買したりEメールをスパムフォルダに入れたりする決定と何ら変わらない。アルゴリズムはアルゴリズムなのである。

二〇一三年、南アフリカの法学者で、超法規的・即時的・恣意的処刑に関する国連総会の特別報告者を務めるクリストフ・ヘインズが、軍事用ロボットの現状と展望について報告書を提出した。[4] 綿密に分析されたこの報告書は、読むとぞっとするものだ。「LARの製造能力を持つ政府は、武力衝突などでの使用は現在のところ構想されていないと言う」。だが兵器の歴史を見れば、その言質をあまり信用すべきではないことがわかるだろうと彼は続ける。「当初、航空機やドローンの武力衝突時の使用は偵察目的に限定されており、攻撃のための使用は、不都合な事態が予想されるため規制されていたことを思い出すべきだ。敵に対してのアドヴァンテージが認められるテクノロジーが手に入ったとき、最初の意図はたびたび放棄されてしまうことを、その後の事例は示している」。さらに、新種の兵器がひとたび配備されれば、必ずと言っていいほど軍拡競争が起こる。そのとき「既得権益の力は、適切な制御をしようとする努力を除外してしまうことがある」。

戦争は多くの面で市民生活よりも型にはまっている。戦闘の規則、指揮系統、敵味方の明確な区別が存在し、殺害は受け入れられているばかりか奨励すらされている。それでも戦争においてさえ、道徳のプログラミングは答えのない――あるいは、少なくとも道徳的考察の多くを脇にやらなければ解決しない――問題を生む。二〇〇八年、米国海軍はカリフォルニア・ポリテクニック州立大学に倫理・次世代科学グループ〔Ethics and Emerging Sciences Group〕を組織させ、LARが提起する倫理的問題点と、軍事使用を目的とした「倫理的な自律型ロボットを造る」ためのアプローチの可能性について、報告書を提出するよう委任した。倫理学者たちの報告によれば、ロボットのコンピュータが道徳上の決定をできるようプログラムする方法は、基本的に二つある。トップダウンとボトムアップだ。トップダウンのアプローチでは、ロボットの決定を統御する規則はすべて前もってプログラムされ、ロボットは「変更や柔軟性なく」規則にのみ従う。明快に聞こえるが、そうではない。アシモフがロボット倫理学を体系づけようとしたときに気づいたとおり、ロボットが直面しうる状況をすべて予想することはできないのである。トップダウンプログラミングの「厳格さ」は裏目に出るかもしれないと、この倫理学者たちは書いている。「プログラマーが予見していない、あるいは充分に想像できていない出来事や状況が発生すると、ロボットは間違った動きを、あるいは単純に恐ろしいことを、まさに規則に縛られているがゆえに行なってしまう」(5)。

ボトムアップのアプローチでは、ロボットは若干数の初歩的な規則をプログラムされただけで世に送り出される。機械学習の技術を使ってみずからの道徳コードを発達させ、新しい状況が生じるたびに適応させる。「子どものように、ロボットは多様な状況下に置かれ、トライアル・アンド・エラー（とフィードバック）を通じ、何が適切な行動で何がそうでないかを学ぶことが期待される」。ジレンマに直面すればするほど、道徳的判断は微調整されていく。だが、ボトムアップのアプローチはいっそう厄介な問題を生み出す。第一に、実現が困難である。道徳上の決定ができるほど繊細で盤石な機械学習のアルゴリズムは、まだ開発されていない。第二に、生死を分ける状況において、トライアル・アンド・エラーを行なう余裕はない。アプローチそのものが不道徳になるだろう。第三に、コンピュータが発達させる道徳が、人間の道徳を反映するもの、またはそれと調和するものになるという保証はない。マシンガンと機械学習のアルゴリズムを備えて戦場に放たれたとき、ロボットは極悪人になる可能性もある。

人間は道徳上の決定をする際、トップダウンとボトムアップのアプローチの「ハイブリッド」を用いていると、倫理学者たちは指摘する。人間が生きる社会には、行動を導き制御する、法などの制限がある。また多くの人々は、自身の決定や行動を、宗教的・文化的規範に合わせて形成している。そして個人の良心は、生まれながらであるかどうかを問わず、みずからの規則を強いてくる。経験も重要である。成長し、さまざまな状況でさまざまなタイプの倫理的決定に苦心するうち、人間はより道徳的な生き物になる。完璧にはほど遠いが、われわれの大半は、遭遇したことのないジレンマにも柔軟に対応できる、すぐれた道徳感覚を持ち合わせている。ロボットが真に道徳的な存在となるための唯一の方法は、われわれの例にならってハイブリッドなアプローチを取り、規則に従いつつ経験から学ぶことである。だが、そのような能力を持つ機械を造るのは、われわれのテクノロジーの範囲をはるかに超えている。倫理学者たちは次のように結論する。「最終的には、道徳上の判断ができるロボットの開発が可能になるかもしれない。多様なインプットに対応できるボトムアップシステムの、ダイナミックで柔軟な道徳観念を持ちながら、選択や行動の評価を、トップダウンの原理に合わせることもできるロボットである」。しかしそれが実現するまでには、コンピュータに「理性以上の能力」を発揮させる――感情やソーシャルスキル、良心、「世界のなかで身体化されている」感覚を持たせる――プログラミング方法を見つけ出す必要がある。[6] 言い換えれば、われわれは神になる必要があるのだ。

軍はそこまで待っていられないようだ。米陸軍戦略大学の機関誌『パラメーターズ』の記事のなかで、軍事戦略家で退役中佐のトマス・アダムズは、「完全自律型システムの導入は必然だ」と主張する。ロボット兵器の速度、大きさ、感度のおかげで、戦闘は「人間の感覚の領域を離れ」、「人間の反応速度の限界を跳び越え」ようとしている。じきに「リアルな人間が理解するには複雑すぎる」ものになるだろう。軍事システムにおける最も弱いリンクが人間だということになると、民間人のソフトウェア・デザイナーによるテクノロジー中心的主張とも一致することだが、戦場での決定において「人間による意味あるコントロール」を維持することは、ほぼ不可能になるだろうと彼は言う。「対処法のひとつは、もちろん、人間を軍事決定の職務に置いておく代償として、単純に情報処理の速度が遅くなるのを受け入れることだ。問題は、人間中心的システムを打ち負かすには、それより制限の少ないシステムで攻撃すればいいと、敵が間違いなく考えるだろうことである」。最終的にわれわれは「戦術的な戦闘を、まさに機械の職務であり、人間にはまるで適さないものだと見なすようになるだろ

う」とアダムズは考えている。(7)

LARの配備を止めるのをとりわけ難しくするだろう要因は、戦術的な有効性だけではない。それを配備することには、機械自体の道徳的構造とは無関係に、ある種の倫理的な利点があるのだ。人間の戦闘員とは違い、ロボットは戦闘の激しさや混沌のなかで、みずからを押しとどめる利己的な本能がない。ストレスや憂鬱、アドレナリンの噴出を経験することもない。クリストフ・ヘインズは以下のように書いている。「通常、ロボットは復讐心やパニック、怒り、悪意、偏見、恐怖から行動することはない。さらに、そのように特別にプログラムされないかぎり、民間人を意図的に、たとえば拷問などで傷つけることもない。強姦もしない」。(8)

ロボットは嘘をつくことも、自分の行動を隠そうとすることもない。デジタルの痕跡を残すようプログラムすることができ、これにより軍は戦闘活動の説明がしやすくなるだろう。何より重要なことに、戦争にLARを使えば、自国の兵士の死や負傷を避けることができる。殺人ロボットは命を奪うだけでなく、命を救うものでもあるのだ。オートメーション化された兵士や兵器を使えば、自分の息子や娘が戦闘で死亡したり重傷を負ったりする可能性が低くなると人々にわかれば、戦争をオートメーション化せよという政府への圧力は抗しがたいものになるかもしれない。ヘインズの言うところの、「人間的な判断、常識、全体的状況の把握、人の行動の裏にある意図の理解、価値観の理解」をロボットが欠いているという事実は、最終的に問題ではなくなるかもしれない。それどころか、ロボットの道徳的愚鈍さには利点もある。人間的な思考や感情を機械が表わしていたら、われわれはそれを戦場に送り、破壊することに、積極的ではいられなくなるだろう。

事態はどんどん勝手に進展していく。ロボット兵士の軍事的・政治的利点は、独自の道徳的葛藤をもたらしている。LARの配備は、戦闘や衝突のあり方を変えるだけではないとヘインズは指摘する。そもそも戦争を行なうべきかについて、政治家や軍司令官が行なう計算をも変えることになるだろう。死傷者を出すことへの大衆の嫌悪感は、つねに戦闘の抑止力、話し合いの動機となってきた。LARは「武力衝突による人的犠牲」を減少させるので、大衆は軍事的な議論に「あまり関わらなくなって」いき、「軍事力行使の決定は、国家にとっての、主に財政的・外交的な問題だと考えるようになるかもしれない。それは武力衝突の「通常化」につながるだろう。LARはこのようにして、国家が戦争を行なったり、破壊的な軍事力を行使したりすることへの敷居を低くしうるのであり、武力衝突は結果的に、もはや最後の手段ではなくなるかもしれない」[9]。

新種の兵器の導入は必ず戦争の性質を変え、遠くから発射、ないし爆発させられる武器――カタパルト、機雷、迫撃砲、ミサイル――は、意図の有無にかかわらず、最大級の効果をもたらす傾向にある。自律型殺人機械の影響は、これまでになく大きなものになるだろう。ロボットが自力で放つ最初の銃声は、世界中に響きわたることだろう。それは戦争を、そしておそらくは社会をも、永遠に変えることになるだろう。

殺人ロボットと自動運転車が突きつける社会的・倫理的難題は、オートメーションが向かう方向に関し、重要かつ不安な気持ちにさせる事柄を指し示している。代替神話は従来、仕事は別々のタスクに分けることができ、それらのタスクは、全体の仕事の性質を変えることなく個別にオートメーション化できるという、誤った前提を指すものとして定義されてきた。その定義は拡大の必要があるかもしれない。オートメーションの範囲が広がるにつれ、社会は別々の活動領域――たとえば仕事、気晴らし、政府の権限となる分野――に分けることができ、それらの領域は、社会全体の性質を変えることなく個別にオートメーション化できるという考えもまた、誤りだとわかってきたのである。すべてはつながっていて――武器を変えれば、戦争も変わる――そのつながりは、コンピュータ・ネットワークのなかに表われたとき緊密なものになる。ある時点で、オートメーションはクリティカルマス〔普及率が一気に跳ね上がる分岐点となる普及率のこと〕に達する。社会の規範、前提、倫理を形成しはじめる。人々は自分自身を、および他者との関係を別の角度から見るようになり、個人の行為や責任についての自分の感覚を、テクノロジーの役割拡大に合わせて調整する。行動も変わってくる。コンピュータの助けを期待し、それが得られないというめったにない事態に遭遇すると、うろたえてしまう。ソフトウェアは、MITのコンピュータ科学者ジョゼフ・ワイゼンボームが言うところの、「傍若無人に入りこむ力」を帯びはじめる。「自分の世界を構築する材料」になるのだ。[10]

一九九〇年代、ドットコムバブルがふくらみはじめたころ、「ユビキタスコンピューティング」のことが熱狂的に語られた。じきにマイクロチップはあらゆるところに存在するようになる――工場の機械や倉庫の棚に埋めこまれ、オフィスやショップや住宅の壁に貼りつけられ、地面に埋められ、空中に浮かび、消費財に組みこまれ、衣服に編みこまれ、さらにはわれわれの身体のなかを泳ぎ回るようになる――と、専門家たちは請け合った。センサーとトランシーバーを搭載した小さなコンピュータは、金属疲労から地温、血糖値に至るまで、考えられうるすべての変数を測定し、その数値をインターネットを通じてデータ処理センターへと送る。そこで大きなコンピュータが数値を処理し、すべてが仕様どおりぴったり合うよう指示をアウトプットする。コンピュータの使用はあまねく広がり、オートメーションは環境となるだろう。われわれはギークの楽園、プログラマブルな機械の世界に住むことになる。

誇大宣伝の出どころのひとつは、ゼロックスPARCだった。スティーヴ・ジョブズがマッキントッシュのアイディアを得た、シリコンヴァレーの伝説的研究所である。PARCのエンジニアや情報科学者が発表した一連の論文には、コンピュータが「日常の構造」に深く組みこまれ、「日常と見分けがつかなくなる」未来が描かれていた。[11] 周囲でどれだけコンピュータが活動していようと、もはや気づくこともない。データがあふれ、ソフトウェアから非常に多くのものを提供されているわれわれは、情報過多を不安に思うどころか、「落ち着いた」気持ちになる。[12] ずいぶん牧歌的だ。しかし、PARCの研究員たちは能天気だったわけではない。予見した世界についての懸念も表明していた。彼らが心配したのは、ユビキタスコンピューティング・システムが、支配者《ビッグ・ブラザー》にとって理想的な隠れ場所になるのではないかということだった。研究所の技術責任者マーク・ワイザーは、『IBMシステムジャーナル』誌の一九九九年の記事に次のように書いている。「コンピュータ・システムが、大規模であるだけでなく不可視なものでもあれば、何が何を制御し、何と何がつながり、どこに情報が流れ、それがどのように使われているのかを知るのは難しくなる」。[13] われわれはシステムを動かす人々や企業に、全幅の信頼を置かねばならないだろう。

ユビキタスコンピューティングへの熱狂も懸念も、やがて時期尚早なものとわかった。一九九〇年代のテクノロジーは、世界を機械可読にできるほどではなく、ドットコムバブルの崩壊後、投資家たちは、高価なマイクロチップやセンサーを至るところに設置することに、資金を出すような気分ではなくなった。しかし続く一五年のあいだに多くのことが変わる。経済の方程式は別物になった。コンピュータ関連装置の価格も、高速データ送信のコストも急落した。アマゾンやグーグル、マイクロソフトなどの企業が、データ処理をさらに実用的なものにした。クラウドコンピューティングのグリッドが構築され、効率的な集中型プラントで蓄積・処理される膨大な量の情報を、スマートフォンやタブレットのアプリケーション、あるいは機械の制御回路に供給することが可能になった。(14) 製造業者は何十億ドルも費やして工場にネットワーク接続のセンサーを設置し、GEやIBM、シスコなどの巨大テクノロジー企業は、「物事の相互網《インターネット》」形成の先頭に立とうと、結果のデータの共有基準を築き上げることに忙しい。コンピュータはいまやほとんど遍在状態であり、世の中のちょっとした痙攣や震えでさえ、ビットの流れとして記録される。われわれは落ち着いてはいないかもしれないが、確かにデータはあふれている。PARCの研究員は予言者であったかのように見えてきた。

ツールのひとそろいとインフラのあいだには大きな違いがある。産業革命が真に力を持ったのは、大規模なシステムとネットワークが、オペレーション上の前提になったときだった。一九世紀半ばの鉄道の敷設によって、企業が対象にできる市場は拡大され、機械による大量生産と、経済のこれまでにない規模への拡大にはずみがついた。数十年後、配電網が誕生すると、工場のアセンブリー・ライン設置への道が開かれ、あらゆる種類の電化製品が実現可能で入手可能になり、消費主義は加速し、家庭に産業化がもたらされた。こうした輸送と動力の新たなネットワークは、並行して誕生した電信、電話、放送システムとともに、社会に別の性格を与えた。仕事や娯楽、旅行、教育、さらには家族やコミュニティの組織について、人々の考え方を変えた。生活のペースや感触を、蒸気を原動力とする工場機械がそうしたよりも、はるかに大規模に変化させた。

トマス・ヒューズは著書『電力の歴史』で、配電網が登場したことの意義を検討し、最初にエンジニアリングの文化が、次にビジネスの文化が、最後に一般の文化が、どのように新しいシステムに適応していったかを明らかにした。「人間と諸機関は、テクノロジーの性格に適応できるよう、みずからの性格を発達させていった。そして、人間と観念、諸機関の体系的な相互作用は、技術的なものであれ非技術的なものであれ、大衆的な運動と方向性をともなう上位システム――社会的・技術的システム――の発展を導いた」。電力産業にとっても、生産とそれが支える暮らしとの様式にとっても、テクノロジーが勢い《モメンタム》を得たのはこの時点においてだった。「普遍的システムは保守的なモメンタムを獲得した。その成長はおおむね堅実で、変化は機能の多様化を意味した」[15]。進歩が定型を得たのである。

われわれはオートメーションの歴史において、似たような転機に到達している。社会は汎用型コンピュータのインフラに――配電網に適応したときよりもずっと迅速に――適応しつつあり、新たな体制が出来上がりつつある。工業オペレーションや商取り引き関係を支える前提もすでに変化した。サンタフェ研究所の経済学者でテクノロジー理論家、W・ブライアン・アーサーは次のように説明する。「かつて人間のあいだで行なわれていたビジネスプロセスが、いまでは電子的に遂行されている。それは厳密にデジタルな、見えざる領域で行なわれているのだ」[16]。例として、彼はヨーロッパの国家間での貨物輸送のプロセスを挙げる。数年前、これにはクリップボード（紙ばさみ）を使いこなす多数の仲介者が必要だった。到着と発送の記録、積荷目録の確認、検査、認可証への署名と捺印、書類の記入と提出、そして国際輸送を調整あるいは管理している数々の機関への、手紙の送付や電話を行なっていたのである。輸送のルートが変更されると、関係する各方面――荷送り人、受取人、運搬人、政府機関――の代表者と骨の折れるやり取りをし、大量の書類をさらに作成せねばならなかった。現在、輸送品には無線ＩＣタグがつけられている。港や中継地を通過するとき、スキャナーがタグを読み取り、情報をコンピュータに送る。そのコンピュータは別のコンピュータへと情報を伝え、必要な確認作業、必要な認可の発行、必要な場合のスケジュール改定がいっせいに行なわれ、輸送の状況について、全関係者が最新のデータを得られるようにする。ルート変更が必要である場合、それは自動的になされ、タグや関連データのリポジトリもアップデートされる。

オートメーション化されたこのような広範囲での情報交換は、経済全体で日常的なことになっている。アーサーの表現を借りれば、商業はますます「機械だけのあいだで交わされる一大会話」[17]によって管理されつつある。ビジネスをするということは、その会話に参加できる、ネットワーク接続されたコンピュータを持つということだ。「見事なデジタル神経系を作り上げたと言えるのは、情報が人間の思考と同じように、迅速かつ自然に組織を流れていくときだ」と、ビル・ゲイツは経営者たちに語りかける。[18] いかなる大企業も、このまま上手くやっていきたいのなら、オートメーション化し、それからさらにオートメーション化する以外、ほぼ選択の余地はない。コンピュータがいっそう監視し、いっそう制御できるよう、ワークフローと生産品を見直さねばならず、供給や生産のプロセスへの人間の関与を制限せねばならない。結局のところ人間は、コンピュータのおしゃべりにはついていけないのであり、会話を遅らせてしまうだけなのだから。

SF作家アーサー・C・クラークはかつてこう問うた。「人間と機械との統合は安定しうるだろうか？　それとも、純粋に有機的な要素は、足手まといとして捨て去られざるをえないのだろうか？」[19]。少なくともビジネスの世界では、人間とコンピュータとのあいだでの分業が近い将来に安定しそうな気配はない。現在普及している、コンピュータによるコミュニケーションやコーディネーションの方法からすると、人間の役割が小さくなっていくのはほぼ間違いない。われわれは、われわれ自身を捨て去るシステムをデザインしてしまったのだ。テクノロジー的失業が今後数年のあいだに悪化するとしたら、それは工場への特定のロボットや、オフィスへの特定の決定支援アプリケーションの導入によるというよりも、水面下にある新たなオートメーションのインフラのせいであるだろう。ロボットやアプリケーションは、地面の奥深くで広範囲にはびこる、オートメーションの根系の上に芽吹いた、目に見える植物相に過ぎないのだ。

その根系は、オートメーションがより幅広い文化へと広がっていくのを促進してもいる。政府機関によるサービスから、友だちづき合いや家族の結びつきの管理まで、社会はみずからを、コンピュータによる新たなインフラの輪郭に合わせて作り直している。このインフラは即時的データ交換を統御し、自動運転車の集団や殺人ロボットの部隊を実現可能にする。個人や集団の決定を助ける予測アルゴリズムに素材を提供する。教室、図書館、病院、店、教会、家——伝統的に人間味と結びついていた場所——のオートメーション化を支える。NSAなどの諜報機関、あるいは犯罪組織やお節介な企業が、前例のないほどの規模で監視やスパイ活動を行なうことを可能にする。このインフラこそが、われわれの公的言説や私的な会話を、小さなスクリーンのなかへと押しこんだのである。そしてこれこそが、日がな一日われわれを導く能力を、絶え間なく個人的アラートや指示、アドバイスを与える能力を、われわれのさまざまなコンピュータ関連デバイスに与えているのである。

またしても人間と諸機関は、普及しているテクノロジーの性格に適応できるよう、みずからの性格を発達させている。われわれは工業化によって機械に変えられることはなかったし、オートメーション化によってオートマトンにされることもないだろう。われわれはそれほど単純ではない。だがオートメーションの広がりは、われわれの生活を、よりプログラムに従うものにしている。みずからの才覚や有能さを披露したり、かつて性格の柱と考えられていた独立独歩の性質を、身をもって示したりする機会は少なくなっている。どこへ向かっているのかを考え直さないかぎり、この流れは加速するばかりだろう。

それは奇妙なスピーチだった。二〇一三年のTEDカンファレンスでのことだ。二月の終わり、ロサンジェルス近くのロングビーチ・パフォーミングアーツセンターで催されたそのイベントで、居心地悪そうにそわそわとつっかえながら話している壇上のみすぼらしい男は、グーグル社のふたりの創業者のうち社交的なほうだと言われている、セルゲイ・ブリンだった。彼がそこにいたのは、同社の「ヘッドマウントコンピュータ」、グーグルグラスの宣伝スピーチをするためである。短いプロモーションビデオを流したあと、彼はスマートフォンを嘲笑的に批判しはじめた。グーグル社自身がAndroidシステムで主流に押し上げたデバイスである。ポケットから自分のスマートフォンを取り出すと、軽蔑するような目で彼はそれを見て、スマートフォンを使うことは「ある種の去勢」だと言った。「そこらへんにみんな突っ立って、この味気ないガラスをこすっているわけでしょう」。「社会的に孤立」しているだけでなく、うつむいて画面を見つめていると、物理的世界への感覚的関与が弱まってしまうと彼は示唆する。「それが身体を使ってやるべきことだったでしょうか?」[20]。

スマートフォンをやっつけてしまうと、ブリンはグーグルグラスの賞賛にかかった。この新しいデバイスは、パーソナルコンピューティングに対してはるかに上等な「フォームファクタ」を提供するのだと彼は言う。手が自由になり、顔を上げて前を向くことで、人は周囲の環境と再びつながることになる。再び世界に加わるのだ。他の利点もある。このハイテク眼鏡のおかげでコンピュータスクリーンがいつでも視界にあるため、「グーグルナウ」サービスなどのトラッキングやパーソナライゼーションのルーティンを通じ、アドバイスや助けが求められていると感知するたび、グーグルが適切な情報をその人に届けてくれる。同社の最大の野望——脳内への情報の流れのオートメーション化が、実現されることになるだろう。グーグルサジェストのオートコンプリート機能など忘れたまえ。グーグルグラスをかければ、もはやウェブ検索の必要はなくなるのだと、同僚のレイ・カーズワイルの言葉を繰り返してブリンは言う。質問を作成することも、検索結果をより分けることも、リンクをたどることも必要なくなる。「必要なときに情報が向こうから入ってくるのです」[21]。コンピュータは遍在的であることに加え、全能的にもなるだろう。

ブリンのぎこちないプレゼンテーションは、テクノロジー系ブロガーのからかいの種になった。それでも彼には一理あった。魅力あふれるスマートフォンは、気力を奪うものでもある。人間の脳は、二つのことに同時に集中することができない。タッチスクリーンを見たり触ったりするたび、われわれは周囲の環境から引き離される。スマートフォンを手に持つと、どこか幽霊のような、異界とのあいだで揺らめく存在になる。もちろん人間は以前から注意力散漫だった。精神はさまよう。注意は逸れる。だがわれわれは、これほど執拗にわれわれの感覚をとらえ、注意力を引き裂くツールを、いままで身に着けたことがなかった。どこか別の象徴的な場所にわれわれをつなげるスマートフォンは、ブリンが暗示するとおり、「いま、ここ」からわれわれを追放する。現前する力をわれわれは失う。

グーグルグラスは問題を解決するという、ブリンの断言にはあまり説得力がない。コンピュータで調べ物をしたり、カメラを使ったりするときに、手が自由であることが有利な機会は確かにあるだろう。だが、目の前に浮かぶスクリーンを見ることには、膝の上のスクリーンを見ることに劣らぬ注意力が必要だ。もっと必要かもしれない。パイロットやドライバーにヘッドアップディスプレイを着用してもらって行なった研究からは、環境にかぶさるよう投影された文字や画像を見るとき、人は「注意の抜け落ち［attentional tunneling］」を起こしやすいことが明らかになっている。焦点は狭まり、目はディスプレイに固定され、視野のなかで起こっているほかのことすべてに気づかなくなる。[22] フライトシミュレータで実施されたある実験では、着陸の際ヘッドアップディスプレイを使っていたパイロットは、測定器の指示値を確認するために下を向かねばならなかったパイロットに比べ、滑走路をふさぐ大きな飛行機に気づくのに時間がかかった。ヘッドアップディスプレイを使ったパイロットのうちのふたりは、すぐ目の前に止まっている飛行機にさえまったく気づかなかった。[23] グーグルグラスの危険性に関する二〇一三年の記事のなかで、心理学教授のダニエル・サイモンズとクリストファー・チャブリスは次のように説明する。「認識には目と精神の両方が必要なのであり、精神が何かにとらわれている場合、まったく明白であるはずのことを見逃してしまうことがある」[24]。

グーグルグラスのディスプレイはまた、デザイン上、逃れることが難しいものでもある。目の前に浮かび、いつでもちらっと見さえすれば使える状態だ。少なくともスマートフォンはポケットやハンドバッグに入れたり、車のカップホルダーに突っこんだりできる。グーグルグラスとインタラクトする際、言葉を口にしたり、頭を動かしたり、手ぶりをしたり、指でタップしたりすることも、精神や感覚への要求を増やしている。アラートやメッセージを伝える聴覚信号——ブリンがＴＥＤの講演で得意気に語ったことによれば、「まさに頭蓋骨をとおして」送られてくるもの——に至っては、スマートフォンの着信音やバイブに劣らずうっとうしいものに思える。隠喩的に言って、いかにスマートフォンが去勢的であろうとも、ひたいに取りつけられたコンピュータは、もっと悪いことになりそうだ。

グーグルグラスやオキュラスリフト〔Oculus Rift〕のように誇らしげに頭に着けるものであれ、スマートウォッチのペブル〔Pebble〕のように手首に着けるものであれ、ウェアラブルコンピュータは新しいものであり、どれだけ人を惹きつけるかはまだわからない。広く人気を得るには、大きな障害をいくつか乗り越えなければならないだろう。現時点では、ユーザーを惹きつける特性はまだ乏しく、見かけが間抜け——ロンドンの『ガーディアン』紙は「あのひどいスペック」[25]と言った——であるうえ、小さな内蔵カメラが多くの人に不安を与えている。だが、これまでのパーソナルコンピュータ同様、これもすぐに改良され、うっとうしさの少ない、もっと実用的なものに変わっていくことはほぼ間違いないだろう。コンピュータを着用するという発想は、いまは奇妙に思えるかもしれないが、一〇年後には当たり前になっているかもしれない。錠剤ほどの大きさのナノコンピュータを飲みこんで、自分の生化学や臓器機能をモニタリングすることすらあるかもしれない。

とはいえ、グーグルグラスなどのデバイスが、過去のコンピュータからの断絶だとするブリンの示唆は間違っている。これらは、既存のテクノロジーのモメンタムをいっそう強めているのだ。スマートフォンによって、それからタブレットによって、ネットワーク接続された汎用型コンピュータはポータブルで親しみやすいものになったが、同時に、ソフトウェア企業がわれわれの生活の、より多くの面をプログラムできるようにもなった。これは安価で身近なアプリとともに、クラウドコンピューティングのインフラを使って、日常の最も平凡な雑事までオートメーション化できるようにしたのである。コンピュータ化された眼鏡や腕時計は、オートメーションの範囲をさらに拡張する。たとえば歩行中や自転車の運転中にターンバイターン方式の指示を受けること、あるいは、どこで次の食事をするか、夜出かけるとき何を着ていくかについて、アルゴリズムが生成するアドバイスを得ることが容易になる。身体のセンサーとしても機能し、あなたの現在地、考えていること、健康状態などに関する情報をクラウドに送り返す。これによってソフトウェアのプログラマーや起業家は、日常をオートメーション化する機会がまたいっそう与えられる。

視点次第で善にも悪にも見えるサイクルを、われわれは起動させた。アプリケーションやアルゴリズムへの依存を強めるにつれ、それらの補助なしに行動することはますますできなくなっている——われわれはスキルの抜け落ちだけでなく、注意力の抜け落ちも経験しつつある。それでさらにソフトウェアは必要不可欠なものになる。オートメーションがオートメーションを生むのだ。誰もがスクリーンを通じて生活していこうとするのだから、当然社会はみずからのルーティンや手続《プロシージャ》きを、コンピュータのルーティンやプロシージャに適合させていく。ソフトウェアが達成できないこと——計算で処理できず、したがってオートメーションに抵抗するもの——は、不必要なものに見えはじめる。

一九九〇年代初頭にPARCの研究員たちが主張していたのは、コンピュータがユビキタスになったとわかるのは、その存在にもはや気づかなくなったときだということだった。コンピュータは生活の隅々にすっかり浸透し、われわれの目に見えないものになるだろう。われわれは「無意識にそれを使用して、日常のタスクを遂行する」だろう。[26] かさばるPCがフリーズし、クラッシュし、間の悪いタイミングで誤動作して注目を集めていた時代、これは夢物語のように思えた。もうそれほど夢物語とは思えない。いまや多くのコンピュータ企業やソフトウェア会社が、製品を不可視にすることに取り組んでいると言っている。シリコンヴァレーの著名な起業家、ジャック・ドーシーは言い放つ。「完全に姿を消すテクノロジーにものすごく興奮しています。これをツイッターでやり、あれを〔オンラインのクレジットカード業者〕スクエア〔Square〕でやるという具合です」[27]。マーク・ザッカーバーグはフェイスブックをしばしば「公益事業《ユーティリティ》」と呼ぶが、そのとき彼が意味しているのは、電話システムや配電網と同じくらい、フェイスブックを生活のなかに溶けこませたいということだ。[28] アップル社はiPadを「いままでの道から離れる」デバイスとして宣伝した。その例にならえば、グーグル社はグーグルグラスを「テクノロジーをいままでの道から離す」ものとして売り出している。二〇一三年、当時グーグル社のソーシャルネットワーキング部門責任者だったヴィック・ガンドトラは、スピーチのなかでこのスローガンに、愛と平和の要素までつけ加えた。「テクノロジーはいままでの道を離れるべきだ。生き、学び、愛するために」[29]。

技術者たちには大言壮語の罪はあるかもしれないが、シニシズムの罪はない。生活がコンピュータ化されれば、それだけわれわれは幸せになると、彼らは心から信じている。何と言ってもそれは、彼ら自身が経験したことであった。だが、にもかかわらず彼らの野心は利己的である。大衆向けテクノロジーが不可視になるためには、まず人々の生活に不可欠なものとなり、それがないことが想像できないというものにならなければいけない。テクノロジーはわれわれを包囲して初めて視界から消えるのだ。インテルの最高技術責任者、ジャスティン・ラトナーは、製品が人々の「コンテクスト」の一部になることで、インテルが「どこでも助けになる」ようになれればと語った[30]。そのような依存状態を顧客に吹きこめば、これは言っても差し支えないだろうが、インテルなどのコンピュータ企業にはさらなる大金がもたらされるだろう。ビジネスにとっては、顧客を哀願者に変えるのがいちばんなのである。

複雑なテクノロジーが背景に溶けこみ、努力や思考をほとんど要せず使用できるようになるだろうという観測は、これを使う者にも、売る者にも、魅力的なものになりうる。「テクノロジーがいままでの道を離れれば、われわれはテクノロジーから解放される」と、『ニューヨーク・タイムズ』誌のコラムニスト、ニック・ビルトンは書いている[31]。だが、ことはそれほど単純ではない。スイッチを押すだけでテクノロジーが見えなくなるわけではないのだ。文化と個人の順応がゆっくりと進んで、初めてそれは消滅するのである。われわれが慣れていけば、テクノロジーはわれわれに対してさらに力を行使するようになるのであり、その力が弱まることはない。われわれは、テクノロジーが生活に課している拘束に気づいていないかもしれないが、拘束は続いている。フランスの社会学者ブルーノ・ラトゥールが指摘するように、身近なテクノロジーの不可視性は「ある種の視覚的錯覚」である。テクノロジーを受け入れるためにわれわれが自分たちを作り変えているという事実を、それは覆い隠している。当初はわれわれ自身の特定の意図を達成するために使われていたツールが、そのツールの意図を、あるいはその製造主の意図を押しつけてくるようになる。ラトゥールは次のように書いている。「いかに単純なことであろうと、ある技術の使用がどれだけ最初の意図を置き換え、書き換え、変更し、ねじ曲げているかに気づかないとしたら、それは単純に、われわれが手段を変えることで目的を変えてしまったからであり、意志が滑り落ちてしまったせいで、初めに望んだものとかけ離れたものを願うようになったからだ」[32]。

ロボット自動車やロボット兵士のプログラミングが提起した倫理的難題——ソフトウェアを制御するのは誰か？　何が最適であるかを決めるのは誰か？　誰の意図や利害がコードに反映されるのか？——は、生活をオートメーション化するアプリケーションの開発にも同様に関連してくる。プログラムがわれわれへの影響力を増せば——われわれの働き方、接する情報、旅行の行程、他者との交流を形成するようになれば——遠隔操作のような様相が呈されることになる。ロボットやドローンとは違い、われわれにはソフトウェアの指示や提案を拒否する自由がある。とはいえ、その影響から逃れるてしまうのだ。

のは難しい。アプリを起動すると、われわれは案内を求める——機械に世話される立場に自分を置い

グーグルマップをよく見てほしい。街を移動中にこのアプリを参考にすると、道案内以上のことをしてもらえる。この街をどのように考えたらいいか教えてくれるのだ。ソフトウェアに埋めこまれているのは場所の哲学であり、そこにはグーグル社の商業的利害、プログラマーのバックグラウンドとバイアス、空間を表象する際のソフトウェアの強みと限界などが反映されている。二〇一三年、同社はグーグルマップの新ヴァージョンを公開した。それは、誰もが見ている街の表象ではなく、集めた情報に基づいて、あなたが必要とし、求めているとグーグルが判断したものに合わせ、生成された地図である。そのアプリはまた、あなたのSNS上の友だちが薦めていたレストランや、興味を引きそうな場所に印をつけている。あなたが過去に行なったナヴィゲーション上の選択が、指示には反映されている。あなたが見るものは「あなた特有のものであり、あなたがたったいま行ないたいと思っているタスクにいつも適合している」のだとグーグルは言う[33]。

魅力的に聞こえるが、限定的だ。グーグルは思わぬ発見をする可能性を除外し、閉鎖性を選択している。伝染する都市の無秩序に、アルゴリズムの消毒剤をかけている。おそらく最も興味深いだろう都市の見方、すなわち、仲間内だけでなく、膨大で雑多な見知らぬ人々と共有される公共空間として都市を見るということが、ここでは失われてしまう。テクノロジー批評家のエフゲニー・モロゾフは次のように言う。「グーグルのアーバニズムは、同社の自動運転車でショッピングモールへ行く人のそれだ。ひたすらに実用性を追い求めるもので、性質的に利己的ですらあり、公共空間がどのように

経験されるかについて、ほとんど、またはまったく関心がない。グーグルの世界における公共空間とは、家と、あなたが死ぬほど行きたいと思っている高評価のレストランとのあいだにある何かでしかない」[34]。便宜主義がすべてに勝利するのである。

ＳＮＳは、運営企業の利害関係や先入観に従って自分を表現するよう、われわれに強いてくる。フェイスブックは、タイムラインなどの記録機能を通じ、会員がみずからのパブリックイメージとアイデンティティを同一視するよう勧める。幼少期から始まって、おそらく死で終わるだろう一貫した物語のなかで、展開し、一生涯持続する、単一で均一な「自己」のなかに会員を閉じこめようとする。これは、自己とその可能性についての、創業者の狭い見方と一致している。マーク・ザッカーバーグはかつて「アイデンティティはひとつだ」と言った。「仕事仲間や同僚に対してと、ほかの知り合いに対してとで違うイメージを見せる時代は、きっとあっという間に終わりになる」。さらには「アイデンティティを二つ持つことは、誠実さの欠如の実例である」とまで主張する[35]。驚くべきことではないが、この考え方は、広告主のためにきちんと一貫したデータのセットとして会員をパッケージしたいという、フェイスブックの欲望にぴたりとはまるものである。同社にとっての利益はそれだけではない。個人のプライバシーに関する懸念を、妥当性の低いものにもできる。複数のアイデンティティが誠実さの欠如を示すとしたら、特定の考えや活動を公共の目の届かないものにしたいと望むことは、性格の弱さを表わすものだ。だが、フェイスブックがそのソフトウェアによって押しつけてくる自己の概念は、窮屈なものにもなりうる。自己はめったに固定されない。変幻自在なものである。個人的探求によって生まれ、状況によって変化する。自己概念が流動的で、テストや実験、見直しの対象となる若いころであればとりわけそうだ。ひとつのアイデンティティに閉じこめられれば——特に人生の早い段階でそうされたら——個人の成長や達成の機会が、あらかじめ閉じられてしまうかもしれない。

どのソフトウェアにもそのような隠された前提がある。知的質問をオートメーション化するサーチエンジンは、意見の多様性、主張の厳密さ、表現の質よりも、人気や新しさを優位に置く。他の分析的プログラム同様、統計的分析のための基準へと向かう傾向があり、嗜好や主観的判断の行使をともなう基準は軽んじがちである。オートメーション化されたレポート評価アルゴリズムは、執筆手法を機械的に覚えこむよう学生にうながす。文章のトーンに耳を傾けず、知識の微妙な差異に興味がなく、独創的表現に積極的に反対する。文法規則からの意図的逸脱は人間の読者を喜ばせるだろうが、コンピュータにとっては呪わしいものだ。レコメンデーションエンジンは、映画を薦めるのであれ恋人候補を薦めるのであれ、われわれの既存の願望に迎合するばかりで、新しいものや予期せぬもので挑んできたりはしない。冒険よりも習慣が、気まぐれよりも予測可能なことが好まれることを前提にしているのだ。照明や暖房、料理、娯楽などを綿密にプログラムできるホームオートメーションのテクノロジーは、テイラー主義の精神を家庭生活に押しつけてくる。既存の日課やスケジュールに順応するようひそかにうながして、家を仕事場のようにしていくのである。

ソフトウェアのバイアスは、個人の決定だけでなく、社会の決定をもゆがめる可能性がある。自動運転車の宣伝においてグーグル社は、事故を完全になくすことはできないとしても、その数を劇的に減らすことはできるだろうと語っている。セバスチアン・スランは二〇一一年のスピーチで次のように言った。「若者の死因の第一位が運転中の事故であることをご存知ですか？　そしてそのほとんどが機械のエラーではなくヒューマンエラーによるものであること、したがって、機械によって防止できるということはご存知でしょうか？」[36]。スランの主張には説得力がある。運転のような危険をともなう活動を管理するにあたり、社会は以前から安全性を重要視してきたのであり、事故や負傷のリスクを減らすには、テクノロジー革新が大きな役割を果たすはずだと誰もが思っている。とはいえ、ここでも事態は、スランの示唆するような白黒はっきりしたものではない。自動運転車が死亡事故をも含む事故を防止しうるというのは、現時点ではまだ理論にとどまっている。ここまで見てきたとおり、機械のエラーとヒューマンエラーとの関係は複雑で、予想どおりに展開されることはめったにない。そのうえ、社会の目標は決して薄っぺらなものではない。安全への欲望でさえ検討が必要だ。法や行動規範には、安全と自由とのあいだの、自分を守ることと自分を危険にさらすこととのあいだのトレードオフがともなうのだと、われわれはつねづね理解している。危険な趣味やスポーツなどに打ちこむことは認められているし、奨励されることもある。満ち足りた生活とは、完全に隔離された生活ではないとわかっているのだ。ハイウェイの制限速度を定める場合でさえ、安全性の目標とほかの目的とのバランスを取っている。

このようなトレードオフは、困難であり、たびたび政治的な論争を生みつつも、われわれが暮らすこの社会をかたちづくっている。問題は、選択権をわれわれは、ソフトウェア企業に譲りたいのかということだ。人間の失敗への特効薬としてオートメーションに期待すれば、ほかの選択肢を排除してしまうことになる。自動運転車を大急ぎで受け入れることは、個人の自由や責任を削減する以上の事態を招くかもしれない。ドライバーの教育を徹底したり、大量輸送機関を奨励したりといった、交通事故の可能性を減らす他の方法を追求する道を、早々に閉ざしてしまうかもしれないのだ。

指摘するに値することとして、ハイウェイの安全性に対するシリコンヴァレーの関心は、その誠実さに疑いの余地はないとはいえ、選択的なものである。携帯電話やスマートフォンの使用による不注意は、ここ数年、自動車事故の主な原因のひとつになっている。米国安全性評議会の分析によれば、二〇一二年に米国の道路で起きた事故の四分の一が、電話の使用に関連していた[37]。けれども、グーグル社などの大手テクノロジー企業は、運転中の通話、メール、アプリ使用を防止するソフトウェアの開発に、ほとんど、あるいはまったく取り組んでいない――自動運転車の生産よりも、間違いなく穏当な事業であるのに。グーグルグラスなどの気を散らすアイウェアを運転中に着用することを、禁止する法案も各州で提出されているが、グーグル社はロビイストを各州都に送り、この法案の成立を阻止しようとさえしている。社会を幸福にしようとするコンピュータ企業の重要な貢献は歓迎されるべきであるが、それらの企業の利害を、われわれ自身の利害と混同してはならない。

ソフトウェアを作成する人々の商業的・政治的・知的・倫理的動機を理解していなければ、あるいは、自動データ処理が本質的に持つ限界をわかっていなければ、われわれは操作されるがままになってしまう。ラトゥールが示唆するように、交換が起こったことに気づくことすらないまま、みずからの意図と他者のそれとを取り違える危険を冒すことになるのだ。テクノロジーに順応するほど、そのリスクは高まる。

たとえば、屋内配管が不可視になるという現象がある。その現前にありがたくもわれわれが慣れてしまったため、視界から消えてしまうのだ。水漏れする蛇口や言うことをきかないトイレの修理はできないとしても、家のなかのパイプが何をしているか、そしてなぜそうしているかは、われわれはよくわかっている。テクノロジーが、遍在しているせいで不可視になるのは、たいていの場合そんな感じだ。それらの働き、およびそれを支える前提や利害は、自明であるか、少なくとも認識可能である。テクノロジーは、意図せぬ影響を及ぼすかもしれない――屋内配管も、衛生やプライバシーについての人々の考え方を変えた[38]――けれど、働きの内容が隠されていることはめったにない。

　情報テクノロジーが不可視になるのは、それとはまったく違う現象だ。現前に気づいているとしても、コンピュータ・システムはわれわれにとって不透明である。ソフトウェアのコードは目に見えないところに隠され、多くの場合、企業秘密として法的に保護されている。仮に見ることができたとしても、意味がわかる人はほとんどいないだろう。われわれに理解できない言語で書かれているのだから。アルゴリズムに供給されるデータもやはりわれわれから隠されていて、たいていは厳重に保護された遠くのデータセンターに蓄積されている。データがどのように集められるのか、何のために使われるのか、誰がアクセスできるのかを、われわれはほとんど知らない。ソフトウェアやデータが、個人のハードドライブではなく、クラウドに蓄積されるようになったいま、システムの働きがいつ変わったのかさえわからなくなっている。人気プログラムの改訂は、われわれに気づかれることのないままつねに行なわれている。昨日使ったアプリケーションは、きょう使うアプリケーションとはおそらく違うだろう。

近代世界はいつも複雑だった。スキルや知識は専門領域へと断片化され、経済などのシステムが入り乱れ、全体を把握しようとするあらゆる試みは却下される。しかし現在、人類のこれまでの経験すべてをはるかに超えるレベルで、複雑さそのものがわれわれの目から隠されているのだ。巧妙にシンプルさを装うスクリーンの向こうに、ユーザーフレンドリーで摩擦のないインターフェイスの向こうに、それは隠されている。われわれは、政治学者ラングドン・ウィナーの言う「隠された電子的複雑性〔concealed electronic complexity〕」に囲まれている。「かつてありふれた経験の一部」であったもの、人と人とのあいだの、人とものとのあいだの直接的相互作用のうちに表われていた「関係性やつながり」は、「抽象概念に包み隠され」てしまった。[39] 計り知れないテクノロジーが目に見えないテクノロジーになったとき、われわれは不安を抱くのが賢明だろう。そのとき、テクノロジーの前提や意図は、われわれの欲望や行動に浸透してしまっている。ソフトウェアに助けられているのか、制御されているのか、もはやわからない。ハンドルを握ってはいるものの、誰が運転しているのか確信できなくなっているのだ。

第９章

湿地の草をなぎ倒す愛

つねに思い起こされる詩の一節がわたしにはある。それは本書の執筆中、いつにもましてしきりに頭に浮かんだのだった。

事実は労働の知る最も甘い夢である。

これはロバート・フロスト初期の傑作のひとつ、ソネット「草刈り」の終わりから二行目にあたる。彼がこれを書いたのは二〇世紀初頭、まだ二〇代の若さで、新たに家族をもうけたころだった。農夫として働いていて、祖父が買ってくれたニューハンプシャー州デリーの小さな土地の一角でニワトリを飼い、わずかばかりのリンゴの木を育てていた。生涯でも困難な時期であった。金も望みもほとんどなかった。ダートマスとハーヴァードの二つの大学を、学位を取ることなく退学していた。とるに足らない仕事を転々とし、ことごとく失敗していた。病気がちだった。悪夢に苛まれていた。初めての子である息子はコレラにかかり、三歳で亡くなった。結婚生活は苦境に陥っていた。「人生は有無を言わさずわたしを混乱に叩き落とした」と、のちにフロストは振り返っている。(1)

だが、彼が作家として、および芸術家として認められたのは、デリーで暮らしたこの寂寥たる日々のことだった。農業にまつわる何かが――繰り返される長く単調な毎日、孤独な労働、自然の美への近さ、気楽さ――が、彼に霊感を与えたのである。労働の重荷は人生の重荷を軽くした。のちに彼は、デリーでの日々についてこう書くことになる。「無時間性や不死の感覚をわたしが感じているとすれば、それは、デリーで五、六年ものあいだ、時間の感覚を失くしていたことから来ているのだろう。わたしたちは、時計のねじを巻くのをやめた。長いこと新聞を取らなかったので、世間の感覚ともずれてしまった。あらかじめ計画していたり、予見していたのであれば、これほど完璧には行かなかっただろう」[2]。農作業の合間の時間をやりくりし、フロストは最初の詩集『少年の心』収録作の大部分と、第二作『ボストンの北』のおよそ半分、および、のちの詩集に収められることになる多数の詩を書き上げた。

『少年の心』に収められた「草刈り」は、デリーで書いた叙情詩のなかでも最高傑作のひとつである。この作品で彼は、自分独自の声を発見した。率直で会話調でありながら、陰険で何かを隠しているかのようでもある声だ（フロストを真に理解するには――自分自身をも含め、何かを真に理解するには――信頼だけでなく不信頼も必要である）。彼の他の傑作がそうであるように、「草刈り」は、描かれている単純で素朴な情景――この場合は、干し草作りのために男が草を刈っている姿――を裏切るような、謎めいた、ほとんど幻覚的な特質を持っている。読めば読むほど、より深遠で奇妙なものとなっていく。

森のそばで聞こえる音はただひとつ、
わたしの長い大鎌が地面にささやく声だけだった。
何をささやいていたのだろう？　わたしもよくわからない。

太陽の照りつける暑さについてだったか、
何か、たぶん、音のないことについてか——
だからささやくばかりで話さなかったのだ。
怠惰な時間の恵みの夢でもなければ、
妖精やエルフの手からたやすく得られる黄金でもなかった。
真実より以上のものは弱すぎるように思われたろう、
ほっそりと先のとがった花
(薄い色の野生蘭)も咲くなか、鮮やかな緑色のヘビをおびえさせ、
湿地の草をなぎ倒す熱烈な愛にとっては。
事実は労働の知る最も甘い夢である。
わたしの長い大鎌はささやき、干すべき草を残した。[3]

われわれは詩から知識を得ようとすることはほとんどないが、ここには、詩人による世界の探究が、科学者のそれよりもずっと繊細で洞察に長けたものとなりうるのを見ることができる。心理学者や神経生物学者たちが実験的証拠を提出するよりずっと前から、フロストは、現在「フロー」と呼ばれるものの意味や、「身体化された認知」と呼ばれるものの本質を理解していた。彼の描く草刈り人は、エアブラシで描かれた、ロマンティックなカリカチュアとしての小作人ではない。農夫であり、音もない暑い夏の日に、過酷な労働を行なう男である。「怠惰な時間」や「たやすく得られる黄金」を夢

見たりはしない。その精神はひたすら労働に――草を刈る身体のリズム、手に持つ道具の重み、周りに積み上げられていく草の山に――向けられている。労働を超えた、何か大きな真実を求めているわけではない。労働こそが真実なのである。

事実は労働の知る最も甘い夢である。

この一行は謎めいている。その力は、書かれていること以上のものも以下のものも意味しまいとする、拒絶の姿勢から来ている。だが、この一行においても、およびこの詩全体においても、フロストが次のように言おうとしているのは明らかだろう――生きることと知ることの両方にとって、中心となるのは行動なのだと。われわれを世界に参加させるものである労働を通じてのみ、われわれは実存についての、「事実」についての、真の理解へと近づく。それは言葉に置き換えられる理解ではない。明瞭に表現することはできない。ささやき以上のものにはならない。聞き取るには、音の源へと限りなく近づく必要がある。身体によるのであれ精神によるのであれ、労働とは、物事を成し遂げる手段以上のものである。それは思索の一形態であり、ガラスをとおさず世界を直接見ることである。行動は知覚を非＝媒介し、われわれを事物自体へと近づける。愛がわれわれをお互いと結びつけるのと同様、それはわれわれを大地と結びつけるのだとフロストは暗示する。労働は超越論へのアンチテーゼであるかのように、われわれをわれわれの場所に置いてくれるのだ。

フロストは労働の詩人である。活動する自己が、周囲の世界に溶けこむあの啓示的瞬間に、彼は絶えず立ち戻る――それは、別の詩のなかで「仕事は命を賭した遊戯である」[4]と、彼がきわめて印象的に表現した瞬間でもある。文芸批評家のリチャード・ポイリエは、著書『ロバート・フロスト――知の労働〔*Robert Frost: The Work of Knowing*〕』のなかで、重労働の本質と不可欠性を見つめる詩人の目を、非常な繊細さで次のように記述する。「草刈りやリンゴの収穫といった、彼の詩に描かれる過酷な労働はすべて、現実の核心にあるヴィジョンや夢や神話といったものにまで透徹しうるものであり、確実性を持たない姿勢、単なる実際的所有には無関心であるという姿勢でこれを読む者にとっては、明確なかたちを成すものである」。こうした努力から得られる知識は、夢と同じようにぼんやりとしてとらえどころがない――アルゴリズムやコンピュータのまさに対極だ――かもしれないが、「食べ物や金銭といった、もっと実際的なように見える労働の成果よりも、知はその神話的傾向ゆえ永続的である」[5]。身体あるいは精神によって、独力あるいは共同で、何らかのタスクに乗り出すとき、われわれは通常、実際的な目標を視野に入れている。われわれの目は、前方にある労働の成果をとらえている――おそらくは家畜に与える干し草の山などを。だが、みずからとその立場とをより深く理解できるようになるのは、労働自体を通じてのことである。干し草ではなく草刈りこそが、最も重要なのだ。

これは物質的進化に対する攻撃、ないし拒絶ととらえるべきではない。テクノロジー以前のどこか遠い昔を、フロストはロマン化していたわけではない。「かたくなに信頼する／近代科学の福音を」[6]という状態になる人々に不安を覚えつつも、彼は科学者や発明家たちに親近感を抱いていた。詩人として、精神や探求心を共有していた。彼らはみな、現世の神秘を探究する者であり、事象から意味を発掘する者であった。ポイリエの言葉によれば、みな「人の夢想能力を拡張する」[7]労働に従事していたのだ。フロストにとって、「事実」——世界のなかで把握されるものであれ、芸術作品に表現されるものであれ、道具などの発明品のなかに表われるものであれ——の最もすぐれた価値は、個々人の知の領域を広げる能力に存するのであり、ゆえに、知覚や行動、想像力に、新たな道を開くものであった。晩年に書かれた長編詩「キティ・ホーク」のなかで、彼はライト兄弟の「未知のなかへ／崇高のなかへ」の飛行を讃えている。自身「無限に挑み」ながら、兄弟は同時に、飛行の経験を、およびそれが与える無限の感覚を、われわれ全員にとって可能なものとした。それはプロメテウス的賭けであった。ある意味ライト兄弟は、無限を「合理的にわれわれのもの」にしたのだとフロストは書く[8]。

テクノロジーは、生産のための労働にとって重要であるのと同様、知の労働にとっても重要だ。人間の身体は、生来の飾られていない状態では脆弱なものである。力、俊敏性、感覚領域、計算能力、記憶力が制限されている。できることの限界にすぐ到達してしまう。だが身体には、身体のみでは実現できないことを、想像し、欲望し、計画する精神が含まれている。身体が成しうることと、精神が思い描きうることとのこの緊張関係こそが、テクノロジーを生み出し、絶えず発展させ、形成してきたのだ。それは人間そのものの拡張と、自然の探究の駆動力であった。最近一部の作家や学者たちは、テクノロジーがわれわれを「ポストヒューマン」ないし「トランスヒューマン」にすると書いているが、これはそのようなものではない。テクノロジーはわれわれを人間《ヒューマン》にするのだ。それはわれわれの本質のなかに存在している。ツールによってわれわれは、自分たちの夢をかたちにする。それを世界に送り出す。実用性ゆえにテクノロジーは芸術と区別されるかもしれないが、どちらも同じ、人間特有の切実な願望から生まれている。

人間の身体に不向きな数多くの仕事のひとつが草刈りである（信じられないならお試しあれ）。草刈り人がその仕事をするのを可能にするもの、彼を草刈り人にしているもの、それは彼の扱うツール、大鎌である。草刈り人はテクノロジーによって力を増強されているのであり、また、そうならざるをえない。ツールが草刈り人を作り、そのツールを使う草刈り人のスキルが、彼にとっての世界を作り変える。世界は、彼が草刈り人として行動できる場所へと変わり、その世界で彼は湿地の草をなぎ倒す。この考えは、表面上は些細で同語反復的にさえ聞こえるかもしれないが、人生について、および自己の形成についての、何か根本的な事柄を指し示している。

「身体は、われわれがひとつの世界を持つ一般的手段だ」とフランスの哲学者モーリス・メルロ＝ポンティは、一九四五年に著した代表作『知覚の現象学』で述べている。(9) われわれの身体的構造――一定の高さに直立する二本の脚で歩くこと、親指が対位置についた手が二つあること、目が特定の見方をすること、暑さや寒さに対しある程度の耐久性があること――は、世界についてのわれわれの知覚を決定するのだが、ある意味その知覚は、世界についての意識的思考に先んじるのであり、その思考を形成している。われわれは山が高いと思うが、それは山が高いからではなく、その形や高さについてのわれわれの知覚が、自身の身体によってかたちづくられているからである。われわれは石を何よりもまず武器と見なすが、それはわれわれの手や腕の特定の構造が、石を拾い上げて投げることを可能とするからである。認知がそうであるように、知覚もまた身体化されている。

となれば、新しい能力を獲得するたび、われわれは身体的力量を変化させるだけでなく、世界をも変化させることになる。泳ぐ人を海は招くが、一度も泳ぎを習ったことのない人を招待しようとはしない。スキルをひとつ習得するごとに、世界はかたちを変え、より多くの可能性を露わにしていく。もっと興味深い場所、そこに存在することの報いがもっと大きい場所になる。これはおそらく、デカルトの心身二元論に異議を唱えた一七世紀オランダの哲学者、スピノザが、次のように書いたときに言おうとしていたことだろう――「人間の精神は非常に多くのことを知覚する能力があり、その能力が向上するほど、身体は非常に多くのあり方で影響されるようになる」[10]。ハーヴァード大学の物理学教授、ジョン・エドワード・フースは、スキルの習得にともなうこの再生成を証明している。一〇年ほど前、イヌイットのハンターなどが自然を手がかりに行なうナヴィゲーションに触発された彼は、「環境の手がかりからナヴィゲーションを自発的に学ぶプログラム」に取りかかった。何か月にもわたって野外での過酷な観察と実践を行ない、夜間と日中の空を読むこと、雲や波の動きを解釈すること、木々がつくり出す影を読み解くことを独学で学んだ。彼は次のように回想する。「こうした一年間の努力ののち、何かがわかってきた。世界の見方が明らかに変わった。太陽が違って見え、星もそうだった」。ある種の「原始的経験主義」によって得られた、環境についての知覚のこの豊饒化は、「人々がスピリチュアルな目覚めと呼ぶものに近い」とフースは感じた[11]。

テクノロジーは、身体的限界を超えての行動を可能にすることによって、世界についてのわれわれの知覚を、および世界がわれわれに意味するものをも変化させる。テクノロジーが持つ変容させる力は、科学者の顕微鏡や粒子加速器、探検家のカヌーや宇宙船など、発見のためのツールに最も顕著に認められるが、しかしその力はあらゆるツールのなかに宿っているのであり、われわれが日常的に使うツールも例外ではない。道具によって新たな能力の開発が可能となるたびに、世界はいままでと違うもっと興味深い場所、さらに多くの機会のある場となる。自然の可能性に、文化の可能性がつけ加わる。メルロ＝ポンティは以下のように書いている。「時として、目指した意義に身体本来の手段では到達できないことがある。そのときわれわれは道具を作り出す必要があり、身体はみずからの周囲に文化的世界を投射する」[12]。よく作られた、およびよく使われているツールの価値は、それがわれわれのために作り出したものだけでなく、それがわれわれの内に作り出したものにもある。最良の場合、テクノロジーは新しい土地を切り開く。われわれの感覚にとっていっそう理解しやすいと同時に、われわれの意図にいっそうかなう世界――もっと居心地のよい世界――を与えてくれる。メルロ＝ポンティは次のように説明する。「わたしの身体が世界とかみ合うのは、可能なかぎり最も多様で、最も明確に組織された光景を知覚が与えてくれるときであり、わたしの運動志向が、展開されるにつれ、期待していた反応を世界から受け取るときである。知覚と行動のこの最大限の明確さが、知覚の土台、人生の背景、身体と世界とが共存する一般的環境を規定する」[13]。思慮深くスキルを用いて使えば、テクノロジーは生産と消費の手段をはるかに超えたものとなる。経験の手段となる。豊かで関与的な人生を送る方法をさらに与えてくれる。

大鎌についてさらに考えてみよう。単純なツールだが、よくできている。紀元前五〇〇年ごろ、ローマ人もしくはガリア人によって発明されたもので、鍛えられた鉄またははがねの湾曲した刃が、長い木製の棒、柄《え》の先端に取りつけられている。柄には通常、真ん中あたりに小さな木製の突起状の握りがあり、このおかげで、両手で握って振り回すことができる。大鎌は、石器時代に発明された小鎌の変化したものだ。小鎌は大鎌とかたちは似ているが、もっと柄が短く、初期の農業の発展において不可欠な役割を、すなわち、文明の発達において重要な役割を果たしたものである。大鎌がそれ自体きわめて重要な発明となった理由は、その長い柄にある。これによって農夫をはじめとする労働者たちは、立ったまま、根元から草を刈ることができるようになったのだ。干し草や穀物の収穫も、牧草地の整備も、以前よりずっと速くできるようになった。農耕は前方へと大きく跳躍した。

大鎌は農場における労働者の生産性を向上させたが、その恩恵は収穫高だけでは測りきれない。大鎌はヒトに親和的なツール、草刈りという肉体労働に、小鎌よりもはるかに身体的に適している道具だった。しゃがんだりかがんだりせず、自然な足並みで歩けるうえに、両手を使え、上半身の力も存分に労働に活かすことができる。大鎌は、それが可能とする熟練労働における補助としても、その労働への招待としても機能した。ここには人間的スケールでのテクノロジーのモデル、個人の行動や知覚を制限することなく社会の生産力を向上させるツールのモデルを見ることができる。それどころか、フロストが「草刈り」のなかで明らかにしているとおり、大鎌は、それを使用する者の世界との関わりを、世界についての理解さえをも強化する。大鎌を振り回す草刈り人は、より多くの仕事を成すだけでなく、より多くのことを知るのだ。外観とは異なり、大鎌は身体の道具であるのみならず、精神の道具でもある。

すべてのツールがそれほど親和的なわけではない。スキルを要する行為をさまたげるものもある。デジタル・オートメーション・テクノロジーは、われわれを世界に招き入れ、知覚と可能性の幅を広げる新たな能力の開発をうながすのではなく、むしろ逆の影響を及ぼすことも多い。それらは「招待しない」よう作られている。世界からわれわれを引き離す。それは、他のどんな関心よりも簡便性と効率性に重きを置くものである、現在普及しているテクノロジー中心的デザイン方法だけに由来することではない。われわれの個人的生活において、コンピュータがメディア装置となり、われわれの注意をつかんで離さないようソフトウェアが入念にプラグラムされているという、その事実をも反映しているのだ。多くの人々が経験から知っているように、コンピュータ・スクリーンが強烈に人を惹きつけるのは、便利さだけでなく、注意を逸らしたり緊張をほぐしたりするものをたくさん提供してくれるからでもある。[14] いつも何かが進行しており、ほとんど労力を要することなしに、いつでもそれに参加できる。だがスクリーンは、その誘惑と刺激にもかかわらず、うつろな環境である――素早く動き、効率的で、清潔だが、世界の影を見せているだけのことだ。

このことは、ゲーム、CADモデル、3Dマップ、外科医がロボットを操縦するのに使うツールなどの、ヴァーチャル・リアリティ・アプリケーションに見られる、綿密に作り上げられた空間シミュレーションにさえも当てはまる。空間の人工的レンダリングは、目に対して、およびそれより程度は低いが耳に対して刺激を与えるが、他の感覚――触覚、嗅覚、味覚――には何も与えない傾向があり、身体の動きは大幅に制限される。二〇一三年に『サイエンス』誌に掲載されたげっ歯類の研究によると、現実の世界を移動しているときと比べ、コンピュータが生成したランドスケープを進んでいるときは、脳の場所細胞の活動ははるかに不活発であるという。[15]「ニューロンの半分が休止してしまう」と、この研究を行なった者たちのひとりであるUCLAの神経生理学者、マヤンク・メータは報告した。精神活動の低下は、デジタルな空間シミュレーションにおける「近接手がかり〔proximal cues〕」

——場所の手がかりを与える周囲の匂い、音、質感——の欠如から来ていると彼は考えている。[16]「地図はそれが表わす現地ではない」とは、ポーランドの哲学者、アルフレッド・コージブスキーが言った有名な言葉であるが、[17]ヴァーチャル・レンダリングもまた、それが表わす現地ではない。ガラスの檻に入るとき、人は身体の大部分をそぎ落とすよう要求される。それはわれわれを自由にするのではない。やせ衰えさせるのだ。

世界も同様に意味を弱める。合理化された環境に順応するにつれ、われわれは、世界が最も熱心な居住者に与えてくれるものを知覚できなくなっていく。人工衛星に導かれる若いイヌイット同様、われわれは目隠しをして旅をする存在になる。その結果は実存的貧困だ。行動せよ、知覚せよという招待を、自然や文化が取り下げてしまうのだから。自己が成長し、発達できるのは、「環境からの抵抗に出会い、克服したときだけだとジョン・デューイは書いている。「衝動をそのまま実行するのに、いつどこでも適しているという環境は、つねに敵意をむき出しにしている者が人をいらだたせ、破壊するのと同じように、成長の幅を定めてしまう。永遠に前進をうながされる衝動は、何の考えもなく、何の感情もなくその道を進むだろう」。[18]

われわれの時代は、物質的快適さとテクノロジー的驚異の時代であるかもしれないが、また、無目的性と憂鬱の時代でもあるだろう。今世紀最初の一〇年のあいだに、抑鬱や不安の治療のために処方薬を服用しているアメリカ人は、二五パーセント近く増加した。いまや成人の五人にひとりが、そうした薬物を常用している。[19]疾病対策予防センターの報告によると、中年期のアメリカ人の自殺率は、同じ一〇年間で三〇パーセント近く増加した。[20]アメリカの児童の一〇パーセント以上、ハイスクールの男子生徒のおよそ二〇パーセントが、ＡＤＨＤ（注意欠陥・多動性障害）と診断されており、その三分の二は、治療のためにリタリンやアデロールなどの薬を服用している[21]。人の欲求不満の理由はさまざまであり、理解は遠く及ばない。だが、理由のひとつとして考えられることとして、摩擦のない実存を追求するうちに、メルロ＝ポンティが生活の土台と呼んだものを、われわれは不毛の地にしてしまったということがあるかもしれない。神経系を麻痺させる薬物は、われわれの生き生きとした動物的感覚中枢を抑制し、制限された環境に見合ったサイズへと、われわれの存在を萎縮させているのである。

フロストのソネットにはまた、その数多くのささやきのひとつとして、テクノロジーの倫理的危険性への警告も含まれている。草刈り人の大鎌には残忍さがある。それは草の茎とともに、花々をも――愛らしい、薄い色の野生蘭をも――無差別に切り倒す（＊）。鮮やかな緑色のヘビなどの罪なき生き物をおびえさせる。テクノロジーがわれわれの夢を具現化するのだとしたら、われわれを構成する他の、慈悲を欠いた性質――権力への意志、傲慢、それにともなう無神経など――をも具現化するだろう。フロストはこの少しあと、『少年の心』に収録された草刈りについての二つ目の叙情詩、「花のひとむれ」で、再びこの主題に立ち返る。この詩の語り手は、草を刈られたばかりの野原にやって来て、飛ぶ蝶を目で追いつつ、刈られた草のなかに小さな花のひとむれがあるのを見つける。「大鎌が残しておいた」「踊る舌のような花々」である。

露に濡れた草狩り人はこの花々をいとおしむがゆえに
咲かせておいたのだ、わたしたちのためではなく、
そしてわたしたちの気持ちを惹くためでもなく、
ただあふれんばかりの朝の喜びから。[22]

ツールを用いての労働は実際的なばかりではないのだと、フロストは特徴的な繊細さでわれわれに語る。そこにはつねに倫理的選択がともない、道徳的な結果がある。テクノロジーを人間的にし、その冷たい刃《やいば》を賢明な用途に用いる責任は、ツールのユーザーであり作り手であるわれわれにあるのだ。それには警戒心と慎重さが要求される。

大鎌はいまも世界各地で農業に活用されている。だが、近代的工場やオフィス、家庭同様、より複雑で効率的な装置が発展のために必要とされる近代的農場においては、その出番はない。一七八〇年代に脱穀機が発明され、一八三五年前後には動力刈取機、その数年後には干し草を束ねる機械が登場し、一九世紀終盤ごろには、コンバイン収穫機の商業的生産が始まった。以後数十年、テクノロジー

＊　塊茎植物である野生蘭〔orchise〕の名が、ギリシア語で睾丸を表わすorkhisに由来することを想起すると、この大鎌の破壊的ポテンシャルはいっそう象徴的な響きを帯びる。フロストは古典言語や古典文学に造詣が深かった。死神と大鎌という大衆的イメージにも親しんでいただろう。

の進歩の速度は速まるばかりで、今日その傾向は、農業のコンピュータ化という論理的帰結を迎えつつある。最も活力にあふれ、最も有徳な職業だとトマス・ジェファソンが考えた、大地の上での仕事は、ほぼ完全に機械に明け渡されつつある。農場労働者は、「ドローン・トラクター」などのロボットシステムに取って代わられ、それらはセンサーや衛星信号、ソフトウェアを使って、畑に種を蒔き、肥料をやり、草をむしり、作物を収穫して包装し、牛の乳を搾り、家畜の世話をしている。[23] 牧草地でヒツジの群れを誘導する羊飼いロボットも開発中だ。たとえ大鎌が、工業化された農地でいまださやいているとしても、それを聞く者はもう周りにいない。

手工具の親和性は、使用に責任を持つようわれわれにうながす。ツールを自分の身体の延長、自分の一部と感じるため、それが提示する倫理的選択に深く関わらざるをえなくなるからだ。花を切るか残すか選択するのは大鎌ではなく、草刈り人である。ツールの使用に習熟するほど、それに対する責任感は自然と強まる。未熟な草刈り人にとって、大鎌は手のなかの異物のように感じられるかもしれない。熟練した草刈り人にとっては、手と大鎌は一体と感じられるだろう。能力は、道具とその使用者との絆を強める。身体と倫理とのこの結びつきは、テクノロジーが複雑になったからといって消える必要はない。一九二七年、歴史的な大西洋横断単独飛行に成功したチャールズ・リンドバーグは、飛行機と自分について、あたかもひとつのものであったかのように語っている。「われわれが大西洋横断飛行に成功したのだ。わたしでも、飛行機でもない」。[24] 飛行機はさまざまな部品から成る複雑なシステムだが、熟練したパイロットにとっては、依然として手工具のような親密性を持っていた。湿地の草をなぎ倒す愛は、操縦桿とペダルを操る男のために雲を分かつ愛でもある。

オートメーションがツールとユーザーとの結びつきを弱めるのは、コンピュータ制御システムが複雑だからではなく、それが人にほとんど何も要求しないからである。システムはみずからの働きを、秘密のコードのなかに隠している。必要最少限を超えたオペレータの関与をいっさい拒絶する。使用にあたってのスキルの発達をさまたげる。最終的にオートメーションは麻酔効果をもたらす。もはやわれわれはツールを自分の一部と感じることはない。一九六〇年に発表された重要論文、「人とコンピュータの共生関係〔Man-Computer Symbiosis〕」のなかで、心理学者にしてエンジニアでもあるJ・C・R・リックライダーは、テクノロジーとわれわれとの関係性の変化を詳細に記述している。「過去のマンマシンシステム〔ある目的を実行するための人間と機械との組み合わせ〕においては、人間のオペレータが主導権を握り、指示し、統合し、基準を作っていた。システムの機械的部分は、まず人間の腕の、それから人間の目の、単なる延長に過ぎなかった」。コンピュータの登場がそのすべてを変える。「『機械的拡張』だったのが、人間と機械との置き換えへと、オートメーションへと変わり、いまだ残っている人間たちも、助けられるためではなく助けるためにいるようになった」[25]。すべてがオートメーション化されるにつれ、テクノロジーはわれわれの制御や影響力の及ばない、馴致不可能な異質の力のように見えてくる。その発展の進路を変更しようとする試みも不毛に思えてくる。スイッチをオンにし、プログラムされたルーティンをたどるだけだ。

そのような従属的姿勢を取ることは、それがいかに理解できる場合であっても、進歩を管理する責任の回避である。ロボット収穫機の運転席に人はいないかもしれないが、それは簡素な大鎌と同様、人間の意識的思考の産物である。手工具に対してそうしていたように、機械を脳内の地図に組みこむことはないかもしれないが、倫理的レベルにおいては機械はなお、われわれの意思の延長として動いている。機械の意思はわれわれの意思だ。ロボットが鮮やかな緑色のヘビをおびえさせた（あるいはもっとひどいことをした）としたら、その責任はやはりわれわれにある。われわれはまた、さらに重い責任をも回避している——自己を構築するための状況を監督する責任だ。われわれの生活や世界を形成するにあたり、コンピュータ・システムやソフトウェア・アプリケーションが、ますます大きな役割を果たすようになるにつれ、それらの設計や使用にまつわる決定に——テクノロジーのモメンタムが、われわれの選択肢をあらかじめ排除してしまうより前に——関与する義務は、より小さくではなく、より大きくなっている。作っているものについてわれわれは慎重でなければならない。

これが純朴すぎる考え、または無益な考えのように聞こえるならば、それはメタファーにミスリードされているからだ。われわれは人とテクノロジーとの関係を、身体と四肢との関係、あるいはきょうだい間の関係としてではなく、主人と奴隷の関係として定義してきた。こうした考え方ははるか昔にさかのぼる。それは西洋哲学思想の幕開け、ラングドン・ウィナーによれば、古代アテナイ文明のころに確立した。[26]アリストテレスは『政治学』冒頭、家政についての記述のなかで、奴隷とツールは本質的に等しく、前者は「生命のある道具」として、後者は「生命のない道具」として、家長に仕え働くのだと論じている。もしツールが何らかの方法で生命を宿したとすれば、直接的に奴隷労働を代替できるだろうとアリストテレスは断定する。コンピュータ・オートメーションの、さらには機械学習の到来までをも予測していたかのように、彼はこう思索する。「下働きの者を必要としない親方と、奴隷を必要としない主人を想定できる唯一の状況がある。その状況とは、「生命のない」道具がおのおの命令の言葉に従って、または知的な予測でもって、みずからの仕事をできるというものである」。それは「織機の杼《ひ》がみずから布地を織り上げ、弦楽器を鳴らすための爪がみずからハープを奏でるようなもの」となるだろう[27]。

奴隷としてのツールという概念は、それ以来われわれの思考を染め上げつづけている。社会が繰り返し見る苦しい労役からの解放の夢に、これは吹きこまれている。その夢をマルクスやワイルドやケインズは言語化し、テクノロジー好きの文章にも、テクノロジー嫌いの文章にも、これは表われつづけているのだった。テクノロジー批評家のエフゲニー・モロゾフは、二〇一三年刊行の著書『すべて保存するには、ここをクリックしてください〔*To Save Everything, Click Here*〕』のなかで、「ワイルドは正しかった」と述べる。「機械的奴隷制こそが、人間の解放を可能にするのだ」[28]。テクノロジーに熱狂するケヴィン・ケリーは、同年の『ワイアード』誌で、「言いなりになる」「パーソナルワークボット」を、じきにすべての人たちが所有するようになると宣言した。「われわれのやってきた仕事を彼らは行なう。しかもわれわれよりもはるかに巧みに」。それだけでなく、彼らはわれわれを自由にし、「われわれが何者であるかを拡張させるような新たなタスク」を発見させてくれるという。「以前よりももっと人間らしくなることに集中させてくれるだろう」[29]。『マザー・ジョーンズ』誌のケヴィン・ドラムも、やはり二〇一三年に、「余暇と思索のためのロボットの楽園がやがて到来する」と宣言している。二〇四〇年までに、超スマートで超信頼できる、超従順なコンピュータ奴隷――「疲れを知らず、決して不機嫌にならず、決してミスをしない」――がわれわれを労働から解放し、アップグレードされた楽園へと連れていってくれるだろうと彼は予言する。「何でも楽しいことをして過ごすことができる。それは勉強かもしれないし、ビデオゲームかもしれない。われわれ次第だ」[30]。

役割を逆転すれば、このメタファーはテクノロジーをめぐる社会の悪夢にも吹きこまれる。こちらの思考法によれば、テクノロジー奴隷への依存度が高まるにつれ、われわれ自身も奴隷と化すことになる。一八世紀以来、社会批評家たちは判で押したように、労働者を奴隷状態に追いやるものとして工場機械を描いてきた。マルクスとエンゲルスは『共産党宣言』のなかで、「労働大衆は毎日毎時間、機械の奴隷にされている」と書いた[31]。今日人々は、装置やガジェットの奴隷になった気分だとの不満を始終もらしている。二〇一二年に『エコノミスト』誌に掲載された、「スマートフォンの奴隷〔Slaves to the Smartphone〕」という記事は以下のように述べる。「スマートなデバイスは人に力を与えることもある。だがほとんどの人々にとっては、召使が主人になったかのようなのだ」[32]。もっとインパクトがあるのは、ロボットの反乱という発想——その発想のなかでは人工知能を備えたコンピュータが、奴隷から主人へと変容を遂げる——が、この一世紀にわたり、ディストピア的未来を描くフィクションの中心的主題でありつづけていることだ。「ロボット」という言葉自体、一九二〇年にSF作家が作り出した造語であり、チェコ語で隷属を意味する「robota」に由来している。

主人‐奴隷のメタファーは、道徳的不安を引き起こすだけでなく、われわれのテクノロジー観をゆがめてもいる。われわれのツールはわれわれ自身からは切り離されており、われわれの道具にはわれわれから自立した主体性があるのだとの考え方が強化されるのだ。われわれはまずテクノロジーを、それによってわれわれが何をできるかではなく、その製品固有の特質——機能性、効率性、斬新性、スタイル——から評価する。新しいから、クールだから、速度が速いからといった理由で選ぶのであって、世界と十全につながることができるから、経験と知覚の領野を広げてくれるからといった理由ではない。われわれはテクノロジーの単なる消費者となる。

もっと幅広く考えれば、このメタファーはテクノロジーと進歩について、単純かつ宿命論的な見方をするよう社会にうながしている。われわれのツールはわれわれの代わりに奴隷として働き、つねにわれわれの最大利益のために働くものと仮定すれば、テクノロジーを制限しようとするいかなる試みも、擁護するのは難しくなる。ひとつ進化するたびにわれわれにはさらなる自由が与えられ、ユートピアではないとしても、少なくともその時点で可能な最高の世界へと近づくことになる。どんなつまずきも次の革新で速やかに修正されるだろうと、われわれは自分に言い聞かせる。ただ進歩にまかせておきさえすれば、作り出された問題への解決策も、進歩自身が見つけてくれるはずだ。近年もてはやされているシリコンヴァレーの利己的イデオロギーも露わに、ケリーは以下のように書いている。「テクノロジーは中立ではないが、人間の文化において圧倒的に前向きな力として働く。われわれにはテクノロジーを増強する道徳的義務がある。なぜなら機会の増強につながるからだ」[33]。道徳的義務感は、オートメーションの前進とともに強まる。つまるところオートメーションは、最も生命のある道具を、つまりアリストテレスの予測した、われわれを労働から最も解放できる奴隷を提供してくれるのだ。

テクノロジーのことを、慈悲深く、自己回復的で、自律した力として見るのは魅惑的な考え方だ。未来を楽観的に考えられると同時に、その未来に対する責任からも解放される。それはとりわけ、オートメーション・システムとそれを制御するコンピュータがもたらす、労働節約効果、利益集中的効果によって、莫大な富を得た人々の利害にかなっている。それはわれらの時代の新たな財閥に、彼らが主役となる英雄譚を提供してくれる。その英雄譚とはこうだ——近年の雇用喪失は不幸なことではあるが、われらが慈悲深い企業の作り出すコンピュータ奴隷による、人類の来たるべき解放のためには、それは必要悪なのだ。シリコンヴァレーの最も著名な思想家となった、実業家にして投資家のピーター・ティールは、「ロボット工学革命は基本的に、人々の職を奪うという影響をもたらすだろう」と認めるが、急いで次のようにつけ加える。「それは人々を解放し、他の多くのことをできるようにさせるという恩恵をもたらすだろう」[34]。解放されるという言葉は、解雇されるという言葉よりもはるかに耳障りがいい。

このような壮大な未来主義を冷淡に見る向きもある。歴史が思い起こさせるように、テクノロジーを使って労働者を解放するという大げさな修辞は、往々にして労働に対する蔑視を隠しているものだ。リバタリアンの傾向があり、政府に業を煮やしている今日のテクノロジー界の大立者たちが、職のない大衆に自己実現のための余暇の時間を与えようと資金を供給するという、大規模な富の再配分計画に同意すると信じられるのは、よっぽどおめでたい人だけだろう。オートメーション化の利得を公平に分配できる何らかの魔法の呪文を、あるいは魔法のアルゴリズムを、たとえ社会が発案したとしても、ケインズが思い描いた「経済的至福」にいくらかでも似ているものが、そのあと訪れるかについてはおおいに疑問がある。ハンナ・アーレントは『人間の条件』のなかの予見的な一節において、オートメーションのユートピアの約束が現実に実現したとしても、その結果はおそらく、楽園というよりは残酷なプラクティカル・ジョークのようなものになるだろうと述べている。近代社会の全体は

「労働社会」として組織されており、そこでは、賃金を得るために働き、その賃金を使うことが、人々が自己を規定し、自己の価値を測る方法になっていると彼女は書く。遠い昔に「労働以上に崇高で意味のある活動」としてあがめられたもののほとんどは、隅に追いやられるか忘れ去られるかしてしまい、「生計を立てるという観点ではなく、労働という観点から自分の行為を考察する、孤独な個人たちだけが残されている」。「労働の「つらさや困難」から解放されたい」という人類の変わらぬ望みを、テクノロジーがかなえようとすることは、この時点で倒錯したものになるだろう。それはわれわれを、いっそう深い不安の煉獄へと突き落とす。オートメーションがわれわれに突きつけるのは、「労働なき労働者の社会、すなわち、労働者に残された唯一の活動が奪われた社会という展望である。もちろん、これ以上悪い状態はありえまい」と、アーレントは結論する。(35) 彼女の理解によれば、ユートピア主義とは欲求ミスの一形態である。

オートメーションが引き起こす、または悪化させる社会的・経済的問題は、ソフトウェアをさらに投入すれば解決するというものではない。われらが生命なき奴隷たちは、快適さと調和に満ちた楽園へと連れていってはくれない。問題を解決する、あるいは少なくとも軽減したいのであれば、その複雑さのすべてを含めてこれと取り組む必要があるだろう。未来の社会の幸福を確かなものにするには、オートメーションに制限をかけねばなるまい。進歩観を改め、テクノロジーの前進にではなく、社会と個人の繁栄に重きを置かねばなるまい。これまでは考えることすらできないと、少なくともビジネス界においては見なされてきた考えをも、受け入れねばならないかもしれない――機械よりも人間を優先することを、である。

一九八六年、リチャード・クールという名のカナダの民族誌学者が、ミハイ・チクセントミハイに手紙を書いた。クールはフロー理論に関するチクセントミハイの著作をいくつか読んで、シュスワップ族についての自分の研究を連想したのだ。シュスワップ族というのは、現在のブリティッシュ・コロンビア州にある、トンプソン・リヴァー・ヴァレーに住んでいた先住民の部族である。シュスワップ族の領地は「豊饒な土地」だったとクールは手紙に記した。魚や猟の獲物、食べられる植物の根やベリー類に豊富に恵まれていた。シュスワップ族は、生き延びるために移動する必要はなかった。村を築き、「その環境の資源を最大限活かす、精巧な技術」を発達させた。自分たちの暮らしを豊かで充分なものと考えていた。だが部族の長老たちは、そのような快適な状態には危険がひそむと考えた。「世界はあまりに予想がつくものとなり、挑戦すべき課題が生活からなくなりはじめました。課題がなければ、人生に意味はありません」。それでほぼ三〇年ごとに、シュスワップ族は長老たちに導かれて移住した。家を離れ、村を棄て、荒野を目指すのである。「住民全員が、シュスワップ族の土地のなかの違う場所へと移動していきました」とクールは記す。それからそこで、新たな課題を発見するのだった。「渓流を新しく知り、獣道を新しく学び、バルサムの根がたくさん取れる場所を新しく知る。すると生活はその意味を、生きるに値する理由を取り戻します。誰もが若返ったかのような幸せを感じることになるのです」[36]。

コロラド州の建築家、E・J・ミードは、わたしとの会話のなかで、事務所にCADシステムを導入したときのことについて、興味深いことを口にした。難しかったのは、ソフトウェアの使い方の習得ではない。それはかなり簡単だった。たいへんだったのは、それを使わないことの習得だったというのである。CADの速度、簡便さ、まったくの斬新さは魅惑的だった。事務所のデザイナーたちがまず無意識に取った行動は、プロジェクト開始にあたり、コンピュータの前にどっかと腰を下ろすことだった。だが、自分たちの仕事をよく見てみると、ソフトウェアが創造性の邪魔をしていることに気がついた。作業ペースを速めてはいるが、美的可能性や機能的可能性を締め出してしまっていたのだ。ミードたちはオートメーションの効果についてもっと批判的に考えるようになり、テクノロジーの誘惑に抵抗しはじめた。プロジェクトの進捗過程に「コンピュータを持ちこむのを、どんどんあと回しに」するようになっていった。造形を考える初期の段階では、スケッチブックとトレーシングペーパー、ボール紙やフォームコアで作る模型に立ち返った。CADについて学んだことを要約して、ミードは次のように言う。「最終段階においては、それはたいへん役立ちます。利便性は非常にすぐれています」。だがコンピュータの「有用性」は危険をはらんでいる。無警戒な者や無批判な者の場合、他のもっと重要な考察点が押し流されてしまう。「操作されないよう、ツールの深いところまで徹底的に掘り下げて考えてみるべきです」。

ミードと話をする一年ほど前――本書のためのリサーチを開始したばかりのころ――大学の構内で、そこの仕事を依頼されていたフリーランスの写真家にたまたま会った。所在なさげに木の下に立ち、太陽をさえぎっている非協力的な雲が去るのを待っていた。かさばる三脚の上に大型のフィルムカメラを設置しているのに気づき――ばかげているほど時代遅れに見えたので、見逃しようもなかった

――なぜまだフィルムを使っているのかと聞いてみた。数年前、デジタル撮影を積極的に取り入れたことがあると彼は言った。フィルムカメラと暗室から、デジタルカメラと、最新の画像処理ソフトウェアを搭載したコンピュータとに切り替えた。だが数ヶ月後には元に戻した。機器の操作性や、画像の解像度や精密さに不満があったからではない。仕事の進め方が変わってしまったからだった。それもよくない方向へと。

フィルム撮影と現像に特有の制約――費用、労力、不確実性――は、ゆっくり作業を進めようという気持ちに彼をさせていた。慎重によく考え、深い物理的現前の感覚をもって撮影していた。写真を撮る前に頭のなかで入念に構成し、光や色彩、フレーミング、構図に気を配った。シャッターを押す最適な瞬間を辛抱強く待った。デジタルカメラの場合、作業はずっと速い。次から次へと大量に撮影し、それからコンピュータでより分け、最もよさそうなものをトリミングしたり微調整したりする。構成作業は写真を撮ったあとで行なわれるのだ。この変化に最初彼は興奮した。だが結果には落胆した。画像をまったく面白く思えなかった。フィルムが課す知覚の鍛錬、見ることの鍛錬こそが、もっと豊かで、もっと芸術性に富む、もっと感動を与える写真につながっているのだと彼は気づいた。フィルムはより多くのことを要求する。それで彼は古いテクノロジーに戻ったのだった。

これらの建築家も写真家も、コンピュータへの反感など微塵も抱いていない。主体性や自律性の喪失に関する抽象的懸念に動かされていたわけでもない。何らかのキャンペーンをしていたわけでもない。自分の職にとって最良のツールを欲していただけだ――最もよい、最も満足のいく仕事を奨励し、可能としてくれるツールを。彼らにわかったことは、最新の、最もオートメーション化された、最も便利なツールが、必ずしも最良の選択ではないということだった。ラッダイトになぞらえられたら彼らは憤慨するに違いないが、最新テクノロジーを、少なくとも仕事のある段階では放棄するという彼らの決断は、怒りと暴力はないとしても、かつてのイギリスの機械破壊者にも似た反逆行為である。テクノロジーについての決断は、仕事や生活のあり方に関わる決断でもあることを、ラッダイト同様、彼らは知っていた――そしてその決断を他人まかせにしたり、進歩のモメンタムに流されたりするのではなく、みずからがコントロールしたのである。彼らは一歩退き、テクノロジーについて批判的に考えたのだった。

社会全体はこうした行動をいぶかしく思うようになっている。無知や怠慢、もしくは臆病さから、われわれはラッダイトを、後進性を象徴するカリカチュアにしてしまった。新しいツールを拒んで古いツールを好む者は、ノスタルジアからそうしている、つまり合理性ではなく感傷から選択を行なっているのだとわれわれは思いこんでいる。だが真に感傷的な誤謬とは、新しいものは古いものよりも、われわれの目的や意図につねにかなうものだとする考えだ。それは、うぶでだまされやすい子どもの考えである。あるツールがほかのツールよりすぐれたものである理由は、新しさとは何ら関係がない。重要なのは、それがいかにわれわれを拡張または縮小するか、自然や文化やわれわれ相互についての経験をいかに形成するかなのだ。日々の暮らしの実感に関わる選択を、進歩と呼ばれる壮大な抽象的概念に譲り渡すのは愚行である。

われわれの生活において何が重要であるかを思考するよう、そして本書の冒頭で示唆したように、「人間」とは何を意味するのかを自問するよう、テクノロジーはつねに人々に挑んできた。人間の実存の最も奥深い領域にまでオートメーションが達しようとしているいま、その意義はますます高まっている。どこへ連れていかれようともかまわず、テクノロジーの流れに身をまかせることもできれば、それに逆らうこともできる。発明にあらがうことは、発明を拒絶することではない。それは発明をつつましいものにし、進歩を地に足の着いたものにすることである。テクノロジー関係者が大好きな『スター・トレック』のもっともらしいクリシェに、「抵抗は無意味だ」というものがある。だが真実はその反対だ。抵抗は決して無意味ではない。われわれの生命力の源泉が、エマソンが説くように「活動的な魂」[37]であるならば、われわれの最大の義務とは、制度的なものであろうと、商業的なものであろうと、テクノロジー的なものであろうと、魂を衰弱させようとするあらゆる力に抵抗することである。

われわれの最も注目すべきことのひとつは、同時に、最も見落としやすいもののひとつでもある。それは、現実とぶつかるたびにわれわれは世界への理解を深め、いままで以上に世界の一部になるということだ。難題と格闘しているとき、われわれを突き動かしているのは労働の終わりへの期待であるかもしれないが、フロストの語るとおり、われわれをわれわれにしているのは労働――手段――なのである。オートメーションは目的を手段から切り離す。欲しいものがたやすく手に入るようにしてくれるが、知の労働からわれわれを遠ざける。スクリーンの産物へと変身しつつあるわれわれは、シュスワップ族が直面したのと同じ実存的問いに直面している――われわれの本質は、いまなお、何を自分が知っているかに存しているのだろうか？　それともいまやわれわれは、何を欲しているかによって規定されることに満足しているのだろうか？

この問いは非常に深刻なもののように聞こえる。だが目的は喜びである。活動的な魂は軽やかな魂である。われわれの一部として、生産の手段ではなく経験の道具としてツールを取り戻すことで、われわれは自由を享受できるだろう。その自由とは、親和的なテクノロジーが世界をいっそう完全に開いてくれるとき、われわれに与えてくれる自由である。一〇〇年前のパリで、あの六月の快晴の日、ジャイロスコープを搭載したカーティスC－2複葉機の翼の上に立ったローレンス・スペリーとエミール・カシャンが、恐怖と喜びでいっぱいになりながら審査員席上空を通過して、畏敬の念に打たれつつ空を見上げる群衆の顔を目にしたとき、感じていた自由はこういうものだったのではないかと、わたしは想像するのだ。

注

はじめに

(1) Federal Aviation Administration, SAFO 13002, January 4, 2013, faa.gov/other_visit/aviation_industry/airline_operators/airline_safety/safo/all_safos/media/2013/SAFO13002.pdf.

第1章

(1) Sebastian Thrun, "What We're Driving At," *Google Official Blog*, October 9, 2010, googleblog.blogspot.com/2010/10/what-were-driving-at.html. Tom Vanderbilt, "Let the Robot Drive: The Autonomous Car of the Future Is Here," *Wired*, February 2012 も参照のこと。

(2) Daniel DeBolt, "Google's Self-Driving Car in Five-Car Crash," *Mountain View Voice*, August 8, 2011.

(3) Richard Waters and Henry Foy, "Tesla Moves Ahead of Google in Race to Build Self-Driving Cars," *Financial Times*, September 17, 2013, ft.com/intl/cms/s/0/70d26288-1faf-11e3-8861-00144feab7de.html.

(4) Frank Levy and Richard J. Murnane, *The New Division of Labor: How Computers Are Creating the Next Job Market* (Princeton: Princeton University Press, 2004), 20.

(5) Tom A. Schweizer et al., "Brain Activity during Driving with Distraction: An Immersive fMRI Study," *Frontiers in Human Neuroscience*, February 28, 2013, frontiersin.org/Human_Neuroscience/10.3389/fnhum.2013.00053/full.

(6) N. Katherine Hayles, *How We Think: Digital Media and Contemporary Technogenesis* (Chicago: University of Chicago Press, 2012), 2.

(7) Mihaly Csikszentmihalyi and Judith LeFevre, "Optimal Experience in Work and Leisure," *Journal of Personality and Social Psychology* 56, no. 5 (1989): 815-822.

(8) Daniel T. Gilbert and Timothy D. Wilson, "Miswanting: Some Problems in the Forecasting of Future Affective States," in Joseph P. Forgas, ed., *Feeling and Thinking: The Role of Affect in Social Cognition* (Cambridge, U.K.: Cambridge University Press,

2000), 179.
(9) Csikszentmihalyi and LeFevre, "Optimal Experience in Work and Leisure."
(10) Quoted in John Geirland, "Go with the Flow," *Wired*, September 1996.
(11) Mihaly Csikszentmihalyi, Flow: *The Psychology of Optimal Experience* (New York: Harper, 1991), 157-162.〔日本語訳＝M・チクセントミハイ（著）／今村浩昭（訳）『フロー体験　喜びの現象学』（世界思想社、一九九六)〕。

第2章

(1) R. H. Macmillan, *Automation: Friend or Foe?* (Cambridge, U.K.: Cambridge University Press, 1956), 1.
(2) Ibid., 91.
(3) Ibid., 1-6. 強調は Macmillan による。
(4) Ibid., 92.
(5) George B. Dyson, *Darwin among the Machines: The Evolution of Global Intelligence* (Reading, Mass.: Addison-Wesley, 1997), x.
(6) Bertrand Russell, "Machines and the Emotions," in *Sceptical Essays* (London: Routledge, 2004), 64.〔B・ラッセル（著）／柿村峻（訳）『懐疑論』（角川文庫、一九六五)〕。
(7) Adam Smith, *The Wealth of Nations* (New York: Modern Library, 2000), 7-10.〔アダム・スミス（著）／大河内一男（監訳）／玉野井芳郎、田添京二、大河内暁男（訳）『国富論』1－4（中公クラシックス、二〇一〇）など〕。
(8) Ibid., 408.
(9) Malcolm I. Thomis, *The Luddites: Machine-Breaking in Regency England* (Newton Abbot, U.K.: David & Charles, 1970), 50. E. J. Hobsbawm, "The Machine Breakers," *Past and Present* 1, no. 1 (1952): 57-70 も参照。
(10) Karl Marx, *Capital: A Critique of Political Economy*, vol. 1 (Chicago: Charles H. Kerr, 1912), 461-462.〔マルクス（著）／エンゲルス（編）／向坂逸郎（訳）『資本論』(一)－(三)（岩波文庫、一九六九）など〕。
(11) Karl Marx, "Speech at the Anniversary of the People's Paper," April 14, 1856, marxists.org/archive/marx/works/1856/04/14.htm.
(12) Nick Dyer-Witheford, *Cyber-Marx: Cycles and Circuits of Struggle in High Technology Capitalism* (Champaign, Ill.: University of Illinois Press, 1999), 40.
(13) Marx, "Speech at the Anniversary of the People's Paper."

（14） Quoted in Dyer-Witheford, *Cyber-Marx*, 41. 一八四六年に刊行された『ドイツ・イデオロギー』の有名な一節において、マルクスは、自分が次のような自由に生活をする日を予見している。「今日と明日とで違うことを行ない、午前には狩りを、午後には釣りを、夕暮れには牧畜を、夕食後には批評を行なう。猟師にも漁夫にも、牧人にも批評家にもなることなく、好きなようにそうすることができるようになるのだ」。これほど熱狂的な欲求ミスもまれである。

（15） E. Levasseur, "The Concentration of Industry, and Machinery in the United States," *Publications of the American Academy of Political and Social Science*, no. 193 (1897): 178-197.

（16） Oscar Wilde, "The Soul of Man under Socialism," in *The Collected Works of Oscar Wilde* (Ware, U.K.: Wordsworth Editions, 2007), 1051.〔「社会主義下の人間の魂」、西村孝次（訳）『オスカー・ワイルド全集Ⅳ』（青土社、一九八一）収録〕。

（17） Quoted in Amy Sue Bix, *Inventing Ourselves out of Jobs? America's Debate over Technological Unemployment*, 1929-1981 (Baltimore: Johns Hopkins University Press, 2000), 117-118.

（18） Ibid., 50.

（19） Ibid., 55.

（20） John Maynard Keynes, "Economic Possibilities for Our Grandchildren," in *Essays in Persuasion* (New York: W. W. Norton, 1963), 358-373.〔山岡洋一（訳）『ケインズ説得論集』（日本経済新聞社、二〇一〇）などに収録〕。

（21） John F. Kennedy, "Remarks at the Wheeling Stadium," in *John F. Kennedy: Containing the Public Messages, Speeches, and Statements of the President* (Washington, D.C.: U.S. Government Printing Office, 1962), 721.

（22） Stanley Aronowitz and William DiFazio, *The Jobless Future: Sci-Tech and the Dogma of Work* (Minneapolis: University of Minnesota Press, 1994), 14. 強調は Aronowitz と DiFazio による。

（23） Jeremy Rifkin, *The End of Work: The Decline of the Global Labor Force and the Dawn of the Post-Market Era* (New York: Putnam, 1995), xv-xviii.〔ジェレミー・リフキン（著）／松浦雅之（訳）『大失業時代』（一九九六、ティービーエス・ブリタニカ）〕。

（24） Erik Brynjolfsson and Andrew McAfee, *Race against the Machine: How the Digital Revolution Is Accelerating Innovation, Driving Productivity, and Irreversibly Transforming Employment and the Economy* (Lexington, Mass.: Digital Frontier Press, 2011). Brynjolfsson と McAfee は、この議論を *The Second Machine Age: Work, Progress, and Prosperity in a Time of Brilliant Technologies* (New York: W. W. Norton, 2014) のなかでさらに展開している。

(25) "March of the Machines," *60 Minutes*, CBS, January 13, 2013, cbsnews.com/8301-18560_162-57563618/are-robots-hurting-job-growth/.

(26) Bernard Condon and Paul Wiseman, "Recession, Tech Kill Middle-Class Jobs," AP, January 23, 2013, bigstory.ap.org/article/ap-impactrecession-tech-kill-middle-class-jobs.

(27) Paul Wiseman and Bernard Condon, "Will Smart Machines Create a World without Work?," AP, January 25, 2013, bigstory.ap.org/article/will-smart-machines-create-world-without-work.

(28) Michael Spence, "Technology and the Unemployment Challenge," *Project Syndicate*, January 15, 2013, project-syndicate.org/commentary/global-supply-chains-on-the-move-by-michael-spence.

(29) See Timothy Aeppel, "Man vs. Machine, a Jobless Recovery," *Wall Street Journal*, January 17, 2012.

(30) Quoted in Thomas B. Edsall, "The Hollowing Out," *Campaign Stops* (blog), *New York Times*, July 8, 2012, campaignstops.blogs.nytimes.com/2012/07/08/the-future-of-joblessness/.

(31) See Lawrence V. Kenton, ed., *Manufacturing Output, Productivity and Employent Implications* (New York: Nova Science, 2005); and Judith Banister and George Cook, "China's Employment and Compensation Costs in Manufacturing through 2008," *Monthly Labor Review*, March 2011.

(32) Tyler Cowen, "What Export-Oriented America Means," *American Interest*, May/June 2012.

(33) Robert Skidelsky, "The Rise of the Robots," *Project Syndicate*, February 19, 2013, project-syndicate.org/commentary/the-future-of-work-ina-world-of-automation-by-robert-skidelsky.

(34) Ibid.

(35) Chrystia Freeland, "China, Technology and the U.S. Middle Class," *Financial Times*, February 15, 2013.

(36) Paul Krugman, "Is Growth Over?," *The Conscience of a Liberal* (blog), *New York Times*, December 26, 2012, krugman.blogs.nytimes.com/2012/12/26/is-growth-over/.

(37) James R. Bright, *Automation and Management* (Cambridge, Mass.: Harvard University, 1958), 4-5.

(38) Ibid., 5.

(39) Ibid., 4, 6. 強調は Bright による。Bright によるオートメーションの定義は、かつてのジークフリート・ギーディオンによる機械化《メカニゼーション》の定義を思わせる。「機械化とは媒体である——水や火、光のように。盲目であり、それ自体は方向を持たない。自然の力と同様、機械化は、それを使用する人間の能力、それが生得的に持つ危機からみずからを守る人間の能力次第である。機械化は完全に人間の精神から生まれたものであるから、人間にとっては自然以上に危険なものだ」。Giedion, *Mechanization Takes Command* (New York: Oxford University Press, 1948), 714.〔S・ギーディオン（著）／榮久庵祥二（訳）『機械化の文化史——ものいわぬものの歴史』（鹿島出版会、一九七七、二〇〇八）〕。

（40） David A. Mindell, *Between Human and Machine: Feedback, Control, and Computing before Cybernetics* (Baltimore: Johns Hopkins University Press, 2002), 247.

（41） Stuart Bennett, *A History of Control Engineering, 1800-1930* (London: Peter Peregrinus, 1979), 99-100.〔S・ベネット（著）／古田勝久、山北昌毅（監訳）『制御工学の歴史』（コロナ社、一九九八）〕。

（42） Norbert Wiener, *The Human Use of Human Beings: Cybernetics and Society* (New York: Da Capo, 1954), 153.〔ノーバート・ウィーナー（著）／鎮目恭夫、池原止戈夫（訳）『人間機械論——人間の人間的な利用　第2版』（みすず書房、二〇一四）〕。

（43） Eric W. Leaver and J. J. Brown, "Machines without Men," *Fortune*, November 1946. David F. Noble, *Forces of Production: A Social History of Industrial Automation* (New York: Alfred A. Knopf, 1984), 67-71 も参照。

（44） Noble, *Forces of Production*, 234.

（45） Ibid., 21-40.

（46） Wiener, *Human Use of Human Beings*, 148-162.

（47） Quoted in Flo Conway and Jim Siegelman, *Dark Hero of the Information Age: In Search of Norbert Wiener, the Father of Cybernetics* (New York: Basic Books, 2005), 251.〔フロー・コンウェイ、ジム・シーゲルマン（著）／松浦俊輔（訳）『情報時代の見えないヒーロー——ノーバート・ウィーナー伝』（日経ＢＰ社、二〇〇六）〕。

（48） Marc Andreessen, "Why Software Is Eating the World," *Wall Street Journal*, August 20, 2011.

第3章

（1） コンチネンタル・コネクション機墜落事故の経緯の記述は、主に the National Transportation Safety Board's Accident Report AAR-10/01: *Loss of Control on Approach, Colgan Air, Inc., Operating as Continental Connection Flight 3407, Bombardier DHC 8-400, N200WQ, Clarence, New York, February 12, 2009* (Washington, D.C.: NTSB, 2010), www.ntsb.gov/doclib/reports/2010/

aar1001.pdf. に従っている。Matthew L. Wald, "Pilots Chatted in Moments before Buffalo Crash," *New York Times*, May 12, 2009 も参照のこと。

(2) Associated Press, "Inquiry in New York Air Crash Points to Crew Error," *Los Angeles Times*, May 13, 2009.

(3) エールフランス機墜落事故の経緯の記述は、主に BEA, *Final Report: On the Accident on 1st June 2009 to the Airbus A330-203, Registered F-GZCP, Operated by Air France, Flight AF447, Rio de Janeiro to Paris* (official English translation), July 27, 2012, www.bea.aero/docspa/2009/f-cp090601.en/pdf/f-cp090601.en.pdf に従っている。Jeff Wise, "What Really Happened Aboard Air France 447," *Popular Mechanics*, December 6, 2011, www.popularmechanics.com/technology/aviation/crashes/what-really-happened-aboard-air-france-447-6611877 も参照のこと。

(4) BEA, *Final Report*, 199.

(5) William Scheck, "Lawrence Sperry: Genius on Autopilot," *Aviation History*, November 2004; Dave Higdon, "Used Correctly, Autopilots Offer Second-Pilot Safety Benefits," *Avionics News*, May 2010; and Anonymous, "George the Autopilot," *Historic Wings*, August 30, 2012, fly.historicwings.com/2012/08/george-the-autopilot/.

(6) "Now — The Automatic Pilot," *Popular Science Monthly*, February 1930.

(7) "Post's Automatic Pilot," *New York Times*, July 24, 1933.

(8) James M. Gillespie, "We Flew the Atlantic 'No Hands,'" *Popular Science*, December 1947.

(9) Anonymous, "Automatic Control," *Flight*, October 9, 1947.

(10) NASAの研究の詳細については、Lane E. Wallace, *Airborne Trailblazer: Two Decades with NASA Langley's 737 Flying Laboratory* (Washington, D.C.: NASA History Office, 1994) を参照。

(11) William Langewiesche, *Fly by Wire: The Geese, the Glide, the "Miracle" on the Hudson* (New York: Farrar, Straus & Giroux, 2009), 103.

(12) Antoine de Saint-Exupery, *Wind, Sand and Stars* (New York: Reynal & Hitchcock, 1939), 20.〔サン＝テグジュペリ（著）／堀口大學（訳）『人間の土地』（新潮文庫、一九五五)〕。

(13) Don Harris, *Human Performance on the Flight Deck* (Surrey, U.K.: Ashgate, 2011), 221.

(14) "How Does Automation Affect Airline Safety?," Flight Safety Foundation, July 3, 2012, flightsafety.org/node/4249.

(15) Hemant Bhana, "Trust but Verify," *AeroSafety World*, June 2010.

(16) Quoted in Nick A. Komons, *Bonfires to Beacons: Federal Civil Aviation Policy under the Air Commerce Act 1926-1938* (Washington, D.C.: U.S. Department of Transportation, 1978), 24.

(17) Scott Mayerowitz and Joshua Freed, "Air Travel Safer than Ever with Death Rate at Record Low," Denverpost.com, January 1, 2012, denverpost.com/nationworld/ci_19653967. テロによる死者はこの数値には含まれていない。

(18) 著者による Raja Parasuraman へのインタビュー、December 18, 2011.

(19) Jan Noyes, "Automation and Decision Making," in *Malcolm James Cook et al., eds., Decision Making in Complex Environments* (Aldershot, U.K.: Ashgate, 2007), 73.

(20) Earl L. Wiener, *Human Factors of Advanced Technology ("Glass Cockpit") Transport Aircraft* (Moffett Field, Calif.: NASA Ames Research Center, June 1989).

(21) たとえば以下のものを参照。Earl L. Wiener and Renwick E. Curry, "Flight-Deck Automation: Promises and Problems," NASA Ames Research Center, June 1980; Earl L. Wiener, "Beyond the Sterile Cockpit," *Human Factors* 27, no. 1 (1985): 75-90; Donald Eldredge et al., *A Review and Discussion of Flight Management System Incidents Reported to the Aviation Safety Reporting System* (Washington, D.C.: Federal Aviation Administration, February 1992); and Matt Ebbatson, "Practice Makes Imperfect: Common Factors in Recent Manual Approach Incidents," *Human Factors and Aerospace Safety* 6, no. 3 (2006): 275-278.

(22) Andy Pasztor, "Pilot Reliance on Automation Erodes Skills," *Wall Street Journal*, November 5, 2010.

(23) *Operational Use of Flight Path Management Systems: Final Report of the Performance-Based Operations Aviation Rulemaking Committee/Commercial Aviation Safety Team Flight Deck Automation Working Group* (Washington, D.C.: Federal Aviation Administration, September 5, 2013), www.faa.gov/about/office_org/headquarters_offices/avs/offices/afs/afs400/parc/parc_reco/media/2013/130908_PARC_FltDAWG_Final_Report_Recommendations.pdf.

(24) Matthew Ebbatson, "The Loss of Manual Flying Skills in Pilots of Highly Automated Airliners" (PhD thesis, Cranfield University School of Engineering, 2009). M. Ebbatson et al., "The Relationship between Manual Handling Performance and Recent Flying Experience in Air Transport Pilots," *Ergonomics* 53, no. 2 (2010): 268-277 も参照。

(25) Quoted in David A. Mindell, *Between Human and Machine: Feedback, Control, and Computing before Cybernetics* (Baltimore: Johns Hopkins University Press, 2002), 77.

(26) S. Bennett, *A History of Control Engineering, 1800-1930* (Stevenage, U.K.: Peter Peregrinus, 1979), 141.

(27) Tom Wolfe, *The Right Stuff* (New York: Picador, 1979), 152-154.〔トム・ウルフ（著）／中野圭二・加藤弘和（共訳）『ザ・ライト・スタッフ』（中央公論社、一九八一）〕。

(28) Ebbatson, "Loss of Manual Flying Skills."

(29) European Aviation Safety Agency, "Response Charts for 'EASA Cockpit Automation Survey,' " August 3, 2012, easa.europa.eu/safety-andresearch/docs/EASA%20Cockpit%20Automation%20Survey%202012%20-%20Results.pdf.

(30) Joan Lowy, "Automation in the Air Dulls Pilot Skill," *Seattle Times*, August 30, 2011.

(31) 乗務員の人数の変化についてのわかりやすい概説としては、Delmar M. Fadden et al., "First Hand: Evolution of the 2-Person Crew Jet Transport Flight Deck," *IEEE Global History Network*, August 25, 2008, ieeeghn.org/wiki/index.php/First-Hand:Evolution_of_the_2-Person_Crew_Jet_Transport_Flight_Deck を参照。

(32) Quoted in Philip E. Ross, "When Will We Have Unmanned Commercial Airliners?," *IEEE Spectrum*, December 2011.

(33) Scott McCartney, "Pilot Pay: Want to Know How Much Your Captain Earns?," *The Middle Seat Terminal* (blog), *Wall Street Journal*, June 16, 2009, blogs.wsj.com/middleseat/2009/06/16/pilot-pay-want-to-knowhow-much-your-captain-earns/.

(34) Dawn Duggan, "The 8 Most Overpaid & Underpaid Jobs," Salary.com, undated, salary.com/the%2D8%2Dmost%2Doverpaid%2Dunderpaid%2Djobs/slide/9/.

(35) David A. Mindell, *Digital Apollo: Human and Machine in Spaceflight* (Cambridge, Mass.: MIT Press, 2011), 20.

(36) Wilbur Wright, letter, May 13, 1900, in Richard Rhodes, ed., *Visions of Technology: A Century of Vital Debate about Machines, Systems, and the Human World* (New York: Touchstone, 1999), 33.

(37) Mindell, *Digital Apollo*, 20.

(38) Quoted in ibid., 21.

(39) Wilbur Wright, "Some Aeronautical Experiments," speech before the Western Society of Engineers, September 18, 1901, www.wright-house.com/wright-brothers/Aeronautical.html.

(40) Mindell, *Digital Apollo*, 21.

(41) J. O. Roberts, " 'The Case against Automation in Manned Fighter Aircraft," *SETP Quarterly Review* 2, no. 3 (Fall 1957): 18-23.

(42) Quoted in Mindell, *Between Human and Machine*, 77.

(43) Harris, *Human Performance on the Flight Deck*, 221.

第4章

（1） Alfred North Whitehead, *An Introduction to Mathematics* (New York: Henry Holt, 1911), 61.〔ホワイトヘッド（著）／大出晁（訳）『数学入門』ホワイトヘッド著作集第2巻（松籟社、一九八三）〕。

（2） Quoted in Frank Levy and Richard J. Murnane, *The New Division of Labor: How Computers Are Creating the Next Job Market* (Princeton: Princeton University Press, 2004), 4.

（3） Raja Parasuraman et al., "Model for Types and Levels of Human Interaction with Automation," *IEEE Transactions on Systems, Man, and Cybernetics — Part A: Systems and Humans* 30, no. 3 (2000): 286-297. Nadine Sarter et al., "Automation Surprises," in Gavriel Salvendy, ed., *Handbook of Human Factors and Ergonomics*, 2nd ed. (New York: Wiley, 1997) も参照。

（4） Dennis F. Galletta et al., "Does Spell-Checking Software Need a Warning Label?," *Communications of the ACM* 48, no. 7 (2005): 82-86.

（5） National Transportation Safety Board, *Marine Accident Report: Grounding of the Panamanian Passenger Ship* Royal Majesty *on Rose and Crown Shoal near Nantucket, Massachusetts, June 10, 1995* (Washington, D.C.: NTSB, April 2, 1997).

（6） Sherry Turkle, *Simulation and Its Discontents* (Cambridge, Mass.: MIT Press, 2009), 55-56.

（7） Jennifer Langston, "GPS Routed Bus under Bridge, Company Says," *Seattle Post-Intelligencer*, April 17, 2008.

（8） A. A. Povyakalo et al., "How to Discriminate between Computer-Aided and Computer-Hindered Decisions: A Case Study in Mammography," *Medical Decision Making* 33, no. 1 (January 2013): 98-107.

（9） E. Alberdi et al., "Why Are People's Decisions Sometimes Worse with Computer Support?," in Bettina Buth et al., eds., *Proceedings of SAFECOMP 2009, the 28th International Conference on Computer Safety, Reliability, and Security* (Hamburg, Germany: Springer, 2009), 18-31.

（10） See Raja Parasuraman et al., "Performance Consequences of Automation-Induced 'Complacency,' " *International Journal of Aviation Psychology* 3, no. 1 (1993): 1-23.

（11） Raja Parasuraman and Dietrich H. Manzey, "Complacency and Bias in Human Use of Automation: An Attentional Integration," *Human Factors* 52, no. 3 (June 2010): 381-410.

（12） Norman J. Slamecka and Peter Graf, "The Generation Effect: Delineation of a Phenomenon," *Journal of Experimental Psychology: Human Learning and Memory* 4, no. 6 (1978): 592-604.

(13) Jeffrey D. Karpicke and Janell R. Blunt, "Retrieval Practice Produces More Learning than Elaborative Studying with Concept Mapping," *Science* 331 (2011): 772-775.

(14) Britte Haugan Cheng, "Generation in the Knowledge Integration Classroom" (PhD thesis, University of California, Berkeley, 2008).

(15) Simon Farrell and Stephan Lewandowsky, "A Connectionist Model of Complacency and Adaptive Recovery under Automation," *Journal of Experimental Psychology: Learning, Memory, and Cognition* 26, no. 2 (2000): 395-410.

(16) ニムウェヘンの研究についてわたしが最初に論じたのは、*The Shallows: What the Internet Is Doing to Our Brains* (New York: W. W. Norton, 2010), 214-216〔ニコラス・G・カー（著）／篠儀直子（訳）『ネット・バカ——インターネットがわたしたちの脳にしていること』（青土社、二〇一〇）〕においてである。

(17) Christof van Nimwegen, "The Paradox of the Guided User: Assistance Can Be Counter-effective" (SIKS Dissertation Series No.2008-09, Utrecht University, March 31, 2008). 以下のものも参照。Christof van Nimwegen and Herre van Oostendorp, "The Questionable Impact of an Assisting Interface on Performance in Transfer Situations," *International Journal of Industrial Ergonomics* 39, no. 3 (May 2009): 501-508; and Daniel Burgos and Christof van Nimwegen, "Games-Based Learning, Destination Feedback and Adaptation: A Case Study of an Educational Planning Simulation," in Thomas Connolly et al., eds., *Games-Based Learning Advancements for Multi-Sensory Human Computer Interfaces: Techniques and Effective Practices* (Hershey, Penn.: IGI Global, 2009), 119-130.

(18) Carlin Dowling et al., "Audit Support System Design and the Declarative Knowledge of Long-Term Users," *Journal of Emerging Technologies in Accounting* 5, no. 1 (December 2008): 99-108.

(19) See Richard G. Brody et al., "The Effect of a Computerized Decision Aid on the Development of Knowledge," *Journal of Business and Psychology* 18, no. 2 (2003): 157-174; and Holli McCall et al., "Use of Knowledge Management Systems and the Impact on the Acquisition of Explicit Knowledge," *Journal of Information Systems* 22, no. 2 (2008): 77-101.

(20) Amar Bhide, "The Judgment Deficit," *Harvard Business Review* 88, no. 9 (September 2010): 44-53.

(21) Gordon Baxter and John Cartlidge, "Flying by the Seat of Their Pants: What Can High Frequency Trading Learn from Aviation?," in G. Bratet al., eds., *ATACCS-2013: Proceedings of the 3rd International Conference on Application and Theory of Automation in Command and Control Systems* (New York: ACM, 2013), 64-73.

(22) Vivek Haldar, "Sharp Tools, Dull Minds," *This Is the Blog of Vivek Haldar*, November 10, 2013, blog.vivekhaldar.com/post/66660163006/sharp-tools-dull-minds.

(23) Tim Adams, "Google and the Future of Search: Amit Singhal and the Knowledge Graph," *Observer*, January 19, 2013.

(24) Betsy Sparrow et al., "Google Effects on Memory: Cognitive Consequences of Having Information at Our Fingertips," *Science* 333, no. 6043 (August 5, 2011): 776-778. また、デジタルカメラで撮影していると知っていることで、その経験の記憶が弱まってしまうことを示す研究として、次のものがある。Linda A. Henkel, "Pointand-Shoot Memories: The Influence of Taking Photos on Memory for a Museum Tour," *Psychological Science*, December 5, 2013, pss.sagepub.com/content/early/2013/12/04/0956797613504438.full.

(25) Mihai Nadin, "Information and Semiotic Processes: The Semiotics of Computation," *Cybernetics and Human Knowing* 18, nos. 1-2 (2011): 153-175.

(26) Gary Marcus, *Guitar Zero: The New Musician and the Science of Learning* (New York: Penguin, 2012), 52.

(27) 脳がいかにして読みを獲得するかについての詳細な説明は、Maryanne Wolf, *Proust and the Squid: The Story and Science of the Reading Brain* (New York: HarperCollins, 2007)〔メアリアン・ウルフ（著）／小松淳子（訳）『プルーストとイカ――読書は脳をどのように変えるのか？』（インターシフト、二〇〇八）〕、とりわけ 108-133 を参照。

(28) Hubert L. Dreyfus, "Intelligence without Representation? Merleau- Ponty's Critique of Mental Representation," *Phenomenology and the Cognitive Sciences* 1 (2002): 367-383.

(29) Marcus, *Guitar Zero*, 103.

(30) David Z. Hambrick and Elizabeth J. Meinz, "Limits on the Predictive Power of Domain-Specific Experience and Knowledge in Skilled Performance," *Current Directions in Psychological Science* 20, no. 5 (2011): 275-279.

(31) K. Anders Ericsson et al., "The Role of Deliberate Practice in the Acquisition of Expert Performance," *Psychological Review* 100, no. 3 (1993): 363-406.

(32) Nigel Warburton, "Robert Talisse on Pragmatism," *Five Books*, September 18, 2013, fivebooks.com/interviews/robert-talisse-on-pragmatism.

(33) Jeanne Nakamura and Mihaly Csikszentmihalyi, "The Concept of Flow," in C. R. Snyder and Shane J. Lopez, eds., *Handbook of Positive Psychology* (Oxford, U.K.: Oxford University Press, 2002), 90-91.

幕間——踊るネズミとともに

（1） Robert M. Yerkes, *The Dancing Mouse: A Study in Animal Behavior* (New York: Macmillan, 1907), vii-viii, 2-3.

（2） Ibid., vii.

（3） Robert M. Yerkes and John D. Dodson, "The Relation of Strength of Stimulus to Rapidity of Habit-Formation," *Journal of Comparative Neurology and Psychology* 18 (1908): 459-482.

（4） Ibid.

（5） Mark S. Young and Neville A. Stanton, "Attention and Automation: New Perspectives on Mental Overload and Performance," *Theoretical Issues in Ergonomics Science* 3, no. 2 (2002): 178-194.

（6） Mark W. Scerbo, "Adaptive Automation," in Raja Parasuraman and Matthew Rizzo, eds., *Neuroergonomics: The Brain at Work* (New York: Oxford University Press, 2007), 239-252.

第5章

（1） "RAND Study Says Computerizing Medical Records Could Save $81 Billion Annually and Improve the Quality of Medical Care," RAND Corporation press release, September 14, 2005.

（2） Richard Hillestad et al., "Can Electronic Medical Record Systems Transform Health Care? Potential Health Benefits, Savings, and Costs," *Health Affairs* 24, no. 5 (2005): 1103-1117.

（3） Reed Abelson and Julie Creswell, "In Second Look, Few Savings from Digital Health Records," *New York Times*, January 10, 2013.

（4） Jeanne Lambrew, "More than Half of Doctors Now Use Electronic Health Records Thanks to Administration Policies," *The White House Blog*, May 24, 2013, whitehouse.gov/blog/2013/05/24/more-half-doctors-use-electronic-health-records-thanks-administration-policies.

（5） Arthur L. Kellermann and Spencer S. Jones, "What It Will Take to Achieve the As-Yet-Unfulfilled Promises of Health Information Technology," *Health Affairs* 32, no. 1 (2013): 63-68.

（6） Ashly D. Black et al., "The Impact of eHealth on the Quality and Safety of Health Care: A Systematic Overview," *PLOS Medicine* 8, no. 1 (2011), plosmedicine.org/article/info%3Adoi%2F10.1371%2Fjournal.pmed.1000387.

(7) Melinda Beeuwkes Buntin et al., "The Benefits of Health Information Technology: A Review of the Recent Literature Shows Predominantly Positive Results," *Health Affairs* 30, no. 3 (2011): 464-471.

(8) Dean F. Sittig et al., "Lessons from 'Unexpected Increased Mortality after Implementation of a Commercially Sold Computerized Physician Order Entry System,' " *Pediatrics* 118, no. 2 (August 1, 2006): 797-801.

(9) Jerome Groopman and Pamela Hartzband, "Obama's $80 Billion Exaggeration," *Wall Street Journal*, March 12, 2009. 同じ筆者たちによる次のものも参照。"Off the Record — Avoiding the Pitfalls of Going Electronic," *New England Journal of Medicine* 358, no. 16 (2008): 1656-1658.

(10) 以下のものを参照。Fred Schulte, "Growth of Electronic Medical Records Eases Path to Inflated Bills," Center for Public Integrity, September 19, 2012, publicintegrity.org/2012/09/19/10812/growth-electronic-medical-records-eases-path-inflated-bills; and Reed Abelson et al., "Medicare Bills Rise as Records Turn Electronic," *New York Times*, September 22, 2012.

(11) Daniel R. Levinson, *CMS and Its Contractors Have Adopted Few Program Integrity Practices to Address Vulnerabilities in EHRs* (Washington, D.C.: Office of the Inspector General, Department of Health and Human Services, January 2014), oig.hhs.gov/oei/reports/oei-01-11-00571.pdf.

(12) Danny McCormick et al., "Giving Office-Based Physicians Electronic Access to Patients' Prior Imaging and Lab Results Did Not Deter Ordering of Tests," *Health Affairs* 31, no. 3 (2012): 488-496. これ以前の研究に、一方はEMRシステムを導入し、もう一方はそうではない二つのクリニックを取り上げ、糖尿病患者の治療記録を五年間にわたって比較したものがある。システムのあるほうのクリニックはより多くの検査を行なっていたものの、血糖値のコントロールがより上手くできていたわけではなかった。「データを見るかぎり、EMRシステムによってかなりのコストがかかり、技術的には精巧になるにもかかわらず、その使用によって医療レベルが向上するわけではない」と研究者たちは述べている。Patrick J. O'Connor et al., "Impact of an Electronic Medical Record on Diabetes Quality of Care," *Annals of Family Medicine* 3, no. 4 (July 2005): 300-306.

(13) Timothy Hoff, "Deskilling and Adaptation among Primary Care Physicians Using Two Work Innovations," *Health Care Management Review* 36, no. 4 (2011): 338-348.

(14) Schulte, "Growth of Electronic Medical Records."

(15) Hoff, "Deskilling and Adaptation."

(16) Danielle Ofri, "The Doctor vs. the Computer," *New York Times*, December 30, 2010.

(17) Thomas H. Payne et al., "Transition from Paper to Electronic Inpatient Physician Notes," *Journal of the American Medical Information Association* 17 (2010): 108-111.

(18) Ofri, "Doctor vs. the Computer."

(19) Beth Lown and Dayron Rodriguez, "Lost in Translation? How Electronic Health Records Structure Communication, Relationships, and Meaning," *Academic Medicine* 87, no. 4 (2012): 392-394.

(20) Emran Rouf et al., "Computers in the Exam Room: Differences in Physician-Patient Interaction May Be Due to Physician Experience," *Journal of General Internal Medicine* 22, no. 1 (2007): 43-48.

(21) Avik Shachak et al., "Primary Care Physicians' Use of an Electronic Medical Record System: A Cognitive Task Analysis," *Journal of General Internal Medicine* 24, no. 3 (2009): 341-348.

(22) Lown and Rodriguez, "Lost in Translation?"

(23) 以下のものを参照。Saul N. Weingart et al., "Physicians'Decisions to Override Computerized Drug Alerts in Primary Care," *Archives of Internal Medicine* 163 (November 24, 2003): 2625-2631; Alissa L. Russ et al., "Prescribers' Interactions with Medication Alerts at the Point of Prescribing: A Multi-method, *In Situ* Investigation of the Human-Computer Interaction," *International Journal of Medical Informatics* 81 (2012): 232-243; M. Susan Ridgely and Michael D. Greenberg, "Too Many Alerts, Too Much Liability: Sorting through the Malpractice Implications of Drug-Drug Interaction Clinical Decision Support," *Saint Louis University Journal of Health Law and Policy* 5 (2012): 257-295; and David W. Bates, "Clinical Decision Support and the Law: The Big Picture," *Saint Louis University Journal of Health Law and Policy* 5 (2012): 319-324.

(24) Atul Gawande, *The Checklist Manifesto: How to Get Things Right* (New York: Henry Holt, 2010), 161-162.〔アトゥール・ガワンデ（著）／吉田竜（訳）『アナタはなぜチェックリストを使わないのか？——重大な局面で〝正しい決断〟をする方法』（普遊舎、二〇一一）〕。

(25) Lown and Rodriguez, "Lost in Translation?"

(26) Jerome Groopman, *How Doctors Think* (New York: Houghton Mifflin, 2007), 34-35.〔ジェローム・グループマン（著）／美沢惠子（訳）『医者は現場でどう考えるか』（石風社、二〇一一）〕。

(27) Adam Smith, *The Wealth of Nations* (New York: Modern Library, 2000), 840.

（28） Ibid., 4.

（29） Frederick Winslow Taylor, *The Principles of Scientific Management* (New York: Harper & Brothers, 1913), 11.〔F・W・テーラー（著）／有賀裕子（訳）『科学的管理法――マネジメントの原点』（ダイヤモンド社、二〇〇九）〕。

（30） Ibid., 36.

（31） Hannah Arendt, *The Human Condition* (Chicago: University of Chicago Press, 1998), 147.〔ハンナ・アレント（著）／志水速雄（訳）『人間の条件』（ちくま学芸文庫、一九九四）〕。

（32） Harry Braverman, *Labor and Monopoly Capital: The Degradation of Work in the Twentieth Century* (New York: Monthly Review Press, 1998), 307.〔H・ブレイヴァマン（著）／富沢賢治（訳）『労働と独占資本――二〇世紀における労働の衰退』（岩波書店、一九七八）〕。

（33） ブレイヴァマン論争を簡潔に論評したものとしては、Peter Meiksins, "Labor and Monopoly Capital for the 1990s: A Review and Critique of the Labor Process Debate," *Monthly Review*, November 1994 を参照。

（34） James R. Bright, *Automation and Management* (Cambridge, Mass.: Harvard University, 1958), 176-195.

（35） Ibid., 188.

（36） James R. Bright, "The Relationship of Increasing Automation and Skill Requirements," in National Commission on Technology, Automation, and Economic Progress, *Technology and the American Economy, Appendix II: The Employment Impact of Technological Change* (Washington, D.C.: U.S. Government Printing Office, 1966), 201-221.

（37） George Dyson, comment on Edge.org, July 11, 2008, edge.org/discourse/carr_google.html#dysong.

（38） 機械学習のわかりやすい説明は、John MacCormick, *Nine Algorithms That Changed the Future: The Ingenious Ideas That Drive Today's Computers* (Princeton: Princeton University Press, 2012)〔ジョン・マコーミック（著）／長尾高弘（訳）『世界でもっとも強力な9のアルゴリズム』（日経BP社、二〇一二）〕の第六章を参照。

（39） Max Raskin and Ilan Kolet, "Wall Street Jobs Plunge as Profits Soar," Bloomberg News, April 23, 2013, bloomberg.com/news/2013-04-24/wall-street-jobs-plunge-as-profits-soar-chart-of-the-day.html.

（40） Ashwin Parameswaran, "Explaining the Neglect of Doug Engelbart's Vision: The Economic Irrelevance of Human Intelligence Augmentation," *Macroresilience*, July 8, 2013, macroresilience.com/2013/07/08/explaining-the-neglect-of-doug-engelbarts-vision/.

（41） See Daniel Martin Katz, "Quantitative Legal Prediction — or — How I Learned to Stop Worrying and Start Preparing for the

Data-Driven Future of the Legal Services Industry," *Emory Law Journal* 62, no. 4 (2013): 909-966.

(42) Joseph Walker, "Meet the New Boss: Big Data," *Wall Street Journal*, September 20, 2012.

(43) Franco"Bifo" Berardi, *The Soul at Work: From Alienation to Automation* (Los Angeles: Semiotext (e), 2009), 96.

(44) A. M. Turing, "Systems of Logic Based on Ordinals," *Proceedings of the London Mathematical Society* 45, no. 2239 (1939): 161-228.

(45) Ibid.

(46) Hector J. Levesque, "On Our Best Behaviour," lecture delivered at the International Joint Conference on Artificial Intelligence Beijing, China, August 8, 2013.

(47) Nassim Nicholas Taleb, *Antifragile: Things That Gain from Disorder* (New York: Random House, 2012), 416-419 を参照。

(48) Donald T. Campbell, "Assessing the Impact of Planned Social Change," *Occasional Paper Series*, no. 8 (December 1976), Public Affairs Center, Dartmouth College, Hanover, N.H.

(49) Viktor Mayer-Schonberger and Kenneth Cukier, *Big Data: A Revolution That Will Transform How We Live, Work, and Think* (New York: Houghton Mifflin Harcourt, 2013), 166.〔ビクター・マイヤー゠ショーンベルガー、ケネス・クキエ（著）／斎藤栄一郎（訳）『ビッグデータの正体――情報の産業革命が世界のすべてを変える』（講談社、二〇一三）〕。

(50) Kate Crawford, "The Hidden Biases in Big Data," *HBR Blog Network*, April 1, 2013, hbr.org/cs/2013/04/the_hidden_biases_in_big_data.html.

(51) 一九六八年発表の文章のなかで、ウィードは次のように書いている。「医師たちの貴重な時間を使うことなく、有用な歴史的データが、新型のコンピュータや診断技術によって正確に、完全に、かつ安価に獲得され、保存されるのであれば、それは真剣に検討されるべきことである」。Lawrence L. Weed, "Medical Records That Guide and Teach," *New England Journal of Medicine* 278 (1968): 593-600, 652-657.

(52) Lee Jacobs,"Interview with Lawrence Weed, MD — The Father of the Problem-Oriented Medical Record Looks Ahead," *Permanente Journal* 13, no. 3 (2009): 84-89.

(53) Gary Klein, "Evidence-Based Medicine," *Edge*, January 14, 2014, edge.org/responses/what-scientific-idea-is-ready-for-retirement.

(54) Michael Oakeshott, "Rationalism in Politics," *Cambridge Journal* 1 (1947): 81-98, 145-157. Oakeshott の一九六二年の著書、*Rationalism in Politics and Other Essays* (New York: Basic Books)〔マイケル・オークショット（著）／嶋津格・他（訳）『政治

における合理主義』（勁草書房、一九八八）に収録。

第6章

（1） William Edward Parry, *Journal of a Second Voyage for the Discovery of a North-West Passage from the Atlantic to the Pacific* (London: John Murray, 1824), 277.

（2） Claudio Aporta and Eric Higgs, "Satellite Culture: Global Positioning Systems, Inuit Wayfinding, and the Need for a New Account of Technology," *Current Anthropology* 46, no. 5 (2005): 729-753.

（3） 著者による Claudio Aporta へのインタビュー。January 25, 2012.

（4） Gilly Leshed et al., "In-Car GPS Navigation: Engagement with and Disengagement from the Environment," in *Proceedings of the SIGCHI Conference on Human Factors in Computing Systems* (New York: ACM, 2008), 1675-1684.

（5） David Brooks, "The Outsourced Brain," *New York Times*, October 26, 2007.

（6） Julia Frankenstein et al., "Is the Map in Our Head Oriented North?," *Psychological Science* 23, no. 2 (2012): 120-125.

（7） Julia Frankenstein, "Is GPS All in Our Heads?," *New York Times*, February 2, 2012.

（8） Gary E. Burnett and Kate Lee, "The Effect of Vehicle Navigation Systems on the Formation of Cognitive Maps,"in Geoffrey Underwood, ed., *Traffic and Transport Psychology: Theory and Application* (Amsterdam: Elsevier, 2005), 407-418.

（9） Elliot P. Fenech et al., "The Effects of Acoustic Turn-by-Turn Navigation on Wayfinding," *Proceedings of the Human Factors and Ergonomics Society Annual Meeting* 54, no. 23 (2010): 1926-1930.

（10） Toru Ishikawa et al., "Wayfinding with a GPS-Based Mobile Navigation System: A Comparison with Maps and Direct Experience," *Journal of Environmental Psychology* 28, no. 1 (2008): 74-82; and Stefan Munzer et al., "Computer-Assisted Navigation and the Acquisition of Route and Survey Knowledge," *Journal of Environmental Psychology* 26, no. 4 (2006): 300-308.

（11） Sara Hendren, "The White Cane as Technology," *Atlantic*, November 6, 2013, theatlantic.com/technology/archive/2013/11/the-white-cane-astechnology/281167/.

（12） Tim Ingold, *Being Alive: Essays on Movement, Knowledge and Description* (London: Routledge, 2011), 149-152. 強調は Ingold による。

（13） Quoted in James Fallows, "The Places You'll Go," *Atlantic*, January/ February 2013.

(14) Ari N. Schulman, "GPS and the End of the Road," *New Atlantis*, Spring 2011.

(15) John O'Keefe and Jonathan Dostrovsky, "The Hippocampus as a Spatial Map: Preliminary Evidence from Unit Activity in the Freely-Moving Rat," *Brain Research* 34 (1971): 171-175.

(16) John O'Keefe, "A Review of the Hippocampal Place Cells," *Progress in Neurobiology* 13, no. 4 (2009): 419-439.

(17) Edvard I. Moser et al., "Place Cells, Grid Cells, and the Brain's Spatial Representation System," *Annual Review of Neuroscience* 31 (2008): 69-89.

(18) 以下のものを参照。Christian F. Doeller et al., "Evidence for Grid Cells in a Human Memory Network," *Nature* 463 (2010): 657-661; Nathaniel J. Killian et al., "A Map of Visual Space in the Primate Entorhinal Cortex," *Nature* 491 (2012): 761-764; and Joshua Jacobs et al., "Direct Recordings of Grid-Like Neuronal Activity in Human Spatial Navigation," *Nature Neuroscience*, August 4, 2013, nature.com/neuro/journal/vaop/ncurrent/full/nn.3466.html.

(19) James Gorman, "A Sense of Where You Are," *New York Times*, April 30, 2013.

(20) Gyorgy Buzsaki and Edvard I. Moser, "Memory, Navigation and Theta Rhythm in the Hippocampal-Entorhinal System," *Nature Neuroscience* 16, no. 2 (2013): 130-138. Neil Burgess et al., "Memory for Events and Their Spatial Context: Models and Experiments," in Alan Baddeley et al., eds., *Episodic Memory: New Directions in Research* (New York: Oxford University Press, 2002), 249-268も参照のこと。古代からある最も強力な記憶方法のひとつが、アイテムや事実を視覚的に思い描いて、想像上の建物や街などのなかに位置づけるというものであるのは、意味深長なことのように思われる。想像上のものでしかないとしても物理的な場所と関連づけられたとき、記憶は想起しやすくなるのである。

(21) たとえばJan M. Wiener et al., "Maladaptive Bias for Extrahippocampal Navigation Strategies in Aging Humans," *Journal of Neuroscience* 33, no. 14 (2013): 6012-6017を参照。

(22) たとえばA. T. Du et al., "Magnetic Resonance Imaging of the Entorhinal Cortex and Hippocampus in Mild Cognitive Impairment and Alzheimer's Disease," *Journal of Neurology, Neurosurgery and Psychiatry* 71 (2001): 441-447を参照。

(23) Kyoko Konishi and Veronique D. Bohbot, "Spatial Navigational Strategies Correlate with Gray Matter in the Hippocampus of Healthy Older Adults Tested in a Virtual Maze," *Frontiers in Aging Neuroscience* 5 (2013): 1-8.

(24) Veronique Bohbotから著者へのEメール、June 4, 2010.

(25) Quoted in Alex Hutchinson, "Global Impositioning Systems," *Walrus*, November 2009.

（26） Kyle VanHemert, "4 Reasons Why Apple's iBeacon Is About to Disrupt Interaction Design," *Wired*, December 11, 2013, www.wired.com/design/2013/12/4-use-cases-for-ibeacon-the-most-exciting-tech-youhavent-heard-of/.

（27） Quoted in Fallows, "Places You'll Go."

（28） Damon Lavrinc, "Mercedes Is Testing Google Glass Integration, and It Actually Works," *Wired*, August 15, 2013, wired.com/autopia/2013/08/google-glass-mercedes-benz/.

（29） William J. Mitchell, "Foreword," in Yehuda E. Kalay, Architecture's New Media: Principles, *Theories, and Methods of Computer-Aided Design* (Cambridge, Mass.: MIT Press, 2004), xi.

（30） Anonymous, "Interviews: Renzo Piano," *Architectural Record*, October 2001, archrecord.construction.com/people/interviews/archives/0110piano.asp.

（31） Quoted in Gavin Mortimer, *The Longest Night* (New York: Penguin, 2005), 319.

（32） Dino Marcantonio, "Architectural Quackery at Its Finest: Parametricism," *Marcantonio Architects Blog*, May 8, 2010, blog.marcantonioarchitects.com/architectural-quackery-at-its-finest-parametricism/.

（33） Paul Goldberger, "Digital Dreams," *New Yorker*, March 12, 2001.

（34） Patrik Schumacher, "Parametricism as Style — Parametricist Manifesto," Patrik Schumacher's blog, 2008, patrikschumacher.com/Texts/Parametricism%20as%20Style.htm.

（35） Anonymous, "Interviews: Renzo Piano."

（36） Witold Rybczynski, "Think before You Build," *Slate*, March 30, 2011, slate.com/articles/arts/architecture/2011/03/think_before_you_build.html.

（37） Quoted in Bryan Lawson, *Design in Mind* (Oxford, U.K.: Architectural Press, 1994), 66.

（38） Michael Graves, "Architecture and the Lost Art of Drawing," *New York Times*, September 2, 2012.

（39） D. A. Schon, "Designing as Reflective Conversation with the Materials of a Design Situation," *Knowledge-Based Systems* 5, no. 1 (1992): 3-14. Schon の著書、*The Reflective Practitioner: How Professionals Think in Action* (New York: Basic Books, 1983)〔ドナルド・A・ショーン（著）／柳沢昌一・三輪建二（監訳）『省察的実践とは何か——プロフェッショナルの行為と思考』（鳳書房、二〇〇七）〕の、特に 157-159 も参照。

（40） Graves, "Architecture and the Lost Art of Drawing." Masaki Suwa et al., "Macroscopic Analysis of Design Processes Based on a

Scheme for Coding Designers' Cognitive Actions," *Design Studies* 19 (1998): 455-483 も参照。

(41) Nigel Cross, *Designerly Ways of Knowing* (Basel: Birkhauser, 2007), 58.

(42) Schon, "Designing as Reflective Conversation."

(43) Ibid.

(44) Joachim Walther et al., "Avoiding the Potential Negative Influence of CAD Tools on the Formation of Students' Creativity," in *Proceedings of the 2007 AaeE Conference*, Melbourne, Australia, December 2007, ww2.cs.mu.oz.au/aaee2007/papers/paper_40.pdf.

(45) Graves, "Architecture and the Lost Art of Drawing."

(46) Juhani Pallasmaa, *The Thinking Hand: Existential and Embodied Wisdom in Architecture* (Chichester, U.K.: Wiley, 2009), 96-97.

(47) 著者による E. J. Meade へのインタビュー，July 23, 2013.

(48) Jacob Brillhart, "Drawing towards a More Creative Architecture: Mediating between the Digital and the Analog," paper presented at the annual meeting of the Association of Collegiate Schools of Architecture, Montreal, Canada, March 5, 2011.

(49) Matthew B. Crawford, *Shop Class as Soulcraft: An Inquiry into the Value of Work* (New York: Penguin, 2009), 164.

(50) Ibid., 161.

(51) John Dewey, *Essays in Experimental Logic* (Chicago: University of Chicago Press, 1916), 13-14.

(52) Matthew D. Lieberman, "The Mind-Body Illusion," *Psychology Today*, May 17, 2012, psychologytoday.com/blog/social-brain-social-mind/201205/the-mind-body-illusion. Matthew D. Lieberman, "What Makes Big Ideas Sticky?," in Max Brockman, ed., *What's Next? Dispatches on the Future of Science* (New York: Vintage, 2009), 90-103 も参照。

(53) "Andy Clark: Embodied Cognition" (video), University of Edinburgh: Research in a Nutshell, undated, nutshell-videos.ed.ac.uk/andy-clarkembodied-cognition.

(54) Tim Gollisch and Markus Meister, "Eye Smarter than Scientists Believed: Neural Computations in Circuits of the Retina," *Neuron* 65 (January 28, 2010): 150-164.

(55) 以下のものを参照。Vittorio Gallese and George Lakoff, "The Brain's Concepts: The Role of the Sensory-Motor System in Conceptual Knowledge," *Cognitive Neuropsychology* 22, no. 3/4 (2005): 455-479; and Lawrence W. Barsalou, "Grounded Cognition," *Annual Review of Psychology* 59 (2008): 617-645.

(56) "Andy Clark: Embodied Cognition."

(57) Shaun Gallagher, *How the Body Shapes the Mind* (Oxford, U.K.: Oxford University Press, 2005), 247.
(58) Andy Clark, *Natural-Born Cyborgs: Minds, Technologies, and the Future of Human Intelligence* (New York: Oxford University Press, 2003), 4.
(59) Quoted in Fallows, "Places You'll Go."

第7章

(1) Kevin Kelly, "Better than Human: Why Robots Will — and Must — Take Our Jobs," *Wired*, January 2013.
(2) Jay Yarow, "Human Driver Crashes Google's Self Driving Car," *Business Insider*, August 5, 2011, businessinsider.com/googles-self-driving-carsget-in-their-first-accident-2011-8.
(3) Andy Kessler, "Professors Are About to Get an Online Education," *Wall Street Journal*, June 3, 2013.
(4) Vinod Khosla, "Do We Need Doctors or Algorithms?," *TechCrunch*, January 10, 2012, techcrunch.com/2012/01/10/doctors-or-algorithms.
(5) Gerald Traufetter, "The Computer vs. the Captain: Will Increasing Automation Make Jets Less Safe?," *Spiegel Online*, July 31, 2009, spiegel.de/international/world/the-computer-vs-the-captain-will-increasingautomation-make-jets-less-safe-a-639298.html.
(6) See Adam Fisher, "Inside Google's Quest to Popularize Self-Driving Cars," *Popular Science*, October 2013.
(7) Tosha B. Weeterneck et al., "Factors Contributing to an Increase in Duplicate Medication Order Errors after CPOE Implementation," *Journal of the American Medical Informatics Association* 18 (2011): 774-782.
(8) Sergey V. Buldyrev et al., "Catastrophic Cascade of Failures in Interdepenent Networks," *Nature* 464 (April 15, 2010): 1025-1028. Alessandro Vespignani, "The Fragility of Interdependency," *Nature* 464 (April 15, 2010): 984-985 も参照。
(9) Nancy G. Leveson, *Engineering a Safer World: Systems Thinking Applied to Safety* (Cambridge, Mass.: MIT Press, 2011), 8-9.
(10) Lisanne Bainbridge, "Ironies of Automation," *Automatica* 19, no. 6 (1983): 775-779.
(11) この第二次世界大戦中の研究も含め、警戒心に関する研究のレヴューとしては、D. R. Davies and R. Parasuraman, *The Psychology of Vigilance* (London: Academic Press, 1982) を参照。
(12) Bainbridge, "Ironies of Automation."
(13) 以下のものを参照。Magdalen Galley, "Ergonomics? Where Have We Been and Where Are We Going," undated speech, tay-

lor.it/meg/papers/50%20Years%20of%20Ergonomics.pdf; and Nicolas Marmaras et al., "Ergonomic Design in Ancient Greece," *Applied Ergonomics* 30, no. 4 (1999): 361-368.

(14) David Meister, *The History of Human Factors and Ergonomics* (Mahwah, N.J.: Lawrence Erlbaum Associates, 1999), 209, 359.

(15) Leo Marx, "Does Improved Technology Mean Progress?," *Technology Review*, January 1987.

(16) Donald A. Norman, *Things That Make Us Smart: Defending Human Attributes in the Age of the Machine* (New York: Perseus, 1993), xi.〔D・A・ノーマン（著）／佐伯胖（監訳）『人を賢くする道具――ソフト・テクノロジーの心理学』（新曜社、一九九六）〕。

(17) Norbert Wiener, *I Am a Mathematician* (Cambridge, Mass.: MIT Press, 1956), 305.〔ノーバート・ウィーナー（著）／鎮目恭夫（訳）『サイバネティックスはいかにして生まれたか』（みすず書房、一九五六）〕。

(18) Nadine Sarter et al., "Automation Surprises," in Gavriel Salvendy, ed., *Handbook of Human Factors and Ergonomics*, 2nd ed. (New York: Wiley, 1997)。

(19) Ibid.

(20) John D. Lee, "Human Factors and Ergonomics in Automation Design," in Gavriel Salvendy, ed., *Handbook of Human Factors and Ergonomics*, 3rd ed. (Hoboken, N.J.: Wiley, 2006), 1571.

(21) 人間中心的オートメーションについて、詳しくは以下のものを参照。Charles E. Billings, *Aviation Automation: The Search for a Human-Centered Approach* (Mahwah, N.J.: Lawrence Erlbaum Associates, 1997); and Raja Parasuraman et al., "A Model for Types and Levels of Human Interaction with Automation," *IEEE Transactions on Systems, Man, and Cybernetics* 30, no. 3 (2000): 286-297.

(22) David B. Kaber et al., "On the Design of Adaptive Automation for Complex Systems," *International Journal of Cognitive Ergonomics* 5, no. 1 (2001): 37-57.

(23) Mark W. Scerbo, "Adaptive Automation," in Raja Parasuraman and Matthew Rizzo, eds., *Neuroergonomics: The Brain at Work* (New York: Oxford University Press, 2007), 239-252. ＤＡＲＰＡのプロジェクトについては、Mark St. John et al., "Overview of the DARPA Augmented Cognition Technical Integration Experiment," *International Journal of Human-Computer Interaction* 17, no. 2 (2004): 131-149 を参照。

(24) Lee, "Human Factors and Ergonomics."

（25） 著者による Raja Parasuraman へのインタビュー。December 18, 2011.
（26） Lee, "Human Factors and Ergonomics."
（27） 著者による Ben Tranel へのインタビュー。June 13, 2013.
（28） Mark D. Gross and Ellen Yi-Luen Do, "Ambiguous Intentions: A Paperlike Interface for Creative Design," in *Proceedings of the ACM Symposium on User Interface Software and Technology* (New York: ACM, 1996), 183-192.
（29） Julie Dorsey et al., "The Mental Canvas: A Tool for Conceptual Architectural Design and Analysis," in *Proceedings of the Pacific Conference on Computer Graphics and Applications* (2007), 201-210.
（30） William Langewiesche, *Fly by Wire: The Geese, the Glide, the "Miracle"on the Hudson* (New York: Farrar, Straus & Giroux, 2009), 102.
（31） Lee, "Human Factors and Ergonomics."
（32） CBS News, "Faulty Data Misled Pilots in '09 Air France Crash," July 5, 2012, cbsnews.com/8301-505263_162-57466644/faulty-data-misledpilots-in-09-air-france-crash/.
（33） Langewiesche, Fly by Wire, 109.
（34） Federal Aviation Administration, "NextGen Air Traffic Control/Technical Operations Human Factors (Controller Efficiency & Air Ground Integration) Research and Development Plan," version one, April 2011.
（35） Nathaniel Popper, "Bank Gains by Putting Brakes on Traders," *New York Times*, June 26, 2013.
（36） Thomas P. Hughes, "Technological Momentum," in Merritt Roe Smith and Leo Marx, eds., *Does Technology Drive History? The Dilemma of Technological Determinism* (Cambridge, Mass.: MIT Press, 1994), 101-113.
（37） Gordon Baxter and John Cartlidge, "Flying by the Seat of Their Pants: What Can High Frequency Trading Learn from Aviation?," in G. Brat et al., eds., A*TACCS-2013: Proceedings of the 3rd International Conference on Application and Theory of Automation in Command and Control Systems* (New York: ACM, 2013), 64-73.
（38） David F. Noble, *Forces of Production: A Social History of Industrial Automation* (New York: Alfred A. Knopf, 1984), 144-145.
（39） Ibid., 94.
（40） Quoted in Noble, *Forces of Production*, 94.
（41） Ibid., 326.

(42) Dyson がこのようにコメントしたのは、一九八一年公開のドキュメンタリー映画『ザ・デイ・アフター・トリニティ〔*The Day After Trinity*〕』のなかである。Quoted in Bill Joy, "Why the Future Doesn't Need Us," *Wired*, April 2000.
(43) Matt Richtel, "A Silicon Valley School That Doesn't Compute," *New York Times*, October 23, 2011.

幕間——墓盗人とともに

(1) Peter Merholz, "'Frictionless'as an Alternative to 'Simplicity' in Design," *Adaptive Path* (blog), July 21, 2010, adaptivepath.com/ideas/friction-as-an-alternative-to-simplicity-in-design.
(2) David J. Hill, "Exclusive Interview with Ray Kurzweil on Future AI Project at Google," *SingularityHUB*, January 10, 2013, singularityhub.com/2013/01/10/exclusive-interview-with-ray-kurzweil-on-future-aiproject-at-google/.

第8章

(1) アシモフのロボット倫理原則——「ロボットの奥深くに刻みこまれた三原則」——が初登場したのは、一九四二年発表の短篇"Runaround"〔日本語題名「堂々めぐり」〕で、短編集 *I, Robot* (New York: Bantam, 2004), 37〔アイザック・アシモフ（著）／小尾美佐（訳）『われはロボット』（早川書房、一九八三）〕に掲載されている。
(2) Gary Marcus, "Moral Machines," *News Desk* (blog), *New Yorker*, November 27, 2012, newyorker.com/online/blogs/newsdesk/2012/11/google-driverless-car-morality.html.
(3) Charles T. Rubin, "Machine Morality and Human Responsibility," *New Atlantis*, Summer 2011.
(4) Christof Heyns, "Report of the Special Rapporteur on Extrajudicial, Summary or Arbitrary Executions," presentation to the Human Rights Council of the United Nations General Assembly, April 9, 2013, www.ohchr.org/Documents/HRBodies/HRCouncil/RegularSession/Session23/A-HRC-23-47_en.pdf.
(5) Patrick Lin et al., "Autonomous Military Robotics: Risk, Ethics, and Design," version 1.0.9, prepared for U.S. Department of Navy, Office of Naval Research, December 20, 2008.
(6) Ibid.
(7) Thomas K. Adams, "Future Warfare and the Decline of Human Decisionmaking," *Parameters*, Winter 2001-2002.
(8) Heyns, "Report of the Special Rapporteur."

(9) Ibid.
(10) Joseph Weizenbaum, *Computer Power and Human Reason: From Judgment to Calculation* (New York: W. H. Freeman, 1976), 20.〔ジョセフ・ワイゼンバウム（著）／秋葉忠利（訳）『コンピュータ・パワー――人工知能と人間の理性』（サイマル出版会、一九七九）〕。
(11) Mark Weiser, "The Computer for the 21st Century," *Scientific American*, September 1991.
(12) Mark Weiser and John Seely Brown, "The Coming Age of Calm Technology," in P. J. Denning and R. M. Metcalfe, eds., *Beyond Calculation: The Next Fifty Years of Computing* (New York: Springer, 1997), 75-86.
(13) M. Weiser et al., "The Origins of Ubiquitous Computing Research at PARC in the Late 1980s," *IBM Systems Journal* 38, no. 4 (1999): 693-696.
(14) Nicholas Carr, *The Big Switch: Rewiring the World, from Edison to Google* (New York: W. W. Norton, 2008)〔ニコラス・G・カー（著）／村上彩（訳）『クラウド化する世界――ビジネスモデル構築の大転換』（翔泳社、二〇〇八）〕を参照。
(15) Thomas P. Hughes, *Networks of Power: Electrification in Western Society, 1880-1930* (Baltimore: Johns Hopkins University Press, 1983), 140.〔T・P・ヒューズ（著）／市場泰男（訳）『電力の歴史』（平凡社、一九九六）〕。
(16) W. Brian Arthur, "The Second Economy," *McKinsey Quarterly*, October 2011.
(17) Ibid.
(18) Bill Gates, *Business @ the Speed of Thought: Using a Digital Nervous System* (New York: Warner Books, 1999), 37.〔ビル・ゲイツ（著）／大原進（訳）『思考スピードの経営――デジタル経営教本』（日本経済新聞社、二〇〇〇）〕。
(19) Arthur C. Clarke, *Profiles of the Future: An Inquiry into the Limits of the Possible* (New York: Harper & Row, 1960), 227.
(20) Sergey Brin, "Why Google Glass?," speech at TED2013, Long Beach, Calif., February 27, 2013, youtube.com/watch?v=rie-hPVJ7Sw.
(21) Ibid.
(22) See Christopher D. Wickens and Amy L. Alexander, "Attentional Tunneling and Task Management in Synthetic Vision Displays," *International Journal of Aviation Psychology* 19, no. 2 (2009): 182-199.
(23) Richard F. Haines, "A Breakdown in Simultaneous Information Processing," in Gerard Obrecht and Lawrence W. Stark, eds., *Presbyopia Research: From Molecular Biology to Visual Adaptation* (New York: Plenum Press, 1991), 171-176.

(24) Daniel J. Simons and Christopher F. Chambris, "Is Google Glass Dangerous?," *New York Times*, May 26, 2013.
(25) "Amanda Rosenberg: Google Co-Founder Sergey Brin's New Girlfriend?," *Guardian*, August 30, 2013, theguardian.com/technology/shortcuts/2013/aug/30/amanda-rosenberg-google-sergey-brin-girlfriend.
(26) Weiser, "Computer for the 21st Century."
(27) Charlie Rose によるインタビュー。 *Charlie Rose*, April 24, 2012, charlierose.com/watch/60065884.
(28) David Kirkpatrick, *The Facebook Effect* (New York: Simon & Schuster, 2010), 10. 〔デビッド・カークパトリック（著）／滑川海彦・高橋信夫（訳）『フェイスブック　若き天才の野望――5億人をつなぐソーシャルネットワークはこう生まれた』（日経ＢＰ社、二〇一一）〕。
(29) Josh Constine, "Google Unites Gmail and G+ Chat into 'Hangouts' Cross-Platform Text and Group Video Messaging App," *TechCrunch*, May 15, 2013, techcrunch.com/2013/05/15/google-hangouts-messaging-app/.
(30) Larry Greenemeier, "Chipmaker Races to Save Stephen Hawking's Speech as His Condition Deteriorates," *Scientific American*, January 18, 2013, www.scientificamerican.com/article.cfm?id=intel-helps-hawking-communicate.
(31) Nick Bilton, "Disruptions: Next Step for Technology Is Becoming the Background," *New York Times*, July 1, 2012, bits.blogs.nytimes.com/2012/07/01/google's-project-glass-lets-technology-slip-into-thebackground/.
(32) Bruno Latour, "Morality and Technology: The End of the Means," *Theory, Culture and Society* 19 (2002): 247-260. 強調は Latour による。
(33) Bernhard Seefeld, "Meet the New Google Maps: A Map for Every Person and Place," *Google Lat Long* (blog), May 15, 2013, google-latlong.blogspot.com/2013/05/meet-new-google-maps-map-for-every.html.
(34) Evgeny Morozov, "My Map or Yours?," *Slate*, May 28, 2013, slate.com/articles/technology/future_tense/2013/05/google_maps_personalization_will_hurt_public_space_and_engagement.html.
(35) Kirkpatrick, *Facebook Effect*, 199.
(36) Sebastian Thrun, "Google's Driverless Car," speech at TED2011, March 2011, ted.com/talks/sebastian_thrun_google_s_driverless_car.html.
(37) National Safety Council, "Annual Estimate of Cell Phone Crashes 2012,"white paper, 2014.
(38) Sigfried Giedion, *Mechanization Takes Command* (New York: Oxford University Press, 1948), 628-712 を参照。

(39) Langdon Winner, *Autonomous Technology: Technics-out-of-Control as a Theme in Political Thought* (Cambridge, Mass.: MIT Press, 1977), 285.

第9章

(1) Quoted in Richard Poirier, *Robert Frost: The Work of Knowing* (Stanford, Calif.: Stanford University Press, 1990), 30. フロストの生涯については、右のPoirierの本のほか、以下のものを参照した。William H. Pritchard, *Frost: A Literary Life Reconsidered* (New York: Oxford University Press, 1984); and Jay Parini, *Robert Frost: A Life* (New York: Henry Holt, 1999).

(2) Quoted in Poirier, *Robert Frost*, 30.

(3) Robert Frost, "Mowing," in *A Boy's Will* (New York: Henry Holt, 1915), 36.

(4) Robert Frost, "Two Tramps in Mud Time," in *A Further Range* (New York: Henry Holt, 1936), 16-18.

(5) Poirier, *Robert Frost*, 278.

(6) Robert Frost, "Some Science Fiction," in *In the Clearing* (New York: Holt, Rinehart & Winston, 1962), 89-90.

(7) Poirier, *Robert Frost*, 301.

(8) Robert Frost, "Kitty Hawk," in *In the Clearing*, 41-58.

(9) Maurice Merleau-Ponty, *Phenomenology of Perception* (London: Routledge, 2012), 147.〔モーリス・メルロ゠ポンティ（著）／中島盛夫（訳）『知覚の現象学』（法政大学出版局、二〇〇九）〕。メルロ゠ポンティについてのわたしの読解は、以下のものに拠っている。Hubert L. Dreyfus's commentary"The Current Relevance of Merleau-Ponty's Phenomenology of Embodiment," *Electronic Journal of Analytic Philosophy* 4 (Spring 1996), ejap.louisiana.edu/ejap/1996.spring/dreyfus.1996.spring.html.

(10) Benedict de Spinoza, *Ethics* (London: Penguin, 1996), 44.〔スピノザ（著）／畠中尚志（訳）『エチカ　倫理学（上・下）』（岩波書店、一九七五）〕。

(11) John Edward Huth, "Losing Our Way in the World," *New York Times*, July 21, 2013. Huthによる啓発的な書、*The Lost Art of Finding Our Way* (Cambridge, Mass.: Harvard University Press, 2013) も参照。

(12) Merleau-Ponty, *Phenomenology of Perception*, 148.

(13) Ibid., 261.

(14) Nicholas Carr, *The Shallows: What the Internet Is Doing to Our Brains* (New York: W. W. Norton, 2010) を参照。

（15） Pascal Ravassard et al., “Multisensory Control of Hippocampal Spatiotempoal Selectivity,” *Science* 340, no. 6138（2013）: 1342-1346.

（16） Anonymous, “Living in The Matrix Requires Less Brain Power,” *Science Now*, May 2, 2013, news.sciencemag.org/physics/2013/05/livingmatrix-requires-less-brain-power.

（17） Alfred Korzybski, *Science and Sanity: An Introduction to Non-Aristotelian Systems and General Semantics*, 5th ed.（New York: Institute of General Semantics, 1994）, 58.

（18） John Dewey, *Art as Experience*（New York: Perigee Books, 1980）, 59.〔ジョン・デューイ（著）／栗田修（訳）『経験としての芸術』（晃洋書房、二〇一〇）〕。

（19） Medco, “America’s State of Mind,” 2011, apps.who.int/medicinedocs/documents/s19032en/s19032en.pdf.

（20） Erin M. Sullivan et al., “Suicide among Adults Aged 35-64 Years — United States, 1999-2010,” *Morbidity and Mortality Weekly Report*, May 3, 2013.

（21） Alan Schwarz and Sarah Cohen, “A.D.H.D. Seen in 11% of U.S. Children as Diagnoses Rise,” *New York Times*, April 1, 2013.

（22） Robert Frost, “The Tuft of Flowers,” in *A Boy’s Will*, 47-49.

（23） See Anonymous, “Fields of Automation,” *Economist*, December 10, 2009; and Ian Berry, “Teaching Drones to Farm,” *Wall Street Journal*, September 20, 2011.

（24） Charles A. Lindbergh, *The Spirit of St. Louis*（New York: Scribner, 2003）, 486.〔チャールズ・A・リンドバーグ（著）／佐藤亮一（訳）『翼よ、あれがパリの灯だ』（恒文社、一九九一）〕。強調は Lindbergh による。

（25） J. C. R. Licklider, “Man-Computer Symbiosis,” *IRE Transactions on Human Factors in Electronics* 1（March 1960）: 4-11.

（26） Langdon Winner, *Autonomous Technology: Technics-out-of-Control as a Theme in Political Thought*（Cambridge, Mass.: MIT Press, 1977）, 20-21.

（27） Aristotle, *The Politics*, in Mitchell Cohen and Nicole Fermon, eds., *Princeton Readings in Political Thought*（Princeton: Princeton University Press, 1996）, 110-111.〔アリストテレス（著）／山本光雄（訳）『政治学』（岩波文庫、一九六一）〕。

（28） Evgeny Morozov, *To Save Everything, Click Here: The Folly of Technological Solutionism*（New York: PublicAffairs, 2013）, 323.

（29） Kevin Kelly, “Better than Human: Why Robots Will — and Must — Take Our Jobs,” *Wired*, January 2013.

（30） Kevin Drum, “Welcome, Robot Overloads. Please Don’t Fire Us?,” *Mother Jones*, May/June 2013.

(31) Karl Marx and Frederick Engels, *The Communist Manifesto* (New York: Verso, 1998), 43.〔マルクス、エンゲルス（共著）／大内兵衛・向坂逸郎（共訳）『共産党宣言』（岩波文庫、一九五一）〕。

(32) Anonymous, "Slaves to the Smartphone," *Economist*, March 10, 2012.

(33) Kevin Kelly, "What Technology Wants," *Cool Tools*, October 18, 2010, kk.org/cooltools/archives/4749.

(34) George Packer, "No Death, No Taxes," *New Yorker*, November 28, 2011.

(35) Hannah Arendt, *The Human Condition* (Chicago: University of Chicago Press, 1998), 4-5.

(36) Mihaly Csikszentmihalyi, *Flow: The Psychology of Optimal Experience* (New York: Harper, 1991), 80.

(37) Ralph Waldo Emerson, "The American Scholar," in *Essays and Lectures* (New York: Library of America, 1983), 57.〔「アメリカの学者」、酒本雅之（訳）『エマソン論文集（上）』（岩波文庫、一九七二）収録〕。

謝辞

エピグラフは、ウィリアム・カーロス・ウィリアムズの詩「エルシーへ〔To Elsie〕」の最終節である。この詩は、一九二三年刊行の詩集『春など〔*Spring and All*〕』に収録されている。

わたしのインタヴューを受けてくださったり、原稿を論評してくださったり、情報のやり取りをしてくださったりというかたちで、洞察と助力を与えてくださった、クローディオ・アポータ、ヘンリー・ビア、ヴェロニク・ボボ、ジョージ・ダイソン、ガーハード・フィッシャー、マーク・グロス、キャサリン・ヘイルズ、チャールズ・ジェイコブズ、ジョーン・ロウイー、E・J・ミード、ラジャ・パラスラマン、ローレンス・ポート、ジェフ・ロビンズ、ジェフリー・ラウ、アリ・シュルマン、エヴァン・セリンジャー、ベッツィ・スパロウ、ティム・スワン、ベン・トラネル、クリストフ・ファン・ニムウェヘン、以上のみなさんに深く感謝する。

本書は著者にとって、W・W・ノートン社の編集者、ブレンダン・カリーにお世話になった三冊目の著書である。ブレンダンと同僚のみなさんにお礼申し上げる。また、エージェントのジョン・ブロックマンと、ブロックマン社のみなさんからも、多くの賢明なご助言とサポートをいただいた。

本書のいくつかの部分は、『アトランティック』『ワシントン・ポスト』『MITテクノロジー・レヴュー』、およびわたしのブログ『ラフ・タイプ〔Rough Type〕』にすでに発表された文章を、加筆・修整したものである。

訳者あとがき

本書は、Nicholas Carr, *The Glass Cage: Automation and Us*（New York: W.W.Norton, 2014）の全訳である。

著者ニコラス・G・カーは一九五九年生まれ。ダートマス大学とハーヴァード大学大学院で英文学を専攻した。*Does IT Matter?: Information Technology and the Corrosion of Competitive Advantage*（Harvard Business School Press, 2004）〔日本語訳は、清川幸美（訳）『ITにお金を使うのは、もうおやめなさい』（ランダムハウス講談社、二〇〇五）〕で注目され、*The Big Switch: Rewriting the World, from Edison to Google*（New York: W.W.Norton, 2008）〔村上彩（訳）『クラウド化する世界――ビジネスモデル構築の大転換』（翔泳社、二〇〇八）〕では、クラウドコンピューティングの話題を取り上げた。続いて二〇一〇年に刊行された *The Shallows: What the Internet Is Doing to Our Brains*〔篠儀直子（訳）『ネット・バカ――インターネットがわたしたちの脳にしていること』（青土社、二〇一〇）〕はピュリッツァー賞候補にもなり、現在までに日本語を含めて一七か国語に翻訳されている。この本では、インターネット登場後にわれわれの思考モード、情報処理モードに重大な転換が起きたのではないかという仮説が、メディア発達史や脳科学の研究成果を次々動員しつつ検証されている。

カーの文体は、リズムや韻に工夫が凝らされていて、読んでいてなかなか面白い（残念ながら、この面白さを日本語訳のなかで完璧に再現するのは難しい）。訳者は今回、『ネット・バカ』に続いて彼の著書の翻訳を再び手がけることになったわけだが、本書の肌合いは、カーの議論の熱くうねるような流れが一気に読者を引っぱっていく『ネット・バカ』とは少し異なっていて、ここでは、さまざまな分野における現状の詳細な提示と、それに基づくカーの主張とが展開されている。分析の主題となるのは、原題からも日本語題名からも知られるとおり、「オートメーション」をめぐる問題である。日本語で「オートメーション」という場合、連想されるものはどうしてもアセンブリー・ラインの類になってしまいがちであるが、著者が問題にしているオートメーションは、身体活動の機械化・自動化（アセンブリー・ラインはこの一例である）だけにとどまらず、精神活動のそれをも含んでいる。人間の精神活動をシミュレーションしたかのような、検索ワードの予測提示や、医療現場などで使用される決定支援ソフトウェアなどのことだ。オートメーションの普及、オートメーションの遍在化は、われわれの生活と意識にどんな影響をもたらしているのか。それはもしかすると、著者が示唆するとおり、「われわれは何者であるか」についての大前提をも揺るがしかねない影響を与えているのかもしれない。これについてカーは悲観して嘆くだけでなく、建設的な提案をも行なっている。繰り出される興味深い事例の数々ともども、お楽しみいただければと思う。

本文中、〔 〕部分は訳者による注や補足、［ ］は原著者による補足を示している。翻訳にあたっては、今回もおおぜいのみなさまにお世話になった。増子久美さん、青土社の篠原一平さんと菱沼達也さんに感謝いたします。ありがとうございました。

二〇一四年一二月

訳者

索引

さ行

た行

な行

は行

ま行

THE GLASS CAGE
: Automation and Us
By Nicholas Carr

オートメーション・バカ
先端技術がわたしたちにしていること

2014年12月25日　第1刷印刷
2015年 1 月15日　第1刷発行

著者——ニコラス・G・カー
訳者——篠儀直子

発行人——清水一人
発行所——青土社
〒101-0051　東京都千代田区神田神保町1-29　市瀬ビル
［電話］03-3291-9831（編集）　03-3294-7829（営業）
［振替］00190-7-192955

印刷所——双文社印刷（本文）
方英社（カバー・扉・表紙）
製本所——小泉製本

装丁——竹中尚史

Printed in Japan
ISBN 978-4-7917-6844-8 C0030